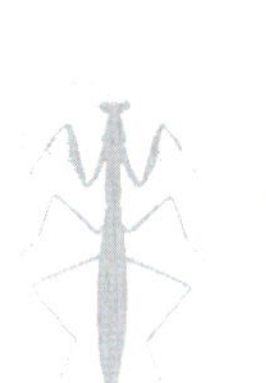

保护生物多样性
维持生态平衡
是实现可持续发展的重要保证

《中国林木害虫天敌昆虫》编委会

主　　编：

何俊华　陈学新

编写人员（按姓氏拼音排序）：

彩万志（中国农业大学农学与生物技术学院，教授）
陈学新（浙江大学昆虫科学研究所，教授）
成新跃（北京师范大学生命科学学院，教授）
何俊华（浙江大学昆虫科学研究所，教授）
李　强（云南农业大学植物保护学院，教授）
刘凤想（湖北大学生命科学学院，副教授）
马　云（浙江大学昆虫科学研究所，高级实验师）
宋大祥（河北大学生命科学学院、南京师范大学，教授、院士）
徐正会（西南林学院，教授）
许再福（华南农业大学资源环境学院，教授）
严静君（中国林业科学研究院，研究员）
杨忠岐（中国林业科学研究院森林生态环境与保护研究所，研究员）
虞国跃（北京市农林科学院植物保护环境保护研究所，研究员）
赵建铭（中国科学院动物研究所，研究员）
赵敬钊（湖北大学生命科学学院，教授）

图书在版编目（CIP）数据

中国林木害虫天敌昆虫／何俊华，陈学新 主编．－北京：中国林业出版社，2006.11

ISBN 7-5038-4672-0

Ⅰ．中…　Ⅱ．①何…②陈…　Ⅲ．森林－害虫天敌－简介－中国　Ⅳ．S763.3

中国版本图书馆 CIP 数据核字（2006）第 133275 号

出版　中国林业出版社（北京西城区刘海胡同 7 号　邮编 100009）
E-mail：cfphz@public.bta.net.cn　电话：66184477
发行　新华书店北京发行所
印刷　深圳中华商务安全印务有限公司
版次　2006 年 12 月第 1 版
印次　2006 年 12 月第 1 次
开本　210mm × 285mm　1/16
印张　14
字数　330 千字
印数　1～3000 册

定价　148.00 元

国家科学技术学术著作出版基金

何俊华 陈学新／主编

中国林木害虫天敌昆虫

中国林业出版社

前言

可持续发展是当今世界共同的话题。而保护生物多样性，维持生态平衡，是实现可持续发展的重要保证。1992年里约热内卢联合国环境与发展大会通过的《环境与发展宣言》、《21世纪议程》、《关于森林问题的原则声明》、《气候变化框架公约》和《生物多样性公约》等国际性公约是人们就世界生态保护所做的不懈努力的结果。

森林在保护生物多样性、维护生态平衡中具有不可替代的作用，因此，保护好森林直接关系到生态系统的稳定。我国是一个少林的国家，森林覆盖率只有16.55%，而全球森林覆盖率为29.6%。森林病虫害是造成森林退化和减少的主要原因之一，号称"无烟的森林火灾"。仅2001年，我国的森林病虫鼠害发生面积就有839.03万公顷，形势非常严峻，松材线虫病等危险性森林病虫鼠害呈扩散蔓延趋势，松毛虫、杨树食叶害虫等常发性病虫害在局部地区发生成灾，小蠹虫、萧氏松茎象等钻蛀性害虫危害严重。此外，竹类、经济林病虫的发生也呈上升势头。为此，国家投入了大量的人力和物力用于病虫害防治。

在病虫害的自然控制和防治工作中，害虫天敌都是一个不可忽视的具有举足轻重作用的关键因素。昆虫天敌本身就是森林生态系统的重要组成部分。在森林生态系统中，各个组成部分在系统中充当着不同的角色，维持着系统的稳定。生物之间以捕食、寄生、共生等关系构成一个网状结构，而通常所说的食物链，只是其中一个环节。生物与生物之间既相互依存又相互制约，使种群数量相对稳定，处于动态平衡。当由于某种原因而使

平衡打破时，害虫种群数量往往急剧增加，表现为害虫大发生。此时，在食物链中处于其上层的天敌，种群密度也会随之变化，压低害虫的种群密度，使生态系统重新达到平衡。由此，不难看出，天敌在害虫综合治理和生物防治中所占有的重要地位。

交通工具的现代化，使人类活动范围不断扩大和活动频率不断加强，导致一些新的病虫害入侵。必须高度关注生物入侵的问题。引进天敌是控制入侵害虫的比较有效的方法之一。在当地的生态系统中，由于对入侵生物没有相应的控制因子，因而造成新的病虫害大发生。于是，人们开始考虑从病虫害的原生地寻找控制因子，帮助控制这些入侵的病虫害。实际上就是引进天敌。天敌的引进，在控制入侵病虫害发生方面发挥了积极的作用，应该说功不可没。但我们应该意识到，天敌引进到当地的生态系统中后，实际上又改变了原有的生态关系。尽管可能会压低了入侵病虫害的种群密度，但是有可能产生新的生物灾害。这样的例子已经有很多。所以，在引进天敌的时候，务必进行科学的、严密的研究。

我国具有丰富的天敌资源和悠久的天敌利用历史，在天敌利用方面具有无可比拟的优势。我国疆域辽阔，地跨热带、亚热带、暖温带、温带和寒温带，生态系统多样化，动植物种类丰富，因而天敌昆虫资源十分丰富，我国天敌数目未确切统计，如以稻虫来说，本人著作中就列有1303种（1991）。远在1600多年前，我国劳动人民就利用黄猄蚁防治柑橘害虫，是世界上最早利用天敌昆虫防治害虫的国家。近些年，我国研究和推广的澳洲瓢虫、大红瓢虫防治吹绵蚧，花角蚜小蜂防治松突圆蚧，大草蛉防治日本松干蚧，蠋蝽防治榆紫叶甲，管氏肿腿蜂防治粗鞘双条杉天牛、青杨天牛，松毛虫赤眼蜂防治松毛虫等，都取得了较好的效果。特别是近年来对一些重大森林害虫的研究，也已经取得了突破性的进展。我国在天敌昆虫研究方面，积累了丰富的经验和资料。

为了总结我国近些年在天敌昆虫方面的研究成果，进一步推动病虫害防治事业的发展，维护生态系统平衡，我们受中国林业出版社委托，组织有关专家编写了这本专著。书中介绍了我国林区常见的天敌昆虫和蜘蛛近200种，内容包括天敌昆虫的寄主、分布、形态特征、生活习性等。蜘蛛虽然不是昆虫，但在林木害虫自然控治中具有重要作用，因此，按照惯例，蜘蛛作为这本书的重要内容之一收录进来。

我们期望本书能够对利用天敌昆虫防治林木害虫工作有所帮助，并对保护生物多样性工作有所贡献。

由于我们水平有限，时间仓促，肯定会存在许多错误和不足之处，请不吝指正。

何俊华

2006年3月于杭州

目录

中国林木害虫天敌昆虫

昆虫纲 Insecta

螳螂目
Mantodea

半翅目
Hemiptera

鞘翅目
Coleoptera

膜翅目
Hymenoptera

双翅目
Diptera

螳螂目 *Mantodea*

中华大刀螂

Tenodera sinensis Saussure,1842

形态特征

雌成虫体长74～90 mm，雄成虫体长68～77 mm。体暗褐色或绿色。头部三角形，复眼大而突出。触角细长多节。雌虫前胸背板长22.5～28.5 mm，侧角宽5～7 mm，长宽比4.3：1；雄成虫前胸背板长21～23 mm，宽4～4.8 mm，长宽比5.2：1。前胸背板前端略宽于后端；前半部中纵沟两侧排列有许多小颗粒，侧缘齿列明显；后半部稍长于前足基节长度，中隆起线两侧的小颗粒不明显，侧缘齿列不显著。前翅膜质，前缘区较宽，草绿色，革质。后翅黑褐色，末端略超过前翅，前缘区为紫红色，全翅布有透明斑纹。足细长，前足为捕捉足，中、后足细长，适于步行。前足基节下部外缘有16根以上的短齿列，腿节下部外缘有刺4根，等长；下部内缘有刺15～17根，中央有刺4根，其中以第2根刺最长。

卵鞘楔形，沙土色到暗沙土色，长14～30 mm，宽13～18 mm，高13.5～19.5 mm。表面粗糙，孵化区稍突出。外层多空室，内层各有卵室8～16层，每层交叉排列，中部每层有10～11个卵室，排列成长圆形。卵粒金黄色，4.5 mm × 1.2 mm，一端稍宽。若虫与成虫相似，无翅。

猎物

大刀螂是重要的捕食性昆虫之一，成虫、若虫都可捕食，在自然界可以捕食多种农林果树害虫。在北京地区1年发生1代，以卵鞘附着在树枝、灌木、篱笆和墙壁等处越冬。

分布

辽宁、北京、河北、山东、河南、陕西、江苏、浙江、安徽、江西、湖北、湖南、重庆、四川、台湾、福建、广东、海南、广西、贵州、西藏等地；国外分布于日本，越南，美国(引入)。

中华大刀螂雌成虫（采自严静君等，1989）

中华大刀螂雄成虫（采自严静君等，1989）

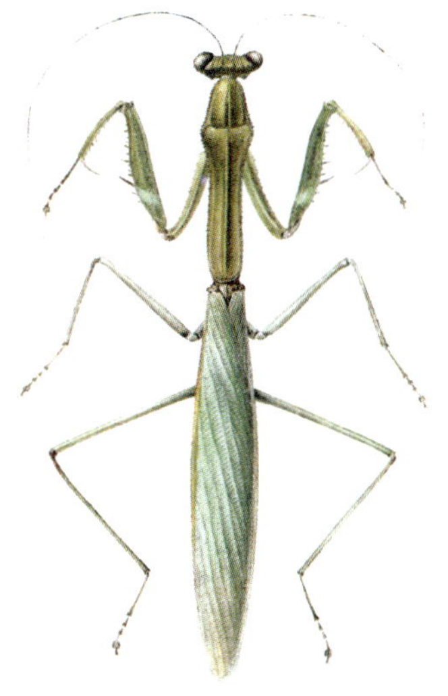

中华大刀螂雌成虫（采自李永禧等，1990）

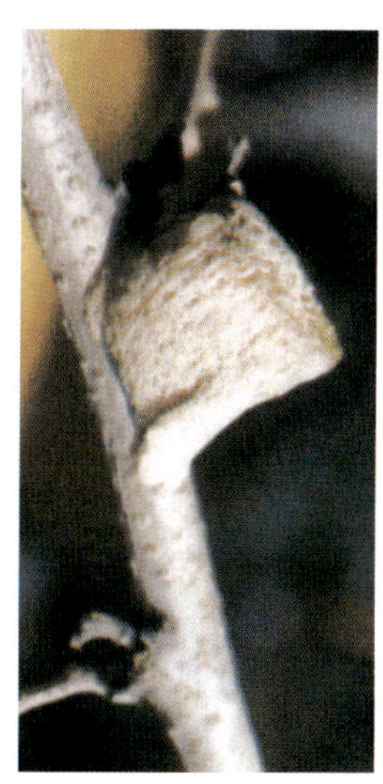

中华大刀螂卵鞘（采自严静君等，1989）

注 又名大刀螳螂

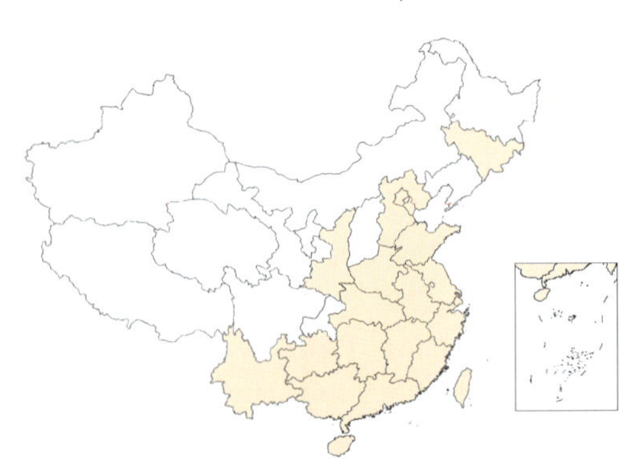

广腹螳螂

Hierodula patellifera (Serville,1839)

形态特征

雌成虫体长57～63 mm。雄成虫体长51～56 mm。体绿色(草绿和翠绿)或褐色(紫褐和淡褐)。头部三角形，复眼发达。触角细长丝状。前胸背板粗短，呈长菱形，几乎与前足基节等长，横沟处明显膨大，侧缘具细齿，前半部中纵沟两侧光滑，无小颗粒。前胸腹板平，基部有2条褐色横带。中胸腹板上有2个灰白色小圆点。前足基节具3个黄色圆盘突；腿节粗，侧扁，内缘、外缘及内缘和外缘之间具相当长的小刺；胫节长为腿节的2/3。中、后足基节短。腹部很宽（中名由此而来）。前翅前缘区甚宽，翅长明显超过腹部末端，径脉处有一浅黄色翅斑。后翅与前翅等长。雌虫肛上板短，中央有深的凹陷。雄虫肛上板较雌虫长，中部背面有一纵沟。

卵鞘长圆形，深棕色。卵鞘长度约25 mm，宽度约13 mm，高度约12 mm。孵化区浅棕色，稍突出。卵鞘结构紧密坚硬，外层空室小，有卵室8～19层，每层有卵8～9粒，排列成长圆形，近腹面卵室与背腹面垂直。卵黄色，3.8 mm × 1.0 mm。若虫与成虫相似，无翅，5～6龄开始显现翅芽。

广腹螳螂雌成虫侧面（采自严静君等,1989）

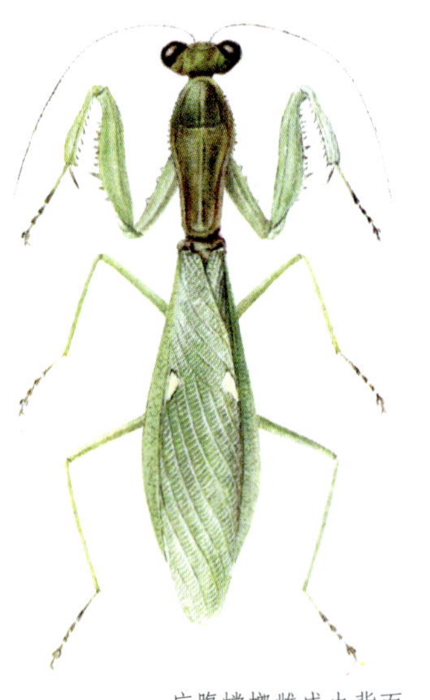

广腹螳螂雌成虫背面（采自李永禧等,1990）

广腹螳螂卵鞘（采自严静君等,1989）

猎物

广腹螳螂是重要的捕食性天敌昆虫之一，若虫与成虫均为捕食性，可以捕食鳞翅目、直翅目、半翅目、鞘翅目、双翅目等的许多昆虫。在北京地区1年发生1代，以卵鞘越冬。

分布

吉林、北京、天津、河北、山东、河南、陕西、江苏、上海、安徽、浙江、江西、湖北、湖南、台湾、福建、广东、海南、广西、贵州、云南等地；国外分布于日本，菲律宾，印度尼西亚。

注 又名拒斧螳螂、两点广腹螳螂

半翅目 *Hemiptera*

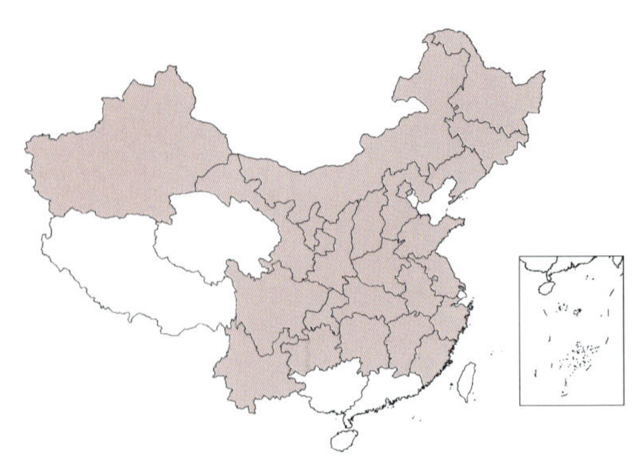

蠋蝽

Arma chinensis (Fallou,1881)

蠋蝽成虫

形态特征

体黄褐至黑褐色，腹面淡黄褐色，密布深色细刻点。触角红褐色略带黄色，第3、4节黑色或部分黑色。侧接缘淡黄白色，节缝处黑色，各节前后端常各具1个小黑斑。各足淡褐色；胫节、跗节略带浅红色；股节具细小黑点。体长卵圆形。触角5节。头侧叶与中叶等长或稍长于中叶，侧叶顶端钝圆，侧缘凹，靠眼上方略外突，中叶后端稍鼓，具隐约可见的横皱纹。喙伸达后足基节处。前胸背板前侧缘常具很狭的白边，侧角钝圆，上翘，暗色，后缘直，后角尖，达爪片外缘。臭腺孔明显，臭腺沟长，顶端上翘；中、后胸腹板中央具低纵脊。抱器短粗。成虫体长9.8～14.5 mm，宽4.9～7.1 mm。

生活习性

该蝽在华北地区1年1代，以成虫在杂草根部、石块、土缝下以及向阳面的树皮裂缝内过冬。次年5月上、中旬开始活动，在小麦、春玉米等作物上觅食，7月下旬大多转移到棉花、大豆等作物上，并交配、产卵。8月初是产卵的高峰季节，8月下旬孵化，10月中旬成虫开始向冬麦田、杂草等处转移越冬。成虫羽化后，一般4～5天就可交尾，再经3、4天开始产卵，卵一般产于叶片正面，常十几粒排列在一起。初孵若虫先在卵壳附近叶面上静伏不动，第二天才开始四处爬行，觅食活动。

猎物

幼龄若虫主要捕食蚜虫，3龄后则主要捕食鳞翅目幼虫如棉铃虫、大豆造桥虫、刺蛾幼虫等，常将口器刺入幼虫体内，吸尽体液，使寄主只剩一个空壳，老龄若虫尤喜捕食刺蛾幼虫。

分布

黑龙江、吉林、辽宁、内蒙古、北京、河北、山东、山西、河南、陕西、宁夏、甘肃、新疆、江苏、浙江、安徽、江西、湖北、湖南、四川、重庆、福建、贵州、云南；西伯利亚，日本，中亚，欧洲。

注 又名蠋敌 *Arma custos*

蓝蝽

Zicrona caerulea (Linnaeus,1758)

蓝蝽成虫

形态特征

体蓝色、蓝黑色或紫蓝色，有光泽，密布同色刻点。触角、喙蓝黑色；前翅膜片棕色；足与体同色。体椭圆形。头略呈梯形，中叶与侧叶等长。触角5节。喙4节，末端伸达中足基节后缘。前胸背板侧角圆，微外突。小盾片三角形，端部圆。前翅膜片长于腹末。侧接缘几不显露。雌虫腹板粗糙，雄虫则较光滑。体长6.0～9.2 mm，宽4.0～5.3 mm。头长为1.2 mm（♀）、1.1 mm（♂），宽为0.9 mm，复眼间距为0.7 mm。喙各节长度为Ⅰ～Ⅳ=0.55，0.75，0.44，0.49 mm，触角各节长度比为Ⅰ～Ⅴ=0.3，0.75，0.54，0.78，0.90 mm。前胸背板长为2.0 mm（♀）、1.9 mm（♂），宽为3.8 mm（♀）、3.2 mm（♂）；单眼间距为0.5 mm（♀）、0.5 mm（♂）；小盾片长2.7mm（♀）、2.1 mm（♂）；腹宽4.0 mm（♀）、3.3 mm（♂）。

生活习性

该蝽在河南信阳、江西南昌1年大致发生3～4代，在广东广州1年发生4代，以成虫在田边、沟边杂草、稻茬间、土隙等处越冬。在南昌越冬成虫于次春3月下旬至4月上旬外出，5月上旬开始产卵，5～9月田间各虫态均有，世代重叠。10月下旬至11月上旬仍能采到少量高龄若虫，此后若仍未羽化，则被冻死。在广东中部地区，亦以成虫过冬，早、晚稻在抽穗灌浆期虫数较多。

猎物

捕食菜粉蝶、粘虫、斜纹夜蛾、禾灰翅夜蛾、稻纵卷叶螟等鳞翅目昆虫的幼虫。其若虫亦吸食水稻、薄荷及其他植物的汁液，因此本种在农业上既有益处，也有一些害处。

分布

全国各省(自治区、直辖市)除西藏、青海不详外均有；国外分布于日本，缅甸，印度，马来西亚，印度尼西亚，欧洲，北美洲。

注 曾名纯蓝蝽

大眼蝉长蝽

Geocoris pallidipennis (Costa,1843)

大眼蝉长蝽成虫

形态特征

成虫体黑褐色。复眼暗褐色；单眼红色。雌虫触角第1～3节黑色，第4节灰褐色；雄虫触角第1～2节色深，其末端色淡，第3、4节淡色。喙深褐色，第1节与末节端半黑色。小颊黄白色。前胸背板大部、前胸腹面及小盾片黑色；前胸背板中部前缘有一小斑淡色，前胸背板两侧、后缘角及前翅革片、爪片均为淡黄褐色。膜片透明。足黄褐色；股节、跗节基部深褐色。头比前胸背板前缘宽，前端呈三角形突出；复眼大而突出；单眼位于头顶两侧后方。前胸背板有粗刻点。体长2.9～3.7 mm，腹宽1.3～1.5 mm。头长0.48～0.51 mm，头宽1.45～1.51 mm；复眼间距0.72～0.79 mm。触角长度Ⅰ～Ⅳ ＝ 0.19～0.24，0.42～0.45，0.31～0.35，0.42～0.46 mm。前胸背板长0.86～0.89 mm，前缘宽0.86～0.95 mm，后缘宽1.39～1.51 mm。小盾片长0.74～0.77 mm，宽0.85～0.89 mm；革片端至膜片端0.41～0.54 mm。

卵淡橙黄色，孵化前在突起的一端出现2个红眼点；表面像花生壳，大的一边有5个"T"字形突起；长约0.74 mm，宽0.28 mm。1龄若虫初期体长方形，头胸淡黄色，腹部橙黄色，复眼暗红色，突出，5天后体变紫黑色，头较尖，腹部大而圆钝。

生活习性

该蝽在河北邯郸1年发生4代，在安徽合肥1年发生4～5代。在河北邯郸以成虫和少数高龄若虫于背风向阳处杂草、枯枝落叶、植物根际、土块下等处越冬，在江西以成虫在冬季紫云英田及枯枝落叶下过冬，次年4月中下旬开始活动，6、7月发生数量较多。卵多散产，少数2、3粒在一起，每雌一生产卵50粒左右，最多可产85粒。成虫和若虫多在叶背和嫩枝端部寻觅猎物，行动敏捷，善飞翔，有群居性，有较弱的趋光性。

猎物

能猎食棉蚜、叶蝉、蓟马、盲蝽、叶螨等若虫及红铃虫、棉铃虫、小造桥虫等鳞翅目害虫的卵和低龄幼虫，是棉田中的重要天敌之一。

分布

北京、天津、河北、山东、山西、河南、陕西、江苏、上海、浙江、安徽、江西、湖北、湖南、四川、贵州、云南、西藏。

注 曾名大眼长蝽

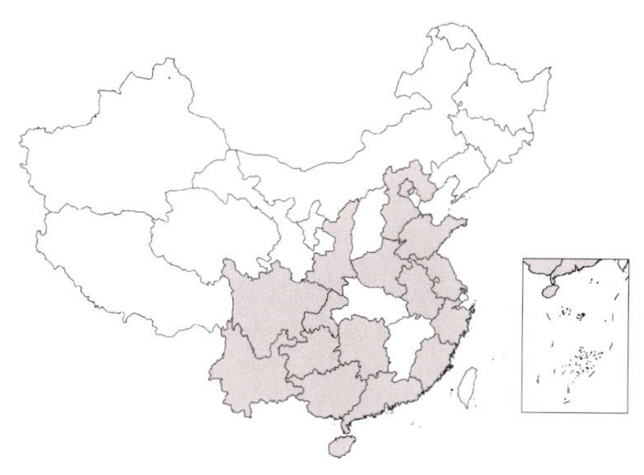

黑叉盾猎蝽

Ectrychotes andreae (Thunberg,1784)

黑叉盾猎蝽成虫

形态特征

体黑色，具蓝色闪光。各足转节、股节基部、腹部腹面大部红色；侧接缘(雄虫除第6节后部、雌虫除第3～6节后部)橘黄色至鲜红色，大多数个体为鲜红色；前翅基部、前足股节内侧的纵斑、前足胫节腹面及侧面的纵斑黄白色至暗黄色；喙末节、各足胫节及跗节黑褐色至黑色；触角第3～4节暗褐色至黑色。体近葵花籽形。头部背面、前胸背板前叶、各足股节、腹部各节腹板中央稀生褐色长刚毛；雄虫触角各节密生直立黑色长毛，第4节各亚节上的毛较少；雌虫触角第1节上毛斜生，短而稀少；第2～4节上的毛较多，略斜生；头的前端、喙末节端部、雌虫腹部腹面端部较密地生有短刚毛。头短粗；前唇基强烈隆起；喙第1节伸达复眼前缘，第2节最粗；触角第1节中后部较粗。前胸背板背面圆鼓，中央纵凹较深，后叶具有明显的皱纹，侧角圆钝，后缘略凸；发音沟亚宽全脊型，约由150个横纹脊组成。前、中足股节亚端部腹面具不明显的突起；后足股节亚端部腹面有1个明显的突起。雌虫前翅不达或仅达腹部末端。雄虫腹部近端部略扩展，雌虫腹部中度向两侧扩展。体长11.5～15.4 mm（♂），12.6～16.4 mm（♀）；腹部最大宽度3.8～4.2 mm（♂），4.3～5.9 mm（♀）。

生活习性

该蝽1年发生1代，以成虫在石块下、枯枝落叶内、土缝间等处越冬，越冬成虫于翌年4、5月份出来活动并交配、产卵。多藏于石块下、植物根际及枯枝落叶下面。在华北和华中地区种群量较大。

猎物

捕食多种鳞翅目、膜翅目等昆虫及马陆等多足纲动物。

分布

北京、河北、山东、河南、陕西、江苏、浙江、安徽、湖南、重庆、四川、福建、广东、海南、广西、贵州、云南；日本，朝鲜。

注 曾名黑光猎蝽、八节黑猎蝽

黑红赤猎蝽

Haematoloecha nigrorufa (Stål,1866)

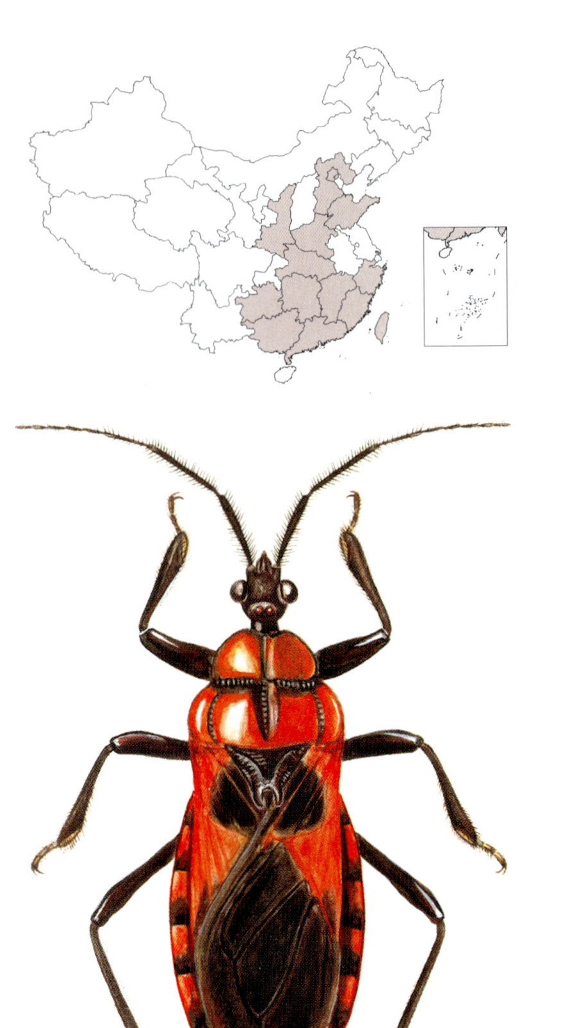
黑红赤猎蝽成虫

形态特征

体色红色，光亮。头、小盾片、足、身体腹面褐色至黑褐色；触角、前翅爪片（除基部外）、革片上的斑黑褐色至褐黑色；前翅膜区褐黑色至黑色；各足跗节暗褐色；前胸背板前叶黑褐色至红褐色；侧接缘各节端半部红褐色至褐黑色。本种色斑变化较大，大体可分为普通型、红色型和黑色型3类：典型的普通型个体翅基部黑斑与膜区黑斑仅小部分相连；红色型个体翅基部斑与膜区黑斑不相连；黑色型个体翅基部黑斑与膜区黑斑相连区域大，前翅大部区域黑色或褐黑色，仅革片前缘、爪片基部红色。体长椭圆形；体表除喙、触角及足外光滑无毛。雄虫触角各节被直立长刚毛，第3节以后的毛较稀；雌虫触角第1节稀布斜生短刚毛，第2节以后被长短不一的斜生刚毛。喙被短刚毛。前、中足股节腹面具斜生短毛；各足胫节及跗节具长短不一的刚毛。前唇基隆起，后唇基具明显的皱纹；喙第2节短粗。前胸背板中央纵沟及横缢较深，侧角圆鼓，后缘中部微凸。小盾片端突较长。前翅近于或达到腹末。前足股节较发达，海绵沟略短于该足胫节长的1/3；中足海绵沟约为该足胫节长的1/4。腹部略向两侧扩展。体长10.8～12.3 mm（♂），11.2～12.6 mm（♀）；腹部最大宽度3.8～4.2 mm（♂），4.7～5.9 mm（♀）。

生活习性

该蝽1年发生1代，每年10月底以成虫在石块下、枯枝落叶内、土缝间等处越冬，越冬成虫于翌年4月中、下旬出来活动并交配、产卵。昼出性，喜在植物基部和土表爬行，种群量较大。

猎物

能捕食多种农林害虫。

分布

北京、河北、山东、河南、陕西、浙江、江西、湖北、湖南、台湾、福建、广东、广西、贵州；日本，朝鲜。

注 曾名二色赤猎蝽、黑红猎蝽

黄纹盗猎蝽

Peirates (Peirates) atromaculatus (Stål,1870)

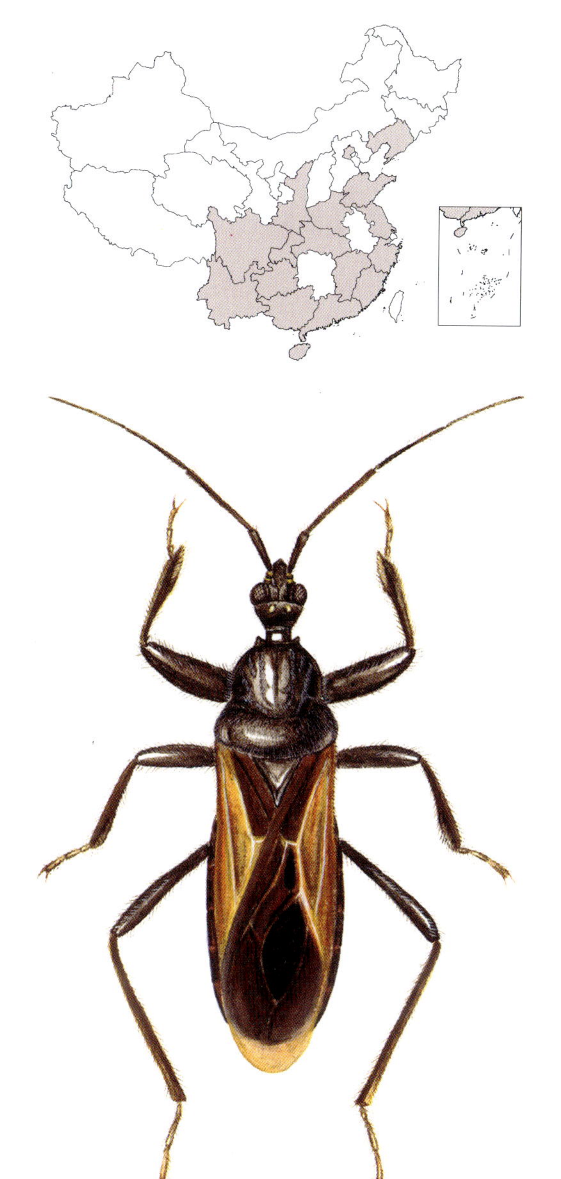
黄纹盗猎蝽成虫

形态特征

体黑色，光亮。复眼黄褐色至黑色；前翅革片中部纵走条纹黄色至红褐色，膜区内室的小斑及外室的大斑均为深黑色；触角第2～4节、各足胫节端部及跗节黑褐色。头前部渐缩，向下倾斜。触角第1节超过头的前端，第2节约与前胸背板前叶等长。喙第2节伸过复眼后缘。前胸背板具纵、斜印纹；发音沟长型，雄虫发音沟约由130个横纹脊组成。具短翅型，尤其是雌虫为多；雄虫前翅一般超过腹末，雌虫前翅一般不达腹末。抱器阔三角形，末端膨大，左右两个略不对称；尾节突长，顶端钝；阳茎鞘背片第3突较钝，第4突呈腰刀状向上弯曲。体长15.5～16.1 mm（♂），15.6～16.2 mm（♀）；腹部最大宽度3.4～3.8 mm（♂）、3.6～4.1 mm（♀）。眼前区长0.9～1.1 mm（♂）、1.0～1.1 mm（♀）；眼后区长0.6～0.65 mm（♂）、0.6～0.7 mm（♀）；复眼间宽0.67～0.72 mm（♂）、0.8～0.93 mm（♀）；单眼间宽0.35～0.4 mm（♂）、0.32～0.4 mm（♀）；触角长度为Ⅰ～Ⅳ＝1.1～1.2 mm（♂）、1.12～1.33 mm（♀），2.2～2.4 mm（♂）、2.1～2.3 mm（♀），2.1～2.2 mm（♂）、2.13～2.16 mm（♀），2.0～2.1 mm（♂）、2.0～2.3 mm（♀）；喙各节长为Ⅰ～Ⅲ＝0.61～0.64 mm（♂）、0.6～0.71 mm（♀），1.2～1.29 mm（♂）、1.23～1.31 mm（♀），0.63～0.65 mm（♂）、0.67～0.75 mm（♀）。前胸背板前叶长2.0～2.2 mm（♂）、2.2～2.3 mm（♀）；前胸背板后叶长1.1～1.2 mm（♂）、1.2～1.32 mm（♀）；胸部最大宽度3.4～3.8 mm（♂）、3.6～4.1 mm（♀）；小盾片长1.0～1.1 mm（♂）、1.3～1.35 mm（♀）；前翅长9.2～10.1 mm（♂）、8.8～ 9.5 mm（♀）。

生活习性

该蝽在华北地区1年发生1代，以成虫在枯枝落叶中、土块下等处越冬。具趋光性，行动较敏捷。

猎物

是农林生态系统中较常见的天敌之一，取食棉铃虫、造桥虫、叶蝉等害虫。

分布

辽宁、北京、山东、河南、陕西、江苏、浙江、江西、湖北、四川、福建、广东、海南、广西、贵州、云南；俄罗斯，朝鲜，日本，印度，斯里兰卡，缅甸，印度尼西亚，菲律宾，越南。

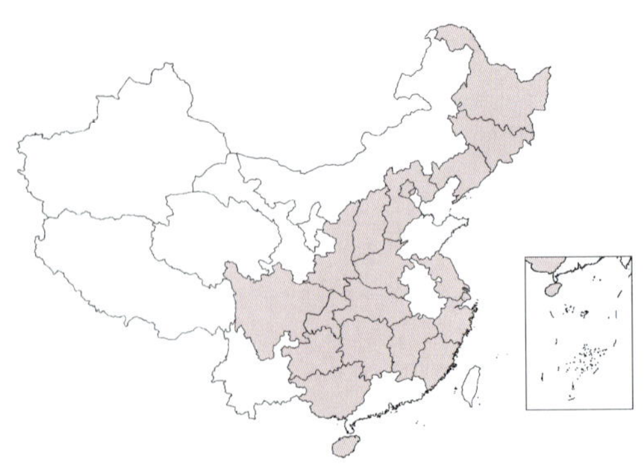

乌黑盗猎蝽

Peirates (Peirates) turpis Walker,1873

乌黑盗猎蝽成虫

形态特征

体黑色，光亮。前翅灰褐色至浅黑色，膜区内室基部及外室大部分深黑色。喙的第3节端部、各足胫节端部及跗节黑褐色。头顶及身体的腹面被银白色短毛，触角稀疏生有黑褐色短毛。触角第1节超过头的前端，第2～4节几等长。喙第1节短粗，第2节最长，超过眼的后缘。发音沟长形，约有150个横纹脊，各脊结构简单，无规则突起。雄虫前翅超过腹末1～2mm，雌虫前翅不达腹末；具短翅型。抱器阔三角形，左、右两个不对称，左抱器稍狭窄；尾节突长，顶端较尖；阳茎鞘背片背突尖锐，腹突向上弯曲。体长13.8～15.0 mm（♂）、14.1～15.2 mm（♀）；腹部最大宽度3.2～3.7 mm（♂）、3.5～3.8 mm（♀）。眼前区长0.85～1.2 mm（♂）、1.1～1.5 mm（♀）；眼后区长0.5～0.6 mm（♂）、0.7～0.8 mm（♀）；复眼间宽0.7 mm（♂）、0.8mm（♀）；单眼间宽0.25～0.3 mm（♂）、0.3～0.32 mm（♀）；触角长度为Ⅰ～Ⅳ＝1.0～1.1 mm（♂）、1.0～1.2 mm（♀），2.2～2.3 mm（♂）、2.0～2.2 mm（♀），2.1～2.2 mm（♂）、2.2～2.26 mm（♀），2.1～2.2 mm（♂）、2.0 ～2.1 mm（♀）；喙各节长为Ⅰ～Ⅲ＝0.6～0.7 mm（♂）、0.58～0.66 mm（♀），1.1～1.2 mm（♂）、1.1～1.3 mm（♀），0.6 mm（♂）、0.65 mm（♀）。前胸背板前叶长2.09～2.1 mm（♂）、2.0～2.1 mm（♀）；前胸背板后叶长1.6 mm（♂）、1.4～1.9 mm（♀）；胸部最大宽度3.4～3.6 mm（♂）、3.4～3.7～3.8 mm（♀）；小盾片长1.2～1.3 mm（♂）、1.23～1.33 mm（♀）；前翅长9.2～9.4mm（♂）、5.6～7.8 mm（♀）。

生活习性

该蝽在华北地区1年发生1代，以成虫在枯枝落叶中、土块下等处越冬。具趋光性，行动较敏捷。

猎物

是农林生态系统中较常见的天敌之一，取食鳞翅目、膜翅目、同翅目等害虫。

分布

黑龙江、吉林、辽宁、北京、河北、山西、河南、陕西、江苏、上海、浙江、江西、湖北、湖南、四川、福建、海南、广西、贵州；朝鲜，日本，越南。

注 曾名乌猎蝽

黄足直头猎蝽

Sirthenea flavipes (Stål,1855)

形态特征

体黑褐色，光亮。头、前胸背板前叶黄色至黄褐色；触角第 1 节、第 2 节基部及第 3 节（除基部外）、喙、革片基部、爪片两端、膜片端部、足、腹部侧接缘斑点、腹部基部及末端的色斑均为土黄色；腹部腹面中央黄褐色到红褐色；单眼周围及其前缘横缢黑色。头平伸，头的眼前部分显著长于眼后部分；触角第 1 节不达头的端部，第 2～4 节几乎等长；喙较细，第 2 节最长，略微超过眼的后缘。前胸背板前缘凹入，中央有纵纹，两侧具斜印纹；发音沟长型，雄虫发音沟约由 170 个横纹脊组成。前翅一般不超过腹部末端，仅个别雄虫的前翅超过腹末。体长 17.3～20.1 mm（♂）、20.1～22.5 mm（♀）；腹部最大宽度 3.1～3.4 mm（♂）、4.0～4.2 mm（♀）。眼前区长 2.0～2.3 mm（♂）、2.2～2.4 mm（♀）；眼后区长 0.4～0.5 mm（♂）、0.46～0.62 mm（♀）；复眼间宽 1.1～1.2 mm（♂）、1.2～1.4 mm（♀）；单眼间宽 0.5～0.75 mm（♂）、0.7～0.8 mm（♀）；触角长度 Ⅰ～Ⅳ＝1.0～1.2 mm（♂）、1.0～1.4 mm（♀），2.0～2.3 mm（♂）、2.0～2.2 mm（♀），1.9～2.0 mm（♂）、1.8～1.9 mm（♀），1.95～2.1 mm（♂）、1.9～2.0 mm（♀）；喙各节长为 Ⅰ～Ⅲ＝0.54～0.7 mm（♂）、0.9～1.0 mm（♀），2.2～2.9 mm（♂）、3.0～3.2 mm（♀），1.3～1.7 mm（♂）、1.6～1.7 mm（♀）。前胸背板前叶长 2.5～2.8 mm（♂）、3.0～3.2 mm（♀）；前胸背板后叶长 1.2～1.7 mm（♂）、1.7～1.9 mm（♀）；胸部最大宽度 3.6～4.8 mm（♂）、4.6～5.1 mm（♀）；小盾片长 1.8～2.1 mm（♂）、1.7～1.9 mm（♀）；前翅长 11.0～12.5 mm（♂）、12.3～14.4 mm（♀）。

猎物

该蝽具有趋光性；常见于稻田、棉田、玉米田、果园、林间，种群量较大，为重要的农林害虫天敌之一。

黄足直头猎蝽成虫

分布

河南、陕西、甘肃、江苏、上海、浙江、安徽、江西、湖北、湖南、四川、福建、广东、海南、广西、贵州、云南；朝鲜，日本，越南，老挝，印度，印度尼西亚，斯里兰卡，菲律宾。

注 曾名黄足猎蝽

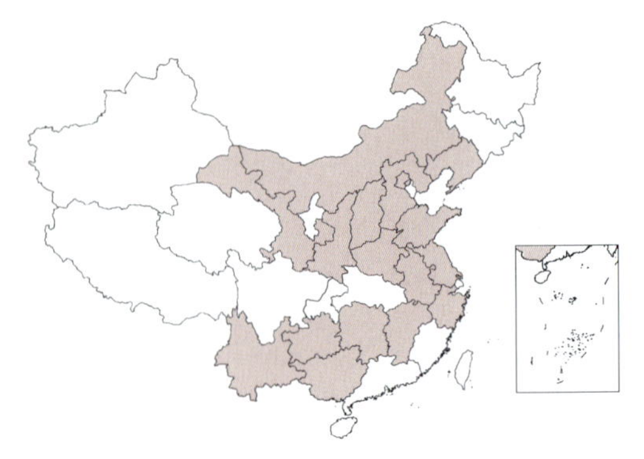

淡带荆猎蝽

Acanthaspis cincticrus Stål,1859

形态特征

体黑褐色至黑色。复眼褐色至褐黑色。前胸背板侧角刺及基部的斑、后叶中部的2个斑(有时2个斑相连)、侧接缘各节端部1/2、各足股节及胫节上的环纹、第3跗节基部浅黄色至黄色。革片前缘端部2/3、膜区（除翅脉黑色外）浅褐色至灰黑色；革片上的斜带白色至黄白色。身体腹面被淡色长短不一的闪光毛；头背面密被短的淡色平伏毛；头背面、前胸背板前叶、小盾片散生褐色长刚毛。各足股节腹面密被黄褐色长短不一的细毛和稀疏的褐色长刚毛。头的眼前区短，约与眼后区等长。触角第1节约等于眼加眼前区之长；颊较圆鼓；触角瘤前面较隆起；单眼之间隆起。领端突发达，瘤状。前胸背板横缢位于近中部，前叶具显著的瘤状突起；后叶具皱纹，前部中央具一凹陷，侧角刺状，后缘中部近平直。发音沟长，约有120个横纹脊，沟基部的脊间距小，中后部脊间距大。小盾片中后部中央凹陷，端刺粗。雌虫一般为短翅型，其前翅仅达第5或6腹节背板中部；雄虫前翅近达腹部末端。侧接缘第2节后角略突出。体长13.0～17.3 mm，腹宽3.5～5.6 mm。

生活习性

该蝽在华北地区1年发生1代，以成虫于10月上、中旬在植物根际、草茬、石块下、土缝中越冬，翌年4月下旬出来活动。

猎物

若虫5龄。喜食蚂蚁，常可在蚁巢附近发现，并且有伪装行为，将吸食剩余的蚁壳混杂土粒、小石块、草梗等粘附于体背，多单独活动；有时也捕食小蜘蛛。成虫常见于农田和林边灌木及杂草中，食性较广，主要捕食蚜虫、叶蝉和鳞翅目幼虫，在稻区可以捕食多种水稻害虫，尤喜稻螟蛉的幼虫。能突然作短距离飞行，以捕捉猎物。

淡带荆猎蝽成虫

分布

辽宁、内蒙古、北京、河北、山东、山西、河南、陕西、甘肃、江苏、浙江、安徽、江西、湖南、广西、贵州、云南；朝鲜，日本，印度，缅甸。

多氏田猎蝽

Agriosphodrus dohrni (Signoret,1862)

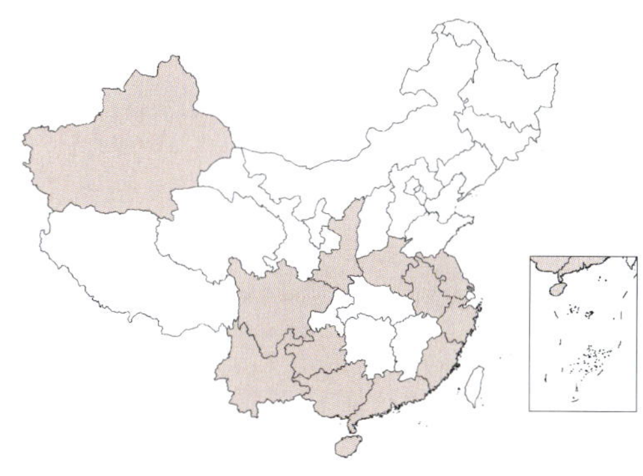

多氏田猎蝽成虫

形态特征

体黑色，光亮。单眼外侧的斑、侧接缘第2～4节端半部及第5～7节外缘及端半部淡黄色至暗黄色；喙第2～3节黑褐色至黑色；复眼褐色至黑色。各足基部色泽变化大，全部黑色或全为红色或仅前足基节为红色，有时亦可见到基节为黄色的个体。雄虫第7腹板中部、雌虫腹部末端多为红色。中、后胸侧板前部、腹部各节腹板两侧各具1个白色蜡斑。体表除喙、触角、翅及侧接缘外密被较长直立黑色刚毛。触角第1～2节具短毛，末端两节毛更短；前翅革片具弯曲短毛；侧接缘背、腹两面稀被长短不一的斜生细毛。头较长，略短于或近于前胸背板之长；喙长，伸达前足基节后部；单眼远离。领端突较发达；前胸背板前叶圆鼓，后部中央具深凹；前胸背板后叶中部浅凹，侧角钝圆，后缘近直。小盾片中部凹陷。前翅超过腹末。侧接缘向两侧强烈扩展，各节中部背面圆隆；雌虫第1截瓣片内侧具毛丛。体长20.5～22.3 mm（♂）、22.7～25.2 mm（♀）；腹部最大宽度8.3～9.8 mm（♂）、8.6～10.7 mm（♀）。

生活习性

该蝽1年发生1代，以老熟若虫在树痕、树洞等处越冬，产卵成块，若虫具有群集性。

猎物

喜在柳树、槐树、杨树、各种果树等处捕食鳞翅目、同翅目等害虫，有较大利用潜势。

分布

河南、陕西、新疆、江苏、浙江、安徽、四川、福建、广东、海南、广西、贵州、云南；印度，日本。

注 曾名暴猎蝽、圆腹猎蝽、多田猎蝽

艳红猎蝽

Cydnocoris russatus Stål,1866

艳红猎蝽成虫

形态特征

体艳红色至深红色，略闪光。触角、头部横缢处的横带、头部腹面、喙第2节大部及第3节、各胸节侧板与腹板、各足(除基节、转节和股节基部外)、腹部腹面各节的横斑黑褐色至黑色；复眼银灰褐色具黑色碎斑；膜片褐色。采自中国的个体的头部背面和前胸背板几乎全部为红色，但采自日本个体头部背面和前胸背板的黑斑变化较大。头的背面及腹面、触角第1节、前胸背板、小盾片脊与各足具黄色长毛；中、后胸侧板及腹板、小盾片中部凹陷部分、前翅革片被黄白色弯曲平伏短毛；腹部腹面具长短不一的黄色毛。头较宽；雌虫触角第1节明显粗于其余各节，雄虫触角2节粗；角后突羊角状向下弯曲，粗；喙第1节粗壮，近与末端两节之和等长；前胸背板前叶明显具有印纹，前叶中央具较深的宽凹；前胸背板后叶中部圆鼓，侧角圆钝，略向两侧突出，后角略突出，后缘微凸；小盾片中部具较大隆脊；前翅显著超过腹部末端；腹部略向两侧扩展。体长13.8～15.6 mm（♂）、10.6～18.5 mm（♀）；腹部最大宽度4.1～4.4 mm（♂）、4.6～5.3 mm（♀）。

生活习性

该蝽是山野草木中常见的猎蝽之一。在华中与华北地区1年发生1代，以成虫在枯枝落叶等处越冬。卵黄褐色，卵盖白色，基部粗，端部渐细；卵成块状产于植物叶面或枝干上，每块约4～9粒。

猎物

成虫与若虫捕食多种鳞翅目、膜翅目、同翅目等害虫。

分布

河南、陕西、甘肃、江苏、浙江、安徽、江西、湖南、四川、台湾、福建、广东、海南、广西；朝鲜，日本，越南。

注 曾名淡红猎蝽

齿缘刺猎蝽

Sclomina erinacea Stål,1861

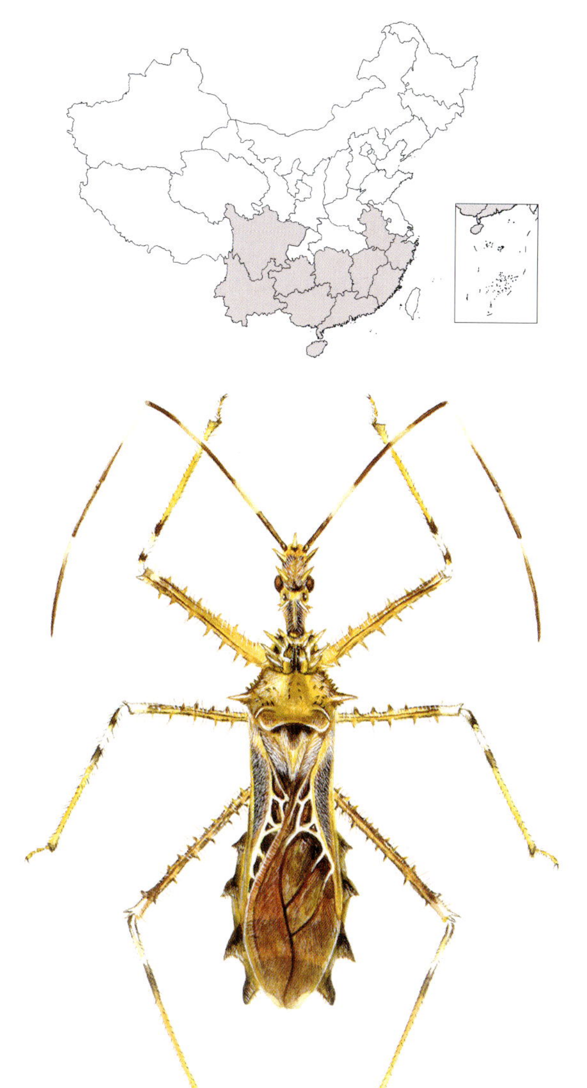

齿缘刺猎蝽成虫

形态特征

体黄色至黄褐色。头前叶两侧的纵纹、头后叶两侧斜伸的纵纹、胸部侧板上的斑、小盾片中部、革片中部、腹部腹面亚侧部的斑黑褐色至黑色；触角第1节两端及中部、第2节端部、第3节两端、各足股节上纵纹、胫节基部的斜纹、跗节、侧接缘各节中部、爪片端半部及前翅其余膜质部分褐色至黑褐色；复眼灰黄色至黑褐色；各足股端部乳白色至黄白色；前翅膜区具金属闪光；腹部腹面中部黄白色至灰黄色。体表大部密被黄白色平伏短毛；触角第1节稀布较长的刚毛，背侧方各具7个小突起，突起之上具刚毛；触角第2节基半部具3个小突起，突起之上具长毛；触角第2节端半部、第3～4节密生黄褐色斜短毛；各足具黄褐色长短不一的刚毛。头部背面、前胸背板、各足股节具长刺突，以前胸背板中部的1对最大。前胸背板前叶具印纹，中央深纵凹；前胸背板后叶中央纵凹浅，后角圆钝，后缘略凸；小盾片具"Y"形脊，端部微下弯。前足股节较发达。前翅略超过腹部末端。腹部第2～3节腹板及第4腹板基半部中央纵隆；第4～6腹板侧面各有1对半球形突起，气门着生处突起，第3～7腹节侧接缘后角锯齿状向外突出。体长13.1～14.6 mm（♂）、13.5～15.1 mm（♀）；腹部最大宽度3.6～4.3 mm（♂）、4.2～5.6 mm（♀）。

生活习性

该蝽1年发生1代，以成虫在灌木、杂草丛中越冬，翌年4月中、下旬出来活动。卵成块状产于植物叶背，稀疏成点线状排列，每块8～10粒。成虫和若虫均栖居于枝叶间，在林区种群量较大。

猎物

低龄若虫取食蚜虫等小型昆虫，高龄若虫与成虫能捕食多种蝗虫、叶甲、鳞翅目幼虫等害虫。也见其捕食蜘蛛和食蚜蝇。

分布

浙江、安徽、江西、湖南、四川、福建、广东、海南、广西、贵州、云南。

黄带犀猎蝽

Sycanus croceovittatus Dohrn,1859

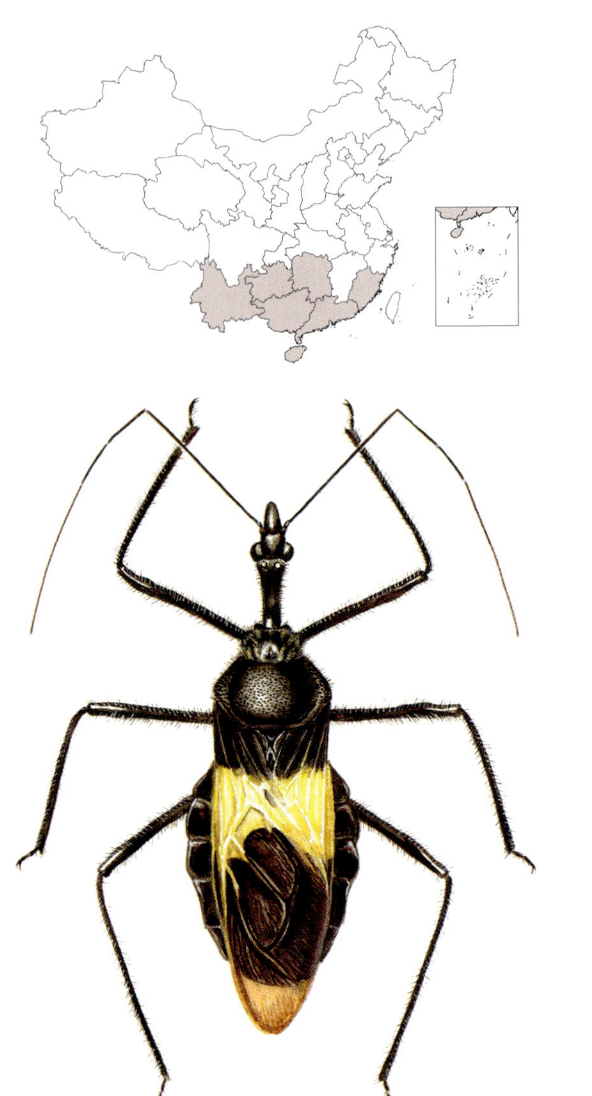

黄带犀猎蝽成虫

形态特征

体黑色，稍光亮。前翅革区端半部及膜区基部鲜黄色至橘红色；复眼暗褐色具黑色斑点；触角第2～4节、喙第2、3节、前足基节黑褐色至黑色；单眼外侧的小斑和头部腹面复眼内侧的小斑黄色至黄褐色；气门黄色；腹部各节腹板两侧各具1个白色毛斑；触角第1节有时亚端部与基部色浅；前胸背板后叶极少情况下呈黄褐色。体大型。体表大部（除触角、喙、各足及前翅外）密被黑色长短不一的粗刚毛及黄色平伏短毛；触角第1节稀被较长的刚毛，第2节密被短刚毛，第3、4两节密被很短的细毛；喙除第1节基部和第3节末端外光滑无毛；前翅被褐色弯曲短毛；各足被黑色长刚毛；第2腹节腹板基部两侧、各3～7腹节腹板两侧中后部具白色平伏短毛。头前后二叶近等长，眼后区明显长于眼前区；喙细长，弯曲。领端突不发达；前胸背板前叶小，具印纹，后部中央浅凹；前胸背板后叶圆鼓，表面具网状脊起，侧角圆钝，后缘近直；小盾片中后部具向上近直立顶端分叉的粗刺；各足股节近等粗；雄虫前翅超过腹末，雌虫前翅近达或超过腹末。雄虫第3、6腹节侧接缘中度扩展，第4～5腹节侧接缘强烈扩展；雌虫第3、7腹节侧接缘中度扩展，第4～6腹节侧接缘强烈扩展。体长20.1～22.8mm（♂）、21.6～25.1mm（♀）；腹部最大宽度6.9～8.7mm（♂）、7.3～9.8mm（♀）。

生活习性

该蝽在广东广州和广西钦州1年发生2代，以高龄若虫在林间地被物及杂草间等处越冬。卵块产，每雌产卵2～5块，每块80粒左右。

猎物

若虫和成虫捕食多种鳞翅目、膜翅目等害虫，是林间松毛虫、叶蜂的重要天敌。

分布

湖南、福建、广东、海南、广西、贵州、云南、香港；越南。

多变嗯猎蝽

Endochus cingalensis Stål,1861

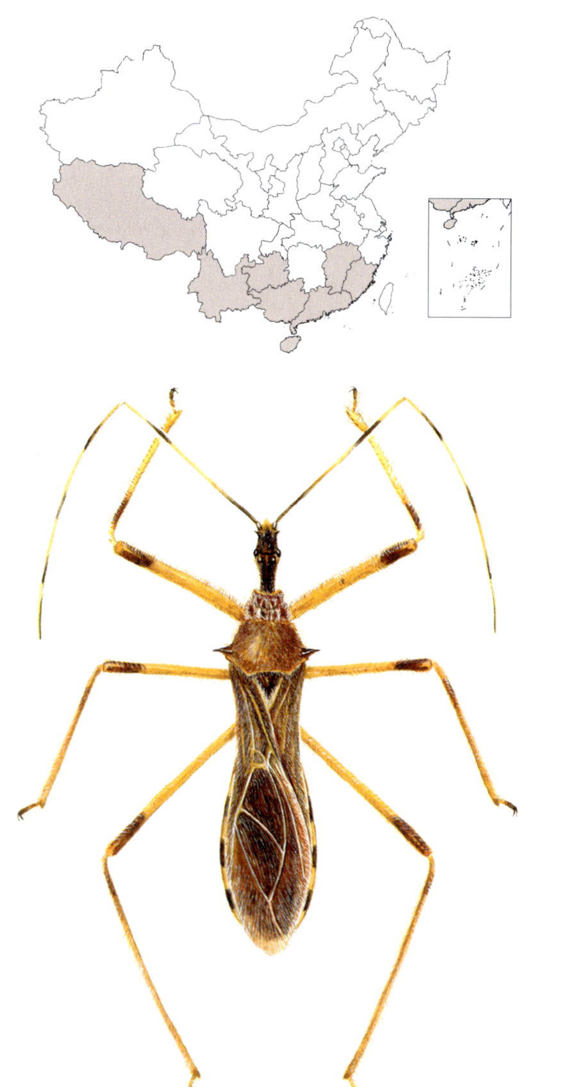

多变嗯猎蝽成虫

形态特征

本种是一个体色及大小多型种。雌虫体色及体长变化较小，基色从黄褐色至褐黑色；雄虫体色及体长变化甚大，基色从淡黄色至黑色。大多数雌虫，头部背面、触角第1节两端及中部、第2节两端、第3～4两节、侧角刺、各足股节亚端部、侧接缘各节端半部深褐色至褐黑色；中、后足股节（除亚端部外）及胫节（除基部外）、侧接缘各节基半部淡黄色至褐色；单眼之间有1条淡色纵纹；前胸背板前叶较后叶色深。深色个体的头、前胸背板、小盾片、前翅、各足股节大部、侧接缘各节端半部褐黑色，喙、各足胫节大部和跗节深褐色。雄虫色斑的基本情况与雌虫的相似，但幅度远比雌虫变化大，作者曾检查了中国及周边国家的大宗标本，发现雄虫可以全为淡黄色（除头背面、触角和前翅膜区为黑褐色外）至通体黑色，前胸背板的颜色可以全部淡黄到前叶黑色后叶黄色或全部黑色。体表除触角、复眼与单眼、喙、前翅、各足、前胸腹板中部外密被黄色平伏短毛并杂以长短不一的细刚毛；触角第1节和第2节基半部稀布短毛，第2节端部密布短毛，第3、4节被绒毛；喙布长短不一的黄白色刚毛；翅革质部分密布黄白色弯曲短毛；各足密被黄色较长刚毛，前足股节腹面与胫足腹面密布长度一致的短刚毛。头前叶明显短于头后叶，眼后区约为眼前区长的1.5～1.7倍，眼后区中后部明显变细；喙第1节超过复眼后缘；角后突锥状，较小。领端较发达，但不突出；前胸背板前叶具印纹，后部中央具凹陷；前胸背板后叶较圆鼓，表面具不规则的皱纹，侧角具较长的刺突，刺突后方具小突起，后角圆钝，后缘略凹或近直；小盾片具“Y”型脊。前足股节较粗。雄虫前翅超过腹末，雌虫前翅达到或略超过腹末。腹部基部较狭窄，亚端部最宽。体长16.0～21.2 mm（♂）、22.1～26.3 mm（♀）；腹部最大宽度2.7～3.4 mm（♂）、4.7～5.2 mm（♀）。

生活习性

该蝽生活史不详，但在林区种群量较大。

猎物

能捕食多种鳞翅目、膜翅目等害虫。

分布

江西、福建、广东、海南、广西、贵州、云南、西藏；缅甸，斯里兰卡，印度尼西亚。

注 由于该种成虫体色多变，命名错误较多。
China (1940)所命名的二色嗯猎蝽 *E. bicolor* China、
萧采瑜(1979)所命名的黑嗯猎蝽 *E.niger* Hsiao、
黑嗯猎蝽黑股亚种 *E. n. flavopectus* Hsiao 及
黑嗯猎蝽桔股亚种 *E. n. bicoloripes* Hsiao
均为多变嗯猎蝽的雄性个体。
可能 Miller 所命名的采自东南亚的该属不少种均应为该种的异名

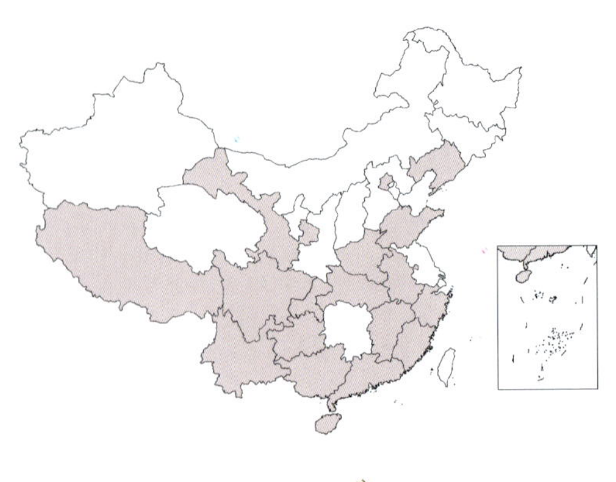

褐菱猎蝽

Isyndus obscurus (Dallas,1850)

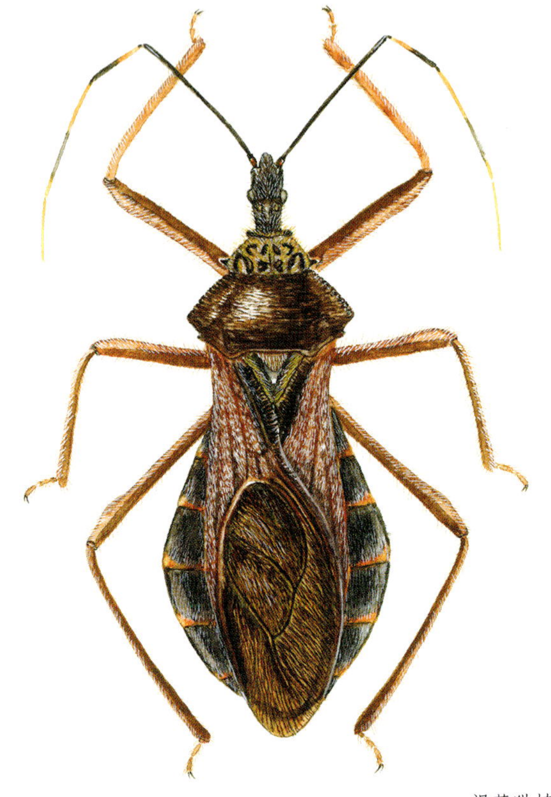

褐菱猎蝽成虫

形态特征

体深褐色。触角第2节基部、第3节亚端部、第4节基半部黄褐色至红褐色，第3节基半部和端部、第4节端半部淡黄至红色；复眼灰黄色至黄褐色，有不规则的暗色斑纹。侧接缘上的斑点红褐色至浅褐色。体密被黄白色平伏短毛并疏杂以直立长毛。头较细长；触角基后方的突起呈乳突状。前胸背板前叶印纹较深，后部中央有一深凹；后叶具有明显的横皱纹；侧缘不规则，侧角略成角状，侧角后方有一明显的突起，后角圆钝，后缘近平直；发音器约由190个摩擦脊组成；小盾片中央突起明显。雌虫前翅略超过腹部末端或仅达腹部末端，雄虫前翅显著超过腹部末端。雌虫侧接缘5、6两节明显向两侧扩展；雄虫第7腹板基部有一突起，突起的顶端平截。雄性外生殖器的抱握器棒状，弯曲，端部较细，上生淡色长毛；尾节突短粗，顶端中央凸出，外侧有2个齿状突起；阳茎基片近端部弯曲，基片桥较细，阳茎基片延颈较细；阳茎体端部明显上翘；阳茎鞘背片中部中央具2个椭圆形突起；阳茎鞘支片小；阳茎系膜突起从基部至端部逐渐变细；阳茎端短粗；阳茎端侧突较细长，端尖。体长20.1～22.8 mm（♂）、23.1～29.2 mm（♀）；腹部最大宽度4.7～6.0 mm（♂）、7.8～10.0 mm（♀）。

生活习性

该蝽1年发生1代，以成虫在枯枝落叶中、石块下等处越冬。卵块产，每块30粒左右。成虫和若虫常静伏于树叶背面捕食猎物。

猎物

能捕食松毛虫、舞毒蛾、杨扇舟蛾、榆毒蛾、杨叶蜂、黄刺蛾等多种害虫，食量较大。

分布

辽宁、北京、山东、河南、甘肃、浙江、安徽、江西、湖北、重庆、四川、福建、广东、海南、广西、贵州、云南、西藏；朝鲜，日本，印度，不丹，越南。

注　该蝽中名曾为褐猎蝽，其外形和颜色与圆肩菱猎蝽 *Isyndus planicollis* Lindberg 非常相似，但该蝽雄虫腹部第7腹板基部具瘤突。

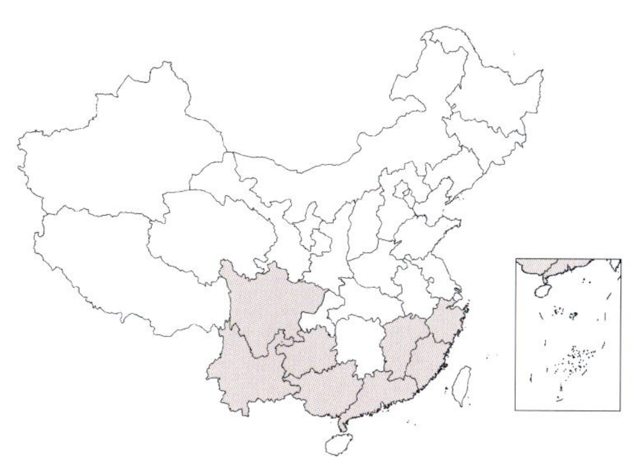

锥盾菱猎蝽

Isyndus reticulatus Stål,1858

锥盾菱猎蝽成虫

形态特征

体黑褐色至黑色。头的前端、触角第1节上的环纹、第2节基半部、第3节的基部与端部、第4节的端部、前胸背板上的斑纹、各足上的环纹、前翅革片上的斑纹及侧接缘上的斑纹橘黄色至红褐色。体表密被黄白色平伏短毛并稀被同色直立长毛。头部两复眼间横缢较宽，单眼着生部不明显隆起；复眼后方明显变细。前胸背板前叶两侧的突起乳突状；后叶具明显的横行皱纹，侧角刺状，侧角后方各具1个齿状突，后角略向后突出，后缘微凹。发音器约由190个摩擦发音脊组成。小盾片近等边三角形，具"Y"形脊，脊的交点处有一短锥状突起。雌虫前翅略微超过腹部末端，雄虫前翅明显超过腹部末端。雌虫腹部第5、6节侧接缘中度向两侧扩展。腹部腹面具无毛区点。抱握器棒状，中部明显弯曲，上生长毛。尾节突顶端中央凸出，两侧具2个大突起，每个突起的后侧各具1个小齿突。阳茎基片和阳茎基片桥较细，阳茎基片延颈短；阳茎体端部微翘；阳茎鞘背片中央有2个椭圆形小突起；阳茎鞘支片小；阳茎系膜突起甚为细长；阳茎端小；阳茎端侧突较粗壮，端部各具3个小齿突。体长18.4～20.5 mm（♂）、22.1～27.3 mm（♀）；腹部最大宽度3.9～4.3 mm（♂）、6.0～8.5 mm（♀）。

生活习性

该蝽1年发生1代，以成虫在枯枝落叶下、石块下等处越冬。卵块产，每块有19～49粒卵，卵期约15天。若虫5龄，若虫期60天左右。

猎物

若虫和成虫能捕食多种鳞翅目、膜翅目、同翅目、半翅目害虫。

分布

浙江、江西、四川、福建、广东、广西、贵州、云南、香港；印度。

云斑历猎蝽

Rhynocoris incertis (Distant,1903)

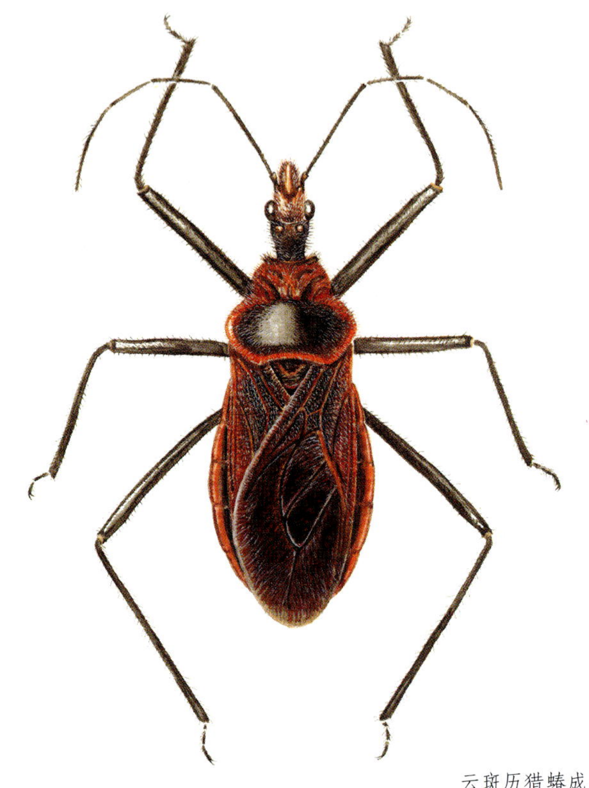

云斑历猎蝽成虫

形态特征

本种是一个体色多型种，色斑变化颇大；基调为黑色，具多少不等的红色斑纹；头腹面后半部、复眼内侧的大斑、单眼间的小斑、前胸背板前叶中部、前胸背板后叶侧缘、各足基节与转节、前翅革区前缘基部及雄虫尾节总为红褐色至鲜红色。喙第1节外面、头前叶大部红褐色至黑褐色；前胸背板前叶从完全红色到除中央红褐色外全为黑色；前胸背板后叶由侧缘较宽的红带及红色的后缘逐渐变为狭窄的红纹及后缘完全黑色；前翅革区由大部分红色变成仅前缘基部为红色；侧接缘由完全红色变为完全黑色；小盾片由端部边缘红色变为完全黑色；雄虫腹部腹面由第4～6节后缘两侧和第7腹节前缘有褐色的小斑到第4～7节腹板完全黑色。体粗壮，腹部向两侧略扩展。体被褐色平伏纤毛和中等长度的毛。头的眼后区逐渐变细；触角第2节明显长于第3节。领端突短锥状；前胸背板前叶印纹较深并组成云斑，后叶中央平坦，侧角圆钝，侧后缘翘起，后缘略凹；小盾片端部钝，边缘上卷。雄虫前翅略超过腹末。抱器棒状，基部1/4处折状弯曲，中后部弧形弯曲，上生浅褐色长刚毛。尾节突短，顶端具向腹面伸展的锐角状片突。阳茎基片中后部弯曲，基片桥细，基片延胫较短粗；阳茎鞘基部两侧有骨化较强的区域，基部中央骨化程度较弱，端半部骨化程度较强；阳茎鞘背片支突主体分离，基部1/3由弱骨化片相连，端部伸达阳茎鞘背片骨化强的部分；内阳茎体中部具1宽舌尖状骨化构造，中部具纵行脊起；中后部两侧各具30枚左右齿状构造，阳茎端上具很多小突起。体长14.8～15.5 mm（♂）、17.0～17.8 mm（♀）；腹部最大宽度4.8～5.3 mm（♂）、6.7～6.9 mm（♀）。

生活习性

该蝽在华北地区1年发生1代，在江西南昌1年可能发生2代，以成虫在枯草丛中、石块下、土缝内等处越冬。卵块产，每块30粒左右。成虫和若虫多静伏在植物枝叶上，伺机觅捕猎物。成虫在产卵前可飞到益母草和其他植物的花序上吸食花蜜，具有微弱的趋光性。

猎物

成虫和若虫取食多种鳞翅目、同翅目害虫等，是森林生态系统中重要的天敌之一。

分布

河南、陕西、江苏、浙江、安徽、江西、湖北、湖南、重庆、四川、福建、广东、广西、贵州；日本，韩国。

注 曾名云斑真猎蝽

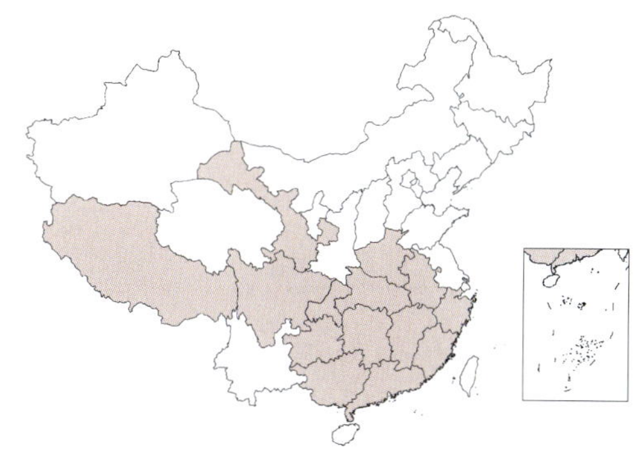

红缘猛猎蝽

Sphedanoletes gularis Hsiao,1979

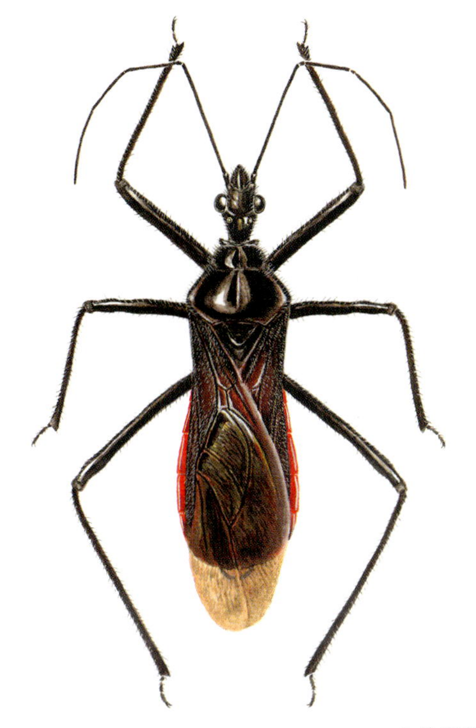
红缘猛猎蝽成虫

形态特征

体黑色，光亮。复眼褐色，具不规则的黑色斑纹，单眼黄色至黄褐色；头部腹面黄色，单眼间纵斑黄色至黄褐色；前胸背板后叶颜色较浅，有时黄褐色；腹部腹面红色，两侧具黑色斑纹，有时黑色斑纹消失。中等大小，较狭长。头部背面稀被较长粗毛，各足被长短不一的毛；其余部分密被细短毛，前胸背板较密地被有直立粗毛及平伏短毛，前翅革片上的毛平伏，前胸腹板两侧、前足基节、中胸腹板被白色蜡质毛。头略短于前胸背板；后唇基基部发达；触角第1节略长于第2、3节长度之和，第2节略短于第3节；单眼间距近等于复眼直径。领端突瘤状，前胸背板前叶圆鼓，后叶凹较浅。侧接缘略上翘。抱器棒状，较细，端部2/3较直，并生有长短不一的刚毛，基部1/3弯曲，顶端圆钝；尾节突宽短，顶端中央平直，两侧具向下斜伸的片突。阳茎鞘背片基部1/3仅两侧骨化程度较强；阳茎鞘背片支片短粗；基部2/3愈合，端部1/3两片分开，外缘波形；阳茎鞘侧片长约为阳茎体长的2/5；阳茎系膜基部背面中央有1对骨化的褐色突起，阳茎端囊两侧各具9～10个大短刺突，背面中央有8个大短刺突，分列两排；其余部分具较小的刺突。体长11.8～12.8 mm（♂）、11.7～13.1 mm（♀）；腹部最大宽度2.4～2.8 mm（♂）、2.6～3.1 mm（♀）。眼前区长0.7～0.8 mm（♂）、0.7～0.9 mm（♀）；眼后区长0.7 mm（♂）、0.6～0.8 mm（♀）；复眼间宽0.7 mm（♂）、0.6 mm（♀）；单眼间宽0.3 mm（♂），0.2～0.3 mm（♀）；触角长度Ⅰ～Ⅳ＝3.0～3.5 mm（♂）、2.6～4.0 mm（♀），1.2～1.4 mm（♂）、1.2～1.7 mm（♀），1.8～1.9 mm（♂）、1.1～1.6 mm（♀），2.1 mm（♂）、1.8～2.1 mm（♀）；喙各节长为Ⅰ～Ⅲ＝0.8 mm（♂）、0.9～1.2 mm（♀），1.4 mm（♂）、1.0～1.6 mm（♀），0.2 mm（♂）、0.2 mm（♀）。前胸背板前叶长0.9～1.1 mm（♂）、0.7～1.2 mm（♀）；前胸背板后叶长1.6 mm（♂）、1.4～1.9 mm（♀）；胸部最大宽度2.4～2.8 mm（♂）、2.6～3.1 mm（♀）；小盾片长0.8～1.0 mm（♂）、2.6～3.1 mm（♀）；前翅长8.2～9.2 mm（♂）、7.8～9.8 mm（♀）。

生活习性

该蝽为昼出性昆虫，常爬在植物的叶面上捕食鳞翅目、膜翅目等昆虫。其生物学无详细报道，但近年来在其分布区种群量较大，在林区较为常见。

猎物

捕食鳞翅目、膜翅目等昆虫。

分布

河南、甘肃、安徽、浙江、江西、湖北、湖南、重庆、四川、福建、广东、广西、贵州、西藏。

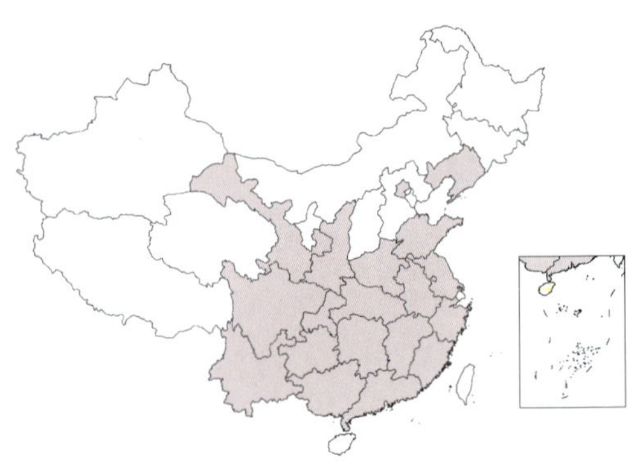

环斑猛猎蝽

Sphedanoletes impressicollis (Stål,1861)

形态特征

本种色斑型变化较大，基本色泽为黑色。体长13.1～15.8 mm（♂），13.5～18.0 mm（♀）。喙第1节端半部或大部、头部腹面、单眼外侧、单眼之间的斑纹、腹部腹面、侧接缘各节端半部或大部黄色至黄褐色。变化主要表现在前胸背板、触角第1节、各足股节上的环纹、胫节的颜色及革片的色泽等处；前胸背板后叶可由全部黄色或淡黄褐色经黄色具有2个小斑、小部分区域为黑色、大部分区域为黑色到全部为黑色。在淡色个体中触角第1节有2个明显的浅色环纹，各足股节多具3个完整的淡色纹，各足胫节中后部、革片可从黄色至黄褐色；而在黑色个体中，触角第1节的淡色环模糊，各足股节端部的淡色环不完整或完全消失，各足胫节、革片黑褐色，胫节近基部有1个明显的淡色环纹。中大型，较粗壮。头部背面、前胸背板较密地分布着黄色中等长度的直立毛，头部腹面、各足生有不同长度的细毛，革片上密被弯曲短毛；腹部腹面较密地被有斜生短毛；各胸侧板与腹板上常密布白色短毛，形成明显的斑纹。头部较细长，复眼较大明显向两侧突出，其直径大于单眼间距；喙第1节明显短于第2节；触角第1节略长于第2、3节长度之和，第2节明显短于第3节，第3节略短于第4节。领端突发达，短锥状；前胸背板前叶圆鼓，两侧中央各具1个明显的小瘤突，后叶中央纵沟较宽深，侧角钝圆，后缘略凹；发音沟亚宽全脊型；雌虫前翅略微超过腹部末端，雄虫前翅明显超过腹末。雌虫腹部略向两侧扩展。

生活习性

本种分布广，数量大，食性杂，在华北1年发生1代。

猎物

成虫和若虫取食多种鳞翅目、同翅目害虫等。是农林生态系统中重要的天敌之一。

环斑猛猎蝽成虫

分布

辽宁、北京、山东、河南、陕西、甘肃、江苏、浙江、安徽、江西、湖北、湖南、重庆、四川、福建、广东、广西、贵州、云南；朝鲜，日本，印度。

微小花蝽

Orius minutus (Linnaeus,1758)

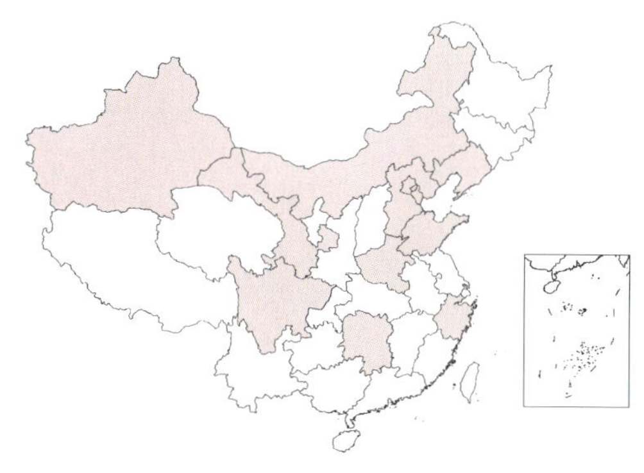

微小花蝽成虫

形态特征

体淡褐色至黑褐色。头深褐色，雄虫触角第1、2节黄色，第3、4节褐色，雌虫第2节，有时第3节基部大半黄色；前胸背板深褐色；前翅爪片和革片淡色，楔片大部赤褐或仅末端色深；足淡黄或股节深色，后足胫节有时黑褐。头顶中部有纵列毛，呈"Y"型，两单眼间有一横列毛，触角第3、4节毛长者达于或稍超过该节直径。前胸背板四角无直立长毛，侧缘微凹，前半成薄边状；胝区较隆出，中部有纵列刻点毛，其后缘下陷明显，胝区之前及前胸后叶刻点较深，横皱状。后足胫节毛长不超过该节直径。雄虫阳基侧突叶部的基部和中部极宽，端部迅速变细，接近鞭部着生有一大齿，贴近叶部的前缘，鞭部细长略弯，约1/4伸过叶端。雌虫交配管细长，基段长约为端段长的1.5～2.0倍，基段直径为长的1/5。体长1.9～2.3 mm，宽0.9～1.0 mm。头长0.27～0.29 mm，触角长度Ⅰ～Ⅳ = 0.10，0.30，0.20，0.22 mm，外革片长0.66 mm，楔片长0.34 mm。

生活习性

本种为我国长江以北地区最常见的花蝽之一，多见于玉米、高粱、苜蓿、豆类等作物及果树、林木上。华中农学院棉虫天敌研究组（1978）报道，本种曾发现于棉花、水稻、玉米、高粱、黄豆、芝麻、甘薯、蓖麻、蚕豆、豌豆、中季豆、黄瓜、西瓜、茄子、辣椒、洋葱、波菜、番茄、扁豆、芥菜、南瓜、葫芦、马铃薯、绿肥等作物上，早春在蚕豆上最多。

猎物

能捕食多种蚜虫、蓟马等小型昆虫和螨类。

分布

辽宁、内蒙古、北京、天津、河北、山东、河南、甘肃、新疆、浙江、湖南、四川；蒙古，朝鲜，日本，俄罗斯，欧洲，北非。

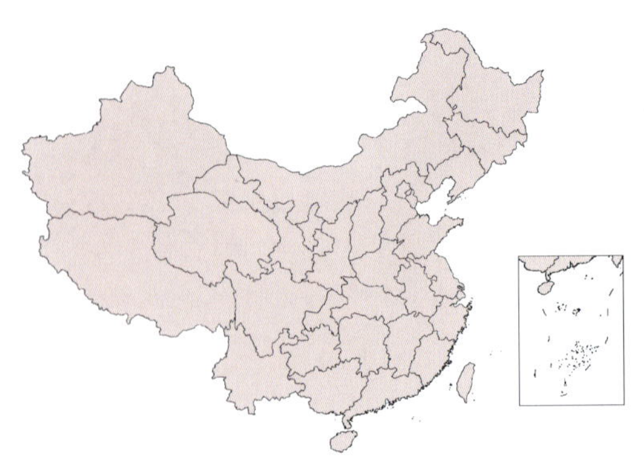

食虫齿爪盲蝽

Deraeocoris punctulatus (Fallén,1807)

食虫齿爪盲蝽成虫

形态特征

体黄褐色，光亮，具黑色及深褐色斑。头背面、胝区、小盾片大部黑色，唇基中央、额纵中线及头顶后缘、领、前胸背板前缘中央的三角形斑、前胸背板中央纵线、两侧及后缘、小盾片基部两侧及端部、前胸侧板下缘及中胸臭腺孔缘黄色；小颊局部、触角第1节大部棕褐色；喙(除顶端)，触角(除第1节大部)，各足胫节基部、亚基部、中部及端部、跗节基部及端部和爪褐色；喙顶端、前胸背板大部、革片前缘黑褐色；复眼红褐色。前翅黄褐色，爪片基部及端部、革片端部内侧及外端角具深褐色斑，楔片端半深褐色，膜片半透明，翅脉及膜片局部色稍暗。足大部棕黄褐色，股节基部色暗。体长椭圆形，具明显的暗褐色刻点。头短，略下倾，后缘不具脊。眼大而突，表面粒状；触角第1节长度约等于头顶宽，第2节短于前胸背板宽度，第3、4节最细；喙顶端伸达中足基节间。前胸背板稍鼓，胝区光亮而无刻点，前缘及侧缘近直，后缘略呈弧形；小盾片稍鼓。前翅较平坦，在楔片缝后略向下倾斜，明显长于腹部末端。足具棕色半直立短毛，胫节直，跗节弯曲，第1节与第2节近等长，第3节最长。体长3.97～4.12 mm，宽1.68～1.72 mm。

若虫初孵时体长0.93 mm，淡黄色，复眼红色，1小时后体色变成暗红色。第5龄若虫体长3.1～3.5 mm，腹部宽1.6～1.7 mm。翅芽伸达第3腹节后缘；体长圆形，灰褐色，具稀疏黑粗刚毛。喙长，达后足基节间，触角及各足具褐色环斑，体背面具褐色及浅色斑，腹部具不明显暗红色横纹，腹部第3～4节背板之间具1个臭腺孔。

生活习性

该蝽在华北地区1年发生3～4代，以成虫在杂草根部、残枝落叶下、树缝或树皮下及疏松表土层越冬。早春外出，在小麦、夏至草、酸模等植物丛间活动，4月中旬产卵，5月中下旬开始出现第1代若虫，11月中旬最后1代成虫越冬。雌虫将卵产在植物组织内，卵盖外露。若虫期共脱皮4次，每次脱皮相隔5～7天。成虫主要在植物的上层而若虫常在植物的下层及土表活动。

猎物

捕食蚜虫、螨类、飞虱等小虫，是这类害虫常见的天敌，并常吸取少量植物汁液。

分布

全国各地均广泛分布。

注 曾名黑食蚜盲蝽

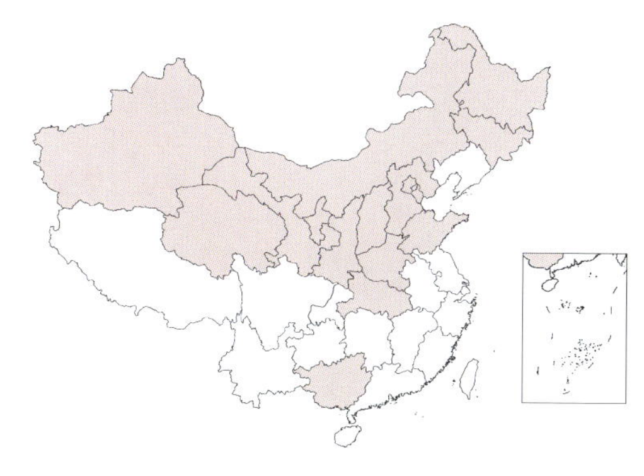

华姬蝽

Nabis (Nabis) sinoferus Hsiao,1964

华姬蝽成虫

形态特征

体草黄色。头顶中央色斑甚小，有时不显著或消失。前胸背板领及后叶的纵纹不明显；小盾片中央及前翅爪片顶端黑色；革片端半部的3个斑点通常不清楚，膜片翅脉浅褐色；中胸及后胸腹板中部黑色；腹部腹面淡黄色，有的个体腹部中央具暗色纵条纹；各足股节具不明显的斑点及横纹。触角第1节略短于头长，喙第3节最长。雄虫抱器宽阔，内缘近直，中部近外缘具1个小突起，抱器前端的叶突显著。阳茎膨胀时可见基半部的囊突，其中2个囊突内各具1个骨化刺。雌虫第7腹节腹板前缘中突似粗棒状；雌虫生殖腔近圆形，两侧各具1个骨化环。体长 6.95～7.5 mm（♂）、8.2～9.2 mm（♀）；腹部宽1.78～1.96 mm（♂）、1.97～2.23 mm（♀）。1龄若虫体色淡；复眼大，红色至红褐色；体长1.8～1.9 mm。2龄若虫乳黄色，胸部背面中央纵纹红色，具翅芽；体长2.0～3.0mm。3龄若虫淡黄褐色，体两侧的纵纹灰褐色，翅芽达第2腹节；体长3.2～4.0 mm。4龄若虫草黄色，翅芽达第4腹节；体长4.0～5.6 mm。5龄若虫翅芽达第5腹节；体长6.0～7.0 mm。

生活习性

该蝽在安阳地区1年发生5代。第1代主要栖息于小麦、苜蓿、油菜等作物上捕食蚜虫等。第1代成虫于6月上旬转移到棉田中产卵繁殖，捕食棉铃虫(卵和幼虫)及棉蚜等，捕食能力强。在棉田繁殖 3～4代，到第4代时有部分成虫迁至玉米、高粱、豆角、黄瓜、大白菜和萝卜等作物间繁殖第5代。11月份以成虫越冬。成虫及若虫常栖息于农田、果园、林区、灌木丛及杂草间。华姬蝽在棉田中，第1～3代的发生盛期与棉铃虫在这些作物上1～3代的发生盛期相吻合。即第1代棉铃虫幼虫达到高峰时，也是华姬蝽的若虫盛期。所以对保护、利用天敌来控制棉铃虫危害起了一定作用。

猎物

捕食蚜虫、飞虱、盲蝽、多种鳞翅目昆虫卵和幼虫。

分布

黑龙江、吉林、内蒙古、北京、天津、河北、山东、山西、河南、陕西、宁夏、甘肃、青海、新疆、湖北、广西；阿富汗，蒙古，乌兹别克斯坦，吉尔吉斯斯坦，塔吉克斯坦。

鞘翅目 *Coleoptera*

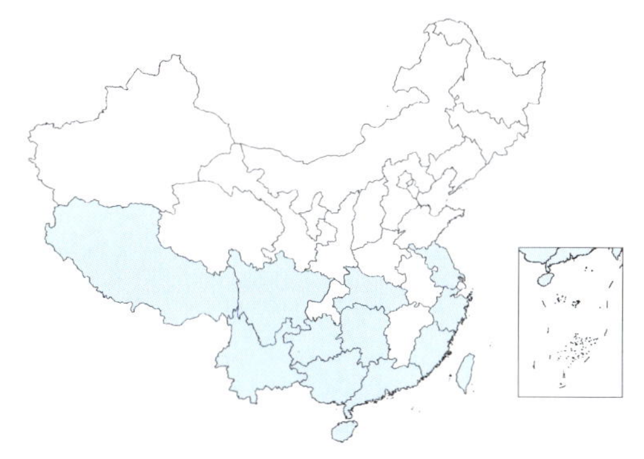

金斑虎甲

Cicindela aurulenta Fabricius,1801

金斑虎甲成虫

形态特征

体长15～21 mm，宽4.5～6.0 mm。体色基色为深蓝绿色，具有强烈的金属光泽；头部及前胸大部、鞘缝及鞘翅基部铜红色。每个鞘翅有3枚明显的白斑，另外在前端外侧尚有1个小白点。触角丝状，11节，基部4节绿色，光亮，其余暗黑色。上颚强大，内侧具3个大尖齿。雄虫腹部可见7节腹节，而雌虫为6节。体腹面胸部和腹部两侧密布白毛。

生活习性

金斑虎甲一般2年1代，雌虫产卵在土穴内。幼虫期大约为1年，成虫期约10个月。越冬时，虎甲打洞或进入自然土穴内。本种成虫出现于4～10月，但生活史尚不清楚。在晴朗的夏秋季，我们常可在郊区发现金斑虎甲在地面飞飞停停，捕食猎物。

猎物

虎甲的捕食范围比较广，如蝗虫、蚂蚱、蝼蛄、蟋蟀等。

分布

江苏、浙江、湖北、湖南、四川、台湾、福建、广东、海南、广西、贵州、云南、西藏；尼泊尔，柬埔寨，泰国，缅甸，越南，印度，斯里兰卡，新加坡，马来西亚，印度尼西亚，菲律宾。

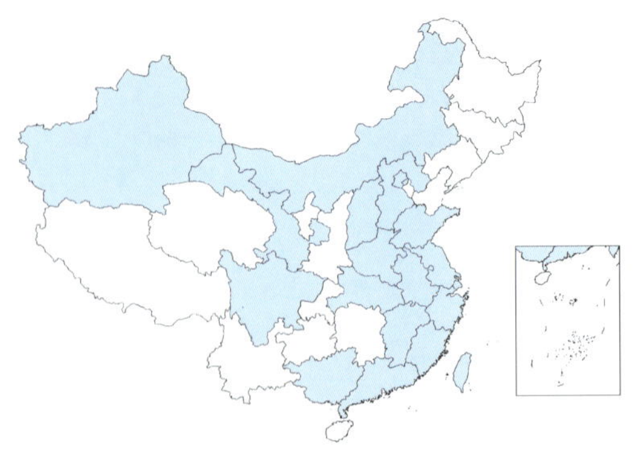

云纹虎甲

Cicindela elisae Motschulsky,1859

云纹虎甲成虫

形态特征

体长8～12 mm，宽3.5～4 mm。体深绿色，具铜红色光泽。复眼大而显著。触角丝状，约体长的2/3，基部4节金属绿色，余7节暗黑色。前胸背板两侧、胸部侧板及腹部两侧密被白色长粗毛。小盾片三角形。鞘翅密布绿色圆刻点，刻点间距中铜红色。每一鞘翅具3条乳白或淡黄色细斑纹，3条细斑纹之间在翅的侧缘以1条纵纹相连接。

生活习性

成虫产卵于土中，幼虫生活在土穴内，捕食过往的昆虫。6月份可见到大量的成虫在水池边活动，捕食一些小昆虫。虎甲类昆虫生活史较长，一般2～3年完成1代。

猎物

捕食多种小昆虫，如小地老虎、粘虫、蝗虫等。

分布

内蒙古、北京、河北、山东、山西、河南、甘肃、新疆、江苏、上海、安徽、浙江、江西、湖北、四川、台湾、福建、广西、广东；俄罗斯远东，蒙古，朝鲜半岛，日本。

绿步甲

Carabus smaragdinus
(Fischer van der Waldheim,1823)

绿步甲成虫

形态特征

体长29～35 mm，宽10～14 mm。色泽鲜艳，体背具金属光泽。口器、触角、小盾片及虫体腹面黑色；前胸侧板绿色，背板铜绿色；鞘翅瘤突黑色，余为绿色。触角基部4节光亮，第5～11节被绒毛。鞘翅基部宽度与前胸基缘宽度接近，渐向后膨大，中部后开始收窄，两个鞘翅末端在鞘缝处形成向上凸的刺突；每一鞘翅有6行瘤突，从鞘缝开始的第1、3、5行瘤突较小，而第2、4、6行瘤突明显大，翅缘尚有1列粗大刻点；瘤突之间尚有不规则的小颗粒。

生活习性

成虫出现在5～9月，发生代数及生物学尚不清楚。

猎物

捕食鳞翅目昆虫的幼虫，如柞蚕、栎掌舟蛾、粘虫等幼虫，有时会成为柞蚕的害虫而需要防治。

分布

北京、辽宁、河北、河南。

麻步甲

Carabus brandti Faldermann,1835

形态特征

体长16～26 mm，宽10～11 mm。全体黑色，光泽弱，但复眼棕黄色。触角基部4节光亮无毛，第5节后密被棕黄色细毛。前胸背板宽大于长，后缘有一列较长的黄色毛，覆盖小盾片。前胸背板弧形深内凹，侧缘弧形，缘边上翻。小盾片宽三角形，表面光滑。鞘翅翅面具大小瘤突，成行排列并在鞘翅末端及侧缘逐渐消失，瘤突表面及瘤突之间密布微细刻点；后翅退化。雄虫前足跗节基部3节扩大，腹面黏毛棕黄色。幼虫黑色，体末端有1对分叉的刺突。

生活习性

成虫出现于5～10月份，多发生在丘陵山区及平地。幼虫爬行迅速，7～10月可见。

猎物

捕食鳞翅目幼虫及蜗牛。

分布

黑龙江、吉林、辽宁、内蒙古、北京、河北、河南。

麻步甲幼虫

麻步甲成虫

梭毒隐翅虫

Paederus fuscipes Curtis,1823

梭毒隐翅虫成虫

形态特征

体长6.5～7.5 mm，宽1.2～1.4 mm。体黄褐色，具金属光泽。头、中后胸及腹部末端2节黑色。鞘翅青蓝色，密布粗刻点。触角11节，端部一半黑褐色。前胸背板比头略窄，长于宽，均匀隆起，表面光滑有光泽。两鞘翅合拢长略大于宽，后端平截，表面布满刻点，密被黄白色短毛。腹部两侧近于平行，表面光滑，被棕黑色长毛，第7腹节最长，第8腹节最细，呈锥形，尾端有1对尾突。

生活习性

成虫一天可捕食棉蚜7～9头。在江苏，1年发生3代，以成虫集中在覆盖度大的杂草丛中、河边杂草和水生植物上越冬。

猎物

捕食多种昆虫，如桃粉大尾蚜、茶梢蛾、粘虫及多种飞虱、叶蝉、蚜虫、蓟马、椿象、鳞翅目幼虫、双翅目和直翅目等昆虫，也可捕食红蜘蛛。

分布

北京、河北、山东、河南、江苏、陕西、甘肃、安徽、浙江、上海、江西、湖北、湖南、四川、重庆、台湾、福建、广东、广西、海南、贵州、云南；广泛分布于古北、东洋两大区。

注 梭毒隐翅虫又名毒隐翅虫、青翅蚁形隐翅虫、黄足蚁形隐翅虫

宁陕伪郭公虫

Laricobius sp.

宁陕伪郭公虫成虫

形态特征

体长2.4～2.6 mm，体宽0.9～1.0 mm。体棕色，头黑色，复眼黑色，球形突出。触角棕色，但触角的基部几节颜色较深。鞘翅棕至红棕色，有些个体鞘缝及翅侧缘的2/5至基部黑褐色。体腹面及足同色，棕色或黑褐色。体背面有直立的毛，前胸背板具粗大刻点（大于鞘翅上的）；每一鞘翅上有10行粗大刻点列和接近鞘缝的一列不完整的条刻，通常由8个刻点组成。

生活习性

目前记载的本属昆虫已有11种，我国仅记载1种，即记录于陕西和四川的奇特伪郭公虫种*L. mirabilis*。据已知的材料，本属昆虫1年1代，以成虫越冬，有复杂的生活史，如要入土化蛹，夏季停止活动，各虫态较低的发育起点温度（从卵的6.5℃到蛹的3.1℃），表明它们适于较冷地区生活；在21℃时不能完成生长发育；成虫于1～3月产卵，多单产，偶尔2～3个卵在一起，产在球蚜的卵囊内，幼虫4龄。我国的种类可能较为丰富，除奇特伪郭公虫和本种外，我们尚有采于台湾和四川的属于不同种的标本。

猎物

伪郭公虫科昆虫是取食真菌的，但已知习性的本属昆虫均取食球蚜。本种成虫于10月采自陕西宁陕的铁杉上，捕食铁杉球蚜。

分布

陕西。

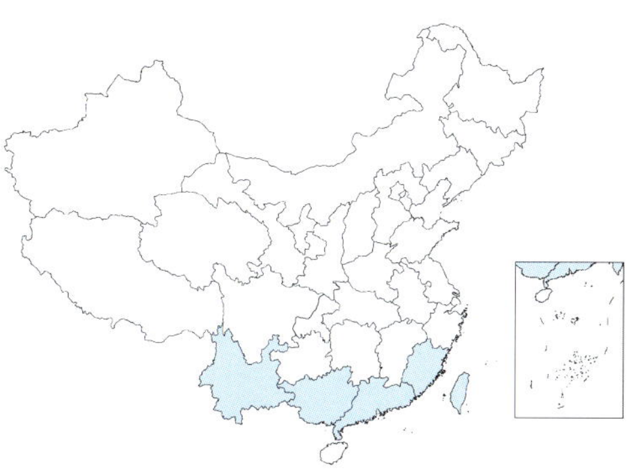

毛角豆芫菁

Epicauta hirticornis Haag-Rutenberg,1880

毛角豆芫菁成虫

形态特征

体长11.5～21.5 mm，体宽3.6～6.0 mm。身体和足完全黑色，头红色，鞘翅乌暗无光泽；腿节和胫节上面具有灰白色卧毛，鞘翅外缘和端缘有时也镶有很窄的灰白毛。头略呈方形，后角圆。在复眼内侧触角基部每边有1个红色、稍凸起、光滑的“瘤”。触角11节，丝状。前胸短，长稍大于宽，两侧平行，前端1/3狭窄，在背板基部有1个三角形凹洼。鞘翅基部窄，端部较宽。雌雄两性区别明显，雄虫触角除末端1、2节外，每节外侧都具有黑色长毛；前足胫节外侧具有很密的黑长毛；腹部末节腹板后缘向前凹，呈弧圆形。雌虫触角较短细，侧缘无长毛；前足胫节外侧没有浓密的黑长毛；腹末节腹板后缘平直。

生活习性

一般1年1代。

猎物

成虫取食大豆、茄子、黄麻、田菁等作物的叶子，有时成虫成为农作物的害虫；在山区，多取食蕨类等植物。幼虫捕食性，捕食多种蝗虫的卵。因此在防治芫菁类成虫时，特别要注意对下一代捕食性幼虫数量的影响。

分布

台湾、福建、广东、广西、云南；越南，印度。

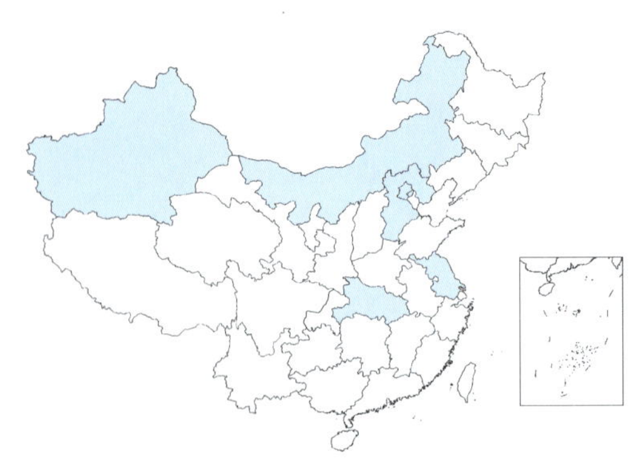

腋斑芫菁

Mylabris axillaris Billberg,1813

形态特征

体长12.5～17.0mm，宽3.5～6.0mm。体黑色，密布黑色长竖毛。头密布细小刻点，额到头顶中央有1条光纵纹。触角短，仅达前胸后缘。前胸宽稍大于长，两侧平行，前端束狭；背板密布细小刻点，中央有1条光纵纹，在后缘中间之前有1个横凹洼。小盾片末端圆钝，密布细小刻点和长毛。鞘翅被细短黑毛，竖毛稀疏，仅分布于基部；翅面密布皱纹和小刻点。鞘翅淡棕色，具黑斑：在翅基有1个半圆形的黑斑，后侧有1个独立圆斑；翅的中部有1个横斑，此斑有时分裂为2个小斑；在翅端1/4处的外侧有1个大斑，内侧有1个小斑；翅的端缘黑色。

生活习性

本属昆虫通常1年1代，以幼虫在土中越冬，翌年化蛹，成虫出现于5～7月。成虫产卵于土中，幼虫捕食蝗虫的卵。

猎物

成虫取食豆科植物如豆类、黄芪及旋花科植物和其他园林植物的花等，有时对栽培植物可造成一定的危害。

分布

内蒙古、北京、河北、新疆、江苏、湖北；叙利亚，埃及。

腋斑芫菁成虫

花绒穴甲

Dastarcus helophoroides (Fairmaire,1881)

形态特征

成虫体长5～10 mm。体扁平，黑褐色。头大部分藏入前胸背板下。触角11节，短球杆状。前胸背板两侧缘弧形，近中部最宽；背面中线光滑无鳞片；中线两侧各有2列棕褐色或灰褐色鳞片形成的隆脊。鞘翅表面有6个棕褐色或灰褐色鳞片斑和4条明显的纵脊或沟槽。头部、前胸背板和鞘翅上密布刻点。足粗短，跗节4节，端部有2爪。可见腹节5个。

花绒穴甲成虫

生活习性

该虫在宁夏、内蒙古、甘肃、上海和安徽1年发生1代，以成虫在树皮缝、树洞、虫道、树干基部周围松土或落叶中越冬。翌年4月出蛰活动，补充营养后，雌虫开始交配产卵。卵产于寄主虫道壁上或粪屑中，几十粒至上百粒排成一片，或几粒一堆。产卵量33～419粒，一般200粒左右。幼虫孵化后，初孵幼虫胸足发达，到处爬动，寻找寄主；当找到寄主后，先在寄主的体节间咬破表皮，然后将头插入寄主体内并将寄主麻痹，取食体内物质；接着胸足退化，形成蛆型幼虫。幼虫共6龄，营体外寄生。寄生不久的天牛幼虫体发黄，缩短变软。在松褐天牛幼虫体上可有1～32头幼虫寄生。当寄主体上的花绒穴甲幼虫数量多时，幼虫虫体小，发育成的蛹或成虫也小，甚至部分个体不能继续发育成蛹或成虫。幼虫老熟时，在寄主残体附近的虫道内结茧化蛹。随后羽化为成虫。成虫怕光，白天隐蔽在树皮裂缝、树洞或虫道内，傍晚和夜间活动。成虫不善飞翔，但爬行迅速，以取食树皮或天牛等害虫的残体作为补充营养。成虫有假死性，受惊扰即呈假死状态。成虫寿命长，在有食料的情况下，可活125～405天，平均306天；在饥饿状态下，可活77～332天，平均139天。在25℃的恒温条件下，卵期为11～14天，幼虫期20～26天，蛹期15～20天，成虫羽化后在茧内停留1～2天，然后咬破茧壳脱出，完成1个世代。幼虫喜寄生于中、大型天牛的高龄幼虫、蛹和刚羽化的成虫。在广东，该虫对松褐天牛的自然寄生率为15%～30%；在北京，对光肩星天牛的自然寄生率最高可达60%。美国从我国引进该虫防治光肩星天牛。该虫已可以用人工饲料大量繁殖。

花绒穴甲幼虫寄生天牛状（采自严静君等，1989）

猎物

已知有2目3科12种，包括光肩星天牛、星天牛、黄斑星天牛、刺角天牛、云斑天牛、桑天牛、松褐天牛、合欢双条天牛、锈色粒肩天牛、六星吉丁虫、十斑吉丁虫和黄胸木蜂。

分布

辽宁、内蒙古、北京、河北、山东、山西、河南、陕西、宁夏、甘肃、江苏、上海、安徽、湖北、广东、香港；日本，美国。

注 国内曾长期使用花绒坚甲 *Dastarcus longulus* (Sharp, 1885)

日本方头甲

Cybocephalus nipponicus Endrödy-Younga,1971

形态特征

体长0.8～1.1mm，宽0.6～0.8mm，小型无金属闪光种类。雄性头及前胸多黄或淡黄褐色，后缘黑色，或头及前胸全为褐色，小盾片及鞘翅黑色；雌性背面黑色；前胸背板侧缘及翅端稍透明。鞘翅长度短于两鞘翅宽度之和(26：28)；侧面观鞘缝几乎平匀弯曲，但弯曲度较大。足黄色，前足胫稍向端部扩大，顶端侧角几成直角。

日本方头甲雌成虫

生活习性

在重庆，1年发生3～5代，以成虫在落叶层、石块下、树皮缝等处越冬。日本方头甲对农药很敏感，迁移能力不强。因此在盾蚧的防治上，少打农药特别是广谱性化学农药，对日本方头甲进行助迁，就能发挥它的控制作用。

日本方头甲雄成虫

猎物

主要捕食盾蚧，也会捕食其他蚧虫及红蜘蛛等，盾蚧主要有：日本尖角盾蚧、桑白盾蚧、梨圆盾蚧、矢尖蚧等。

分布

辽宁、北京、河北、山西、河南、陕西、甘肃、浙江、江西、湖北、湖南、四川、重庆、台湾、福建、广东、海南、广西、贵州、云南；国外分布于日本，密克罗尼西亚，印度，斯里兰卡等地，并已引入美国。

日本方头甲幼虫

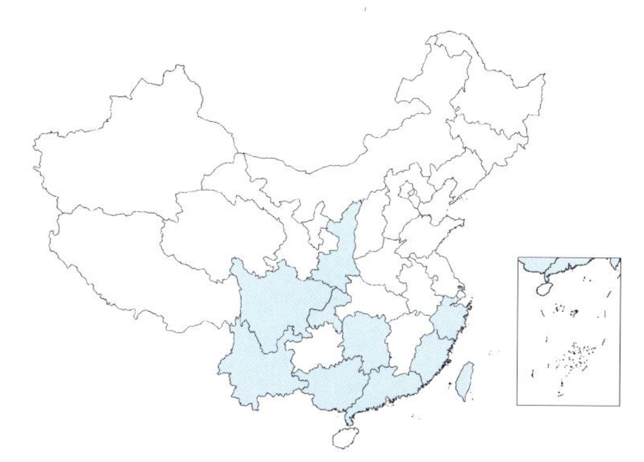

澳洲瓢虫

Rodolia cardinalis (Mulsant,1850)

澳洲瓢虫成虫

形态特征

体长 3.3～3.8 mm；体宽 2.8～3.1 mm。体短卵形，背面密披短绒毛。头红色，复眼黑色；前胸背板红色，基部黑色，基部的黑斑可扩大。小盾片黑色；鞘翅红色，两鞘翅上有5个明显的黑斑，其中1个位于鞘缝，另4个位于鞘翅的前后部，有时黑斑扩大，与翅的前缘、外缘和鞘缝相连；鞘翅的中缝及鞘翅的后缘为黑色。

生活习性

从1889～1958年，57个国家引进了澳洲瓢虫，不但已在其中的55个国家定殖，而且起到了良好的控制效果。中国大陆、台湾、香港三地分别引入该虫，均已定居。幼虫成虫皆捕食吹绵蚧。1年发生6～8代，以成虫越冬。早春成虫出蛰，多活动于柑橘、相思、木麻黄等有吹绵蚧的树及灌木上，成虫产卵于吹绵蚧的体表或卵囊内。在26℃下，卵发育历期4天，幼虫期14天，蛹期5天。在我国重庆，12月份日平均温度为11℃时，它仍可以产卵，平均每雌产卵23.8粒，但平均温度为15.8℃时的平均产卵量为90粒。雌虫一生产卵5～612粒，平均173粒。在广东，成虫没有明显的越冬现象。食物短缺时，幼虫常自相残杀。

猎物

澳洲瓢虫主要捕食吹绵蚧、埃及吹绵蚧，偶尔也捕食多种红蜘蛛、蚜虫，被引入到热带到温带许多地区。

分布

陕西、浙江、湖南、重庆、四川、台湾、福建、广东、广西、云南、香港等地；澳大利亚，新西兰，许多热带至温带地区引入应用。

小红瓢虫

Rodolia pumila Weise,1892

形态特征

体长3.0～3.9 mm，体宽2.8～3.4 mm。体卵形，体背披有锈红色短绒毛。体背面红色，无斑；腹面红色而胸部中央常为黑色，且常扩大而延至腹部。

生活习性

小红瓢虫在福建1年发生6～7代，以幼虫、蛹和成虫越冬，日平均温度15℃以上时开始活动。在日平均温度27.8℃下，卵期5.5天，幼虫期16.1天，蛹期6.4天，成虫产卵前期6.7天。室内每雌产卵量为80～250粒，平均每雌产卵144粒。初孵幼虫多钻进吹绵蚧卵囊内取食卵粒或在蚧虫的腹下取食（类似寄生现象），幼虫之间未见有自相残杀的习性。

于1928年从台湾引入太平洋的岛屿（帕劳岛）防治面包果上的腔绵蚧，取得了很大的成功，几乎致使腔绵蚧绝迹；目前它仍在山区对埃及吹绵蚧等起着控制作用。在我国南方，它在控制各种吹绵蚧上起着重要的作用。

猎物

成虫、幼虫捕食吹绵蚧、埃及吹绵蚧、银毛吹绵蚧，有时也捕食蚜虫。

分布

浙江、台湾、福建、广东、海南、广西、云南、香港等地；越南，琉球，引入密克罗尼西亚。

小红瓢虫成虫

小红瓢虫幼虫

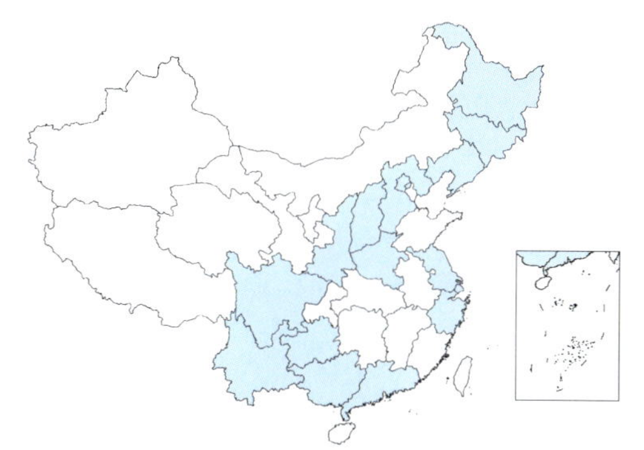

红环瓢虫

Rodolia limbata (Motschulsky,1866)

形态特征

体长4.0～6.0 mm；体宽3.0～4.3 mm。体卵形，披黄白色细毛。头部黑色，前胸背板黑色，前缘及侧缘红色；小盾片黑色，鞘翅黑色，但每一鞘翅的四周为红色。腹面中央黑色，其余为红色。幼虫与草履蚧相像，但体侧有瘤突。

生活习性

1年1代，以成虫在树干基部的枯叶中越夏、越冬，但有时秋天也可在树上采到成虫。在植物生长季节，也能在没有草履蚧的地方发现，如小麦、松树等。在上海，成虫3月上旬出蛰，取食后可交配，雌虫在交尾后8～10天后产卵；卵散产，红色；一头雌虫可产卵221～719粒，平均409粒。红环瓢虫幼虫的外形与草履蚧比较相似，而且有时数量很大，我们不要误认为它们是害虫而喷洒农药。红环瓢虫数量多时，在幼虫的后期（6月份）可发现幼虫对幼虫或幼虫对蛹的自相残杀。保护好枯叶层及杂草对于红环瓢虫顺利越夏、越冬至关重要，同时不使用广谱杀虫剂，它可以很好地控制草履蚧。

猎物

主要取食草履蚧，也能捕食吹绵蚧、球蚧、粉蚧和蚜虫等，对草履蚧的控制能力很强。

分布

黑龙江、吉林、辽宁、北京、河北、山西、河南、陕西、江苏、上海、浙江、四川、广东、广西、贵州、云南；日本，朝鲜半岛，蒙古，俄罗斯。

红环瓢虫成虫

红环瓢虫幼虫

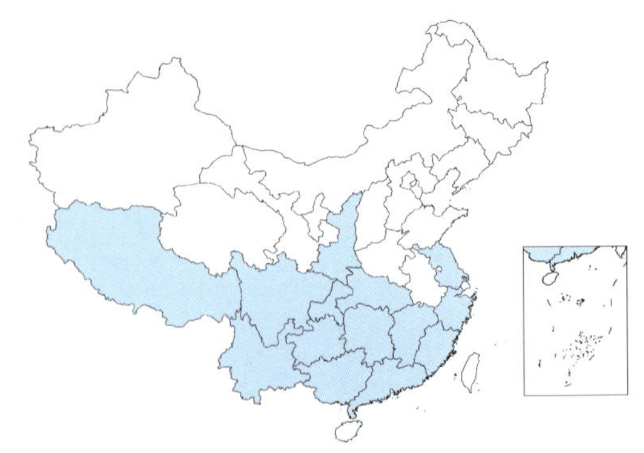

大红瓢虫

Rodolia rufopilosa Mulsant,1850

大红瓢虫成虫

形态特征

体长5.0～6.0 mm；体宽4.6～4.8 mm。体几乎圆形，红色，体上有浓密的金黄色细毛，无其他斑纹。

生活习性

在四川1年发生3～4代，以成虫越冬。大红瓢虫适宜在温度较高的地区生活，成虫交尾的最适平均气温为26～29℃，当平均气温在15℃以下即停止产卵，因此在分布上偏向我国的南方。但温度高于35℃时，也不适宜发育，常常会夏蛰。因此，大红瓢虫喜欢叶荫浓密的植物。卵期3.7～9.5天，幼虫期15.3～25.3天，蛹期6.1～15.4天。产卵量在不同的代次有差异，第1代卵量平均为489粒，第2代为598粒，第3代为195粒，越冬代为326粒。

1953年曾将大红瓢虫从浙江永嘉引移到湖北宜都市，防治吹绵蚧，当年即获成功，在果树上繁殖3代，把1亩[①]柑橘园的吹绵蚧完全歼灭；后又移到四川各地，都取得了很好的防治效果。但对于较寒冷地区，要靠人工繁殖释放才能取得好的效果。福建的经验是在10亩大多数柑橘受害的情况下，仅在中心个别植株上放置46头（成虫、幼虫和蛹），1个月后就取得了满意的效果。这种瓢虫在食物短缺时会自相残杀。

猎物

取食多种吹绵蚧和草履蚧。

分布

陕西、江苏、浙江、江西、湖南、福建、广东、广西、香港，后引入湖北、四川、贵州、云南、西藏等省；印度，缅甸，越南，印度尼西亚，菲律宾。

注 ①1亩＝1/15hm²，下同

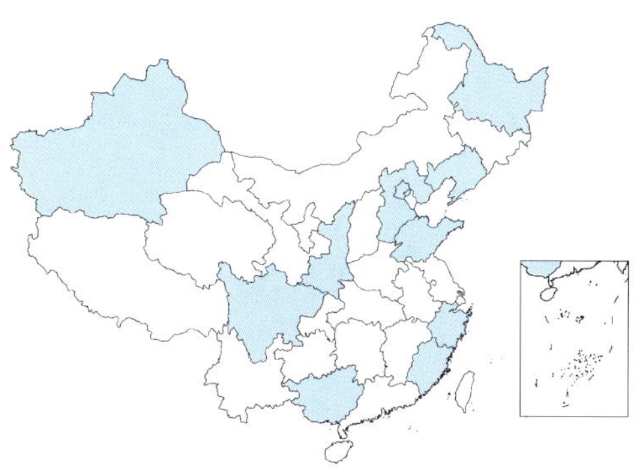

深点食螨瓢虫

Stethorus (Stethorus) punctillum Weise,1891

形态特征

体长1.3～1.4 mm；体宽1.0～1.1 mm。体卵形，中部最宽。体背面具细刻点，密布黄白色细毛。体黑色，但口器、触角、腿节末端及胫跗节黄褐色。我国已知26种食螨瓢虫，种类的区分常常需要检查雄性外生殖器的形态才能确定，本种阳基中叶的近端部收缩而易于它种区分。

生活习性

在河南、山东1年发生4～5代，以成虫在土缝、落叶下或树皮缝内越冬。每头成虫每天可捕食叶螨35头，成虫期可捕食叶螨1000多头，多时可达近2500头。当叶螨数量不足时，可取食植物的花粉。对于棉花、葡萄、多种果树林木上的红蜘蛛有很强的控制作用。目前果园等地植物上食螨瓢虫的数量少，主要原因是不合理使用广谱性农药及地下植被遭破坏所致。

猎物

以多种叶螨为食，如山楂叶螨、二斑叶螨、国槐截形叶螨、苹全爪螨、柑橘红蜘蛛以及其他多种农作物、果树、树木上的红蜘蛛。

分布

黑龙江、辽宁、北京、河北、山东、陕西、新疆、浙江、四川、福建、广西；亚洲，欧洲，北美洲（偶然引入）。

深点食螨瓢虫成虫

深点食螨瓢虫幼虫

孟氏隐唇瓢虫

Cryptolaemus montrouzieri Mulsant,1853

形态特征

体长3.8～4.5 mm；体宽2.7～3.4 mm。体卵形，密布黄白色细毛。头及前胸红黄色，鞘翅黑色，末端红黄色，每一鞘翅上的浅色区前缘弧形突出。雌雄在足的颜色上有区别，雄虫第1对胸足呈橘黄色，而雌性为黑色。

生活习性

在广东，1年发生6代，最短的世代历期为26.5天（29.8℃，RH=77.6%），最长为100天（16.8℃，RH=59.1%）。它嗜食粉蚧卵，一头4龄幼虫一昼夜可食4000～7000粒粉蚧卵。

它作为粉蚧的重要天敌引入到很多地区，在温暖的地区均很成功。与澳洲瓢虫一样，中国大陆、台湾和香港两岸三地于不同年份各自引入，并均已定居。台湾于1909年引入该虫，对于柑橘、凤梨及甘蔗上粉蚧的防治亦有成效；1979年以木瓜型南瓜繁殖橘粉介壳虫，籍以大量繁殖该种瓢虫，有稳定的产量。在广东，已有该虫在林间捕食从美国传入的湿地松粉蚧。

猎物

捕食多种粉蚧包括凤梨灰粉蚧、湿地松粉蚧、可可粉蚧、甘蔗粉蚧、长尾粉蚧等，其他蚧虫和蚜虫。

分布

台湾、广东、香港；大洋洲，引入到印度、泰国、西印度群岛、夏威夷、美国、中美洲、欧洲南部、南非等地。

孟氏隐唇瓢虫成虫

孟氏隐唇瓢虫幼虫

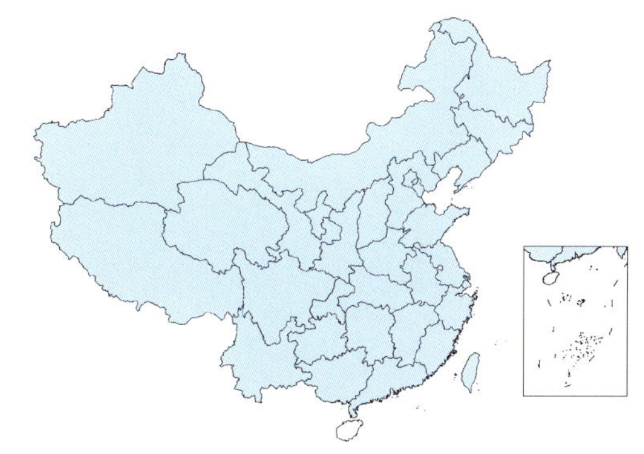

七星瓢虫

Coccinella septempunctata Linnaeus,1758

形态特征

体长5.2～7.0 mm；体宽4.0～5.7 mm。体短卵形，背面强度拱起，无毛。头黑色，复眼内侧各具1对黄白色斑点。前胸背板黑色，两侧前半部具近方形的黄色斑纹。鞘翅鲜红色，具7个黑斑，各鞘翅上呈1/2—2—1排列；小盾斑前侧各具1个灰白色三角形斑。鞘翅上7个斑点可变大甚至相连，或鞘翅全黑，变化达20余种。4龄幼虫腹背1、4节各有4个明显的黄肉瘤。

七星瓢虫成虫

生活习性

在河南等地1年可发生4～6代，但我们对它的生活史还不完全清楚，如野外的发生代数、第1代中有多少比例的瓢虫可以继续产卵而其他瓢虫需有一个滞育的过程等。以成虫在油菜、冬小麦等越冬作物田的土缝、根际越冬。黄河流域新一代成虫多出现在5月中旬。随着油菜和小麦的成熟和收割，七星瓢虫陆续向棉田、果园转移，因此有时果园上有大量的黄蚜可不用防治，等待迁飞瓢虫的到来。七星瓢虫可进行长距离、大规模的迁飞，从中原地区飞向北方，有时在北戴河的海边可见大量的七星瓢虫聚集（有一部分是龟纹瓢虫）。七星瓢虫是目前已知产卵量最多的瓢虫，室内最高纪录是4725粒，产卵期长达90天，日产卵最多是179粒。但野外不可能有这么高的产卵量，因为蚜群不会持续这么长的时间。

七星瓢虫幼虫

猎物

捕食60多种农林蚜虫，包括松蚜、苹果黄蚜、梨二叉蚜、乌桕蚜等。

分布

中国广泛分布（除海南、香港）；古北区，东南亚，印度，引入新西兰和北美。

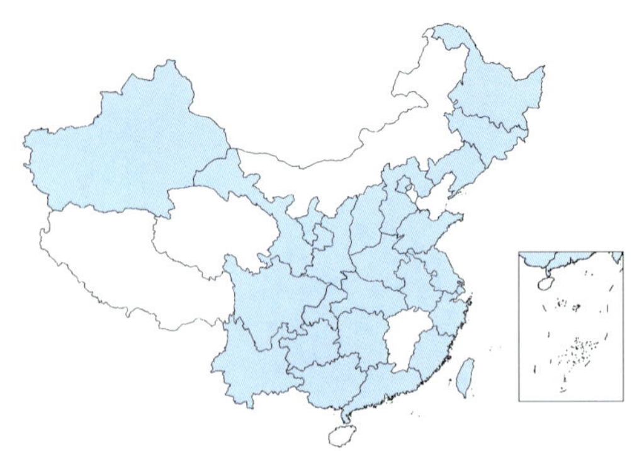

龟纹瓢虫

Propylea japonica (Thunberg,1781)

形态特征

体长3.5～4.7 mm；体宽2.5～3.2 mm。体卵形，背面轻度拱起，无毛。头部雄性唇基黄白色，而雌性具1个三角形黑斑（此斑可扩大）。前胸背板浅黄色，具1个大黑斑，横向，黑斑的基半部向后收缩。鞘翅色斑多变，从黄白色无斑到几乎全黑（仅外缘淡黄色），常见的为淡黄色鞘翅上具龟型黑斑。

生活习性

夏季，卵期2～4天，幼虫期7～8天，蛹期2～4天，1年发生多代。常见于农田杂草以及果园树丛。7月下旬后受高温和蚜虫凋落的影响，其他瓢虫数量骤降，而龟纹瓢虫因耐高温，喜高湿，在农田如棉花、芋头、豆类等作物田数量占绝对优势（90%以上）。成虫有较强的趋光性，黑光灯和民用灯下可诱集较多数量。

猎物

捕食多种蚜虫包括杨蚜、紫薇彩斑蚜、桃蚜、苹果黄蚜等及日本松干蚧、松毛虫小幼虫、柑橘木虱等。7～9月也是果园内的重要天敌，在苹果园取食蚜虫、叶蝉、飞虱等小昆虫。

分布

黑龙江、吉林、辽宁、北京、河北、山西、山东、河南、陕西、宁夏、甘肃、新疆、江苏、上海、安徽、浙江、湖北、湖南、四川、台湾、福建、广东、广西、贵州、云南、香港；日本，俄罗斯，朝鲜，越南，不丹，印度。

龟纹瓢虫成虫

龟纹瓢虫成虫变异

龟纹瓢虫幼虫

注 曾名 *Propylaea japonica*

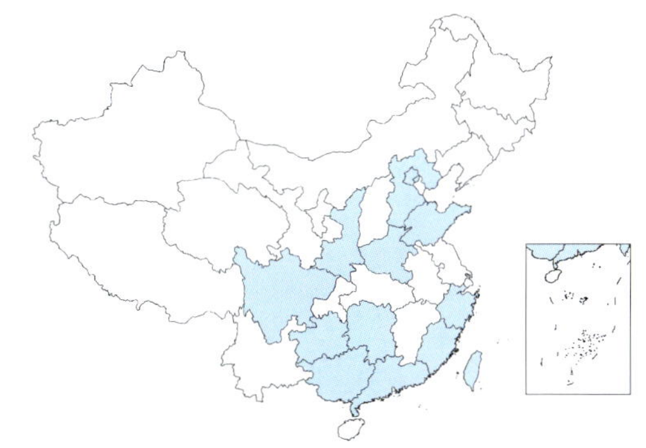

隐斑瓢虫

Harmonia yedoensis (Takizawa,1917)

形态特征

体长6.5～6.8 mm；体宽4.7～5.6 mm。斑纹变化甚多。体卵形，背面中度拱起，无毛。头黄褐色；前胸背板褐至黑色，两侧具白色大斑。鞘翅颜色多变：鞘翅基色为黄色时，鞘翅上有18个黑斑（及黑色的小盾片），每一鞘翅上呈2–3–3–1排列，斑点的数量常减少，甚至无斑点；鞘翅基色为黑色时，鞘翅上有12个黄色斑，呈2–1–2–1排列；或者黑斑消失，仅剩褐色斑纹。本种与异色瓢虫近缘，但后者鞘翅近端部有1个横脊。当个别虫体没有这个特征时，此时与隐斑瓢虫较难区分。但两者的幼虫很容易区分，异色瓢虫幼虫第1、4和5腹节的背突橙黄色而与隐斑瓢虫区分。

隐斑瓢虫成虫

隐斑瓢虫成虫变异

生活习性

在浙江，1年发生4代，以成虫在松针丛中越冬，世代重叠，成虫、幼虫能捕食各虫态的日本松干蚧，是松干蚧的主要天敌，保护和利用隐斑瓢虫曾是控制日本松干蚧发生的一种有效的生物措施。由于气温的不同，完成一个世代的时间在15.5～51.5天之间。

猎物

栖息在多种植物上（农作物、果树及林木），以松树为最常见，取食多种蚜虫和蚧虫，如松蚜、日本松干蚧等。

分布

北京、河北、山东、河南、陕西、浙江、湖南、四川、台湾、福建、广东、广西、贵州、香港；日本，朝鲜，越南。

注 曾名*Harmonia obscurosignata*, *Ballia obscurosignata*

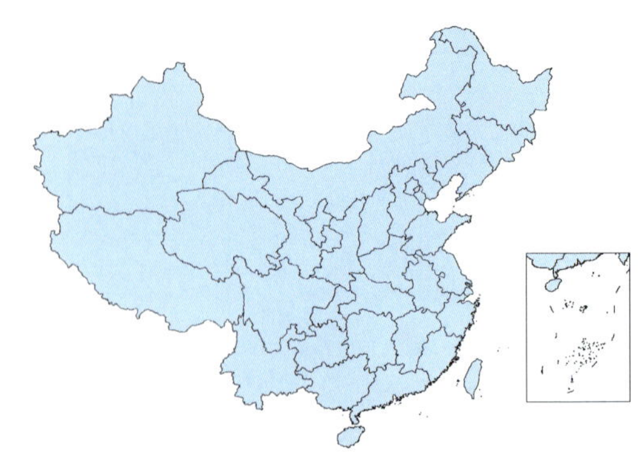

异色瓢虫

Harmonia axyridis (Pallas,1773)

形态特征

体长5.4～8.0 mm；体宽3.8～5.2 mm。体背的斑纹变化多端，单在北京就曾记录了50多种色斑型。根据鞘翅基色的不同，通常可分为3大类：一是鞘翅基色为浅色（淡黄、棕色或红色，但不为黑色），鞘翅上无斑，或有2、4、6、8、10、12、14、16、18、19个黑色斑点；二是鞘翅黑色，其上有2、4、8、12个浅色斑点；三是上述二大类的中间型，或浅色鞘翅上的黑色斑纹相连，或黑色鞘翅上的浅色斑纹扩大，甚至仅翅缘黑色。在中国，异色瓢虫的鞘翅后端有，1个脊，而在日本无脊型异色瓢虫较为常见。

异色瓢虫成虫

生活习性

异色瓢虫在我国不同地区1年发生的代数不同，1～5代都有。以成虫群集山上向阳背风的石洞和大石缝隙中越冬，平原地区常见在屋檐和窗檐下集体越冬。适宜越冬场所每年都有大量成虫迁去越冬，集群的大小与纬度有一定关系，纬度较高的地区，集群大些。

异色瓢虫成虫变异

猎物

它能捕食多种昆虫，如松大蚜、柏大蚜、杨蚜、桃蚜、落叶松球蚜、铁杉球蚜、日本松干蚧、木虱、粉蚧、粉虱、叶甲幼虫、鳞翅目幼虫等，确实是一种超级杀手。

分布

中国广泛分布（除香港）；日本，朝鲜，蒙古，越南，俄罗斯，并引入到法国、希腊等欧洲国家和北美洲。

异色瓢虫幼虫

 曾名*Leis axyridis*

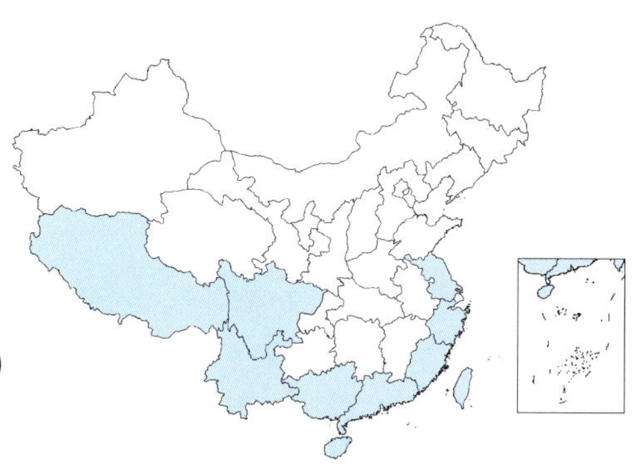

双带盘瓢虫

Lemnia biplagiata (Swartz in Schönherr,1808)

形态特征

体长5.5～6.9mm；体宽4.8～5.9mm。体卵形，光滑无毛。雌雄在头部上颜色不同：雌性头额部黑色，雄性浅黄色。鞘翅色斑多变。常见变化有：（1）锚纹型：鞘翅红色，鞘缝黑色，外缘除翅端外黑色，在鞘翅端部1/4处具1条黑色的横带，在肩角处具1个黑色的圆斑；（2）双带型：鞘翅黑色，翅中有1个大红斑，翅端黑色（此时常常与黄斑盘瓢虫相混）或还有1个红斑；（3）无斑型：鞘翅红或红黄色，无任何黑斑。终龄幼虫体长10mm。

双带盘瓢虫成虫（锚纹型）

生活习性

1年可发生多代，以成虫越冬。在福建，室内可繁殖5～8代，一个世代的历期在19～43.6天。生长发育最适温度为23～26℃。一些生物防治的书上（包括美国1999年出版的《生物防治手册》记载台湾的双带盘瓢虫是1925年从印度支那（越南）引入的结果，我们确认该种是台湾土著种而不是引进的。

双带盘瓢虫成虫（双带型）

猎物

栖息于多种植物上，捕食多种蚜虫包括甘蔗绵蚜、朴绵叶蚜、柳蚜、橘二叉蚜、桃蚜等及木虱、叶蝉、飞虱、粉蚧等。

分布

江苏、浙江、四川、台湾、福建、广东、海南、广西、云南、西藏、香港；日本，印度，斯里兰卡，越南，菲律宾。

双带盘瓢虫幼虫

黄斑盘瓢虫

Lemnia saucia Mulsant,1850

黄斑盘瓢虫成虫

黄斑盘瓢虫幼虫（红型）

黄斑盘瓢虫蛹幼虫（白型）

形态特征

体长4.6～7.0mm；体宽4.2～6.0mm。体半球形，体背强度拱起，光滑无毛。头雄性黄色，雌性黑色。前胸背板中部黑色，两侧具黄白色大斑，前胸背板前缘浅色，很窄。小盾片黑色。鞘翅黑色，每一鞘翅中部稍后具1个红色或黄褐色的大斑。它常与双带盘瓢虫混淆，但双带盘瓢虫前胸背板的基部常黑色，而黄斑盘瓢虫前胸背板的两侧基部为白色。有时也与异色瓢虫的某些色斑型相近，但异色瓢虫的鞘翅后部有脊。终龄幼虫体长10mm。本种幼虫具有两种色型：红型和白型，以红型占绝大多数。

生活习性

在浙江1年发生4代，江苏记载为5～6代，以成虫越冬。在23.8～25.3℃时，卵的发育历期为4天，幼虫期11～14天，蛹期6天，完成一个世代需21～24天，每雌产卵量213～1290粒，平均454粒。春季以桃、李、苹果、木槿为主，夏季转移向农田如豆类、棉花等，而秋季又迁回春季植物上。黄斑盘瓢虫的幼虫在缺乏食物时常常自相残杀。

猎物

捕食多种植物如柑橘、竹子、番石榴、黄杨等上的蚜虫和蚧虫，如桃粉大尾蚜、桃蚜、苹果黄蚜、桃纵卷叶蚜及日本松干蚧等、鳞翅目幼虫、飞虱等。

分布

山东、陕西、甘肃、浙江、湖北、湖南、四川、台湾、福建、广东、广西、贵州、云南、香港；日本，菲律宾，印度，尼泊尔，泰国。

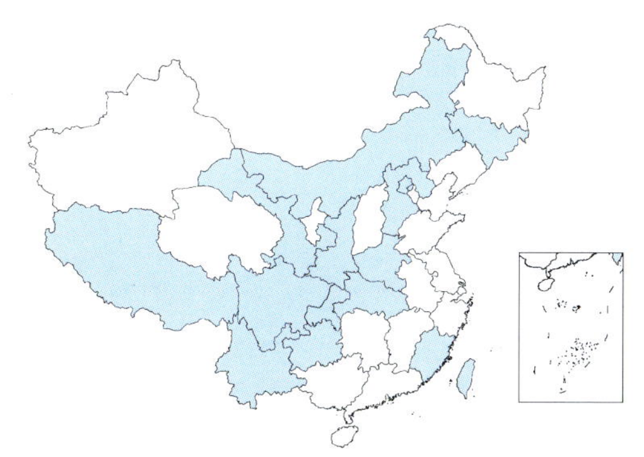

六斑异瓢虫

Aiolocaria hexaspilota (Hope,1831)

形态特征

体长9.5～10.5mm；体宽8.4～9.0mm。体圆而大，体背无毛。头黑色。前胸背板黑色，两侧具白色或浅黄色大斑。小盾片黑色。鞘翅具红黑两色，斑纹变化多（20多种）。鞘翅的外缘和鞘缝总是黑色，鞘翅的中后部有1条黑色的横带，或者横带分裂成两个部分；此外，在翅的基部及近端部各有1个黑斑，常与翅中的横斑相连，有时端斑不明显。从红色的鞘翅和复杂的龟背形黑斑可与他种区分。

生活习性

1年发生1代。以成虫在树皮裂缝或山崖中越冬，春天它们会先访花并取食一些蚜虫，然后会到一些核桃树等阔叶树中，先取食叶甲的卵，随着叶甲卵的发育，再取食叶甲的幼虫和蛹。只有当成虫取食叶甲后才会产卵。平均每雌产卵量800粒左右。每个卵块卵35～45粒，最多91粒。在云南，3月中下旬至5月下旬为卵期，3月下旬至6月上旬为幼虫期，4月下旬可成新一代成虫。而东北，卵期及幼虫期约推迟1个月。成虫足能分泌血样液体，气腥味辣。

猎物

成虫及幼虫取食多种叶甲如赤杨叶甲、杨叶甲、漆树叶甲和核桃扁叶甲等叶甲卵和幼虫，有时成虫也取食叶甲成虫的腹部，但1龄幼虫无法捕食3龄及以上的核桃扁叶甲。当缺乏叶甲时，可捕食蚜虫。

分布

吉林、内蒙古、北京、河北、河南、陕西、甘肃、湖北、四川、台湾、福建、贵州、云南、西藏；日本，俄罗斯，朝鲜，印度，尼泊尔，缅甸。

六斑异瓢虫成虫

六斑异瓢虫成虫变异

六斑异瓢虫蛹

注 异名为奇变瓢虫 *Aiolocaria mirabilis* (Motschulsky)

六斑月瓢虫

Cheilomenes sexmaculata (Fabricius,1781)

六斑月瓢虫成虫

形态特征

体长3.6～6.5 mm；体宽3.2～5.3 mm。体卵形，体背光滑无毛。头部黄白色，额中部有时黑色。前胸背板黑色，前角、前缘和侧缘黄白至白色，中央有一个倒八字形白斑与白色前角相连，此斑可扩大或消失。小盾片黑色。鞘翅上的斑纹多变（20多种），常见的是鞘缝及外缘黑色，每一鞘翅上有3个横向黑斑（即六斑型）；另一种黑色的鞘翅上各有2个红斑，一个在翅基部，另一个在翅的近端部（即四斑型）。鞘翅上的红色部分或黑色部分均可扩大或缩小，在日本、印度有几乎全黑或全黑的六斑月瓢虫。终龄幼虫体长约10 mm。

六斑月瓢虫成虫变异

生活习性

1年发生多代。卵期2～4天，幼虫期9～10天，蛹期4～7天，从卵到成虫需16～21天。产卵前期5～13天，产卵期75～128天，雌虫一生产卵1800～2800粒。幼虫期取食的蚜虫数量随蚜虫种类不同而异，如取食桃蚜215～324头，棉蚜306～516头。

猎物

捕食多种作物和树木上的蚜虫，如橘蚜、橘二叉蚜、桃蚜、松蚜等，也取食木虱、蚧虫。

分布

陕西、河南、江苏、浙江、江西、湖南、四川、福建、台湾、广东、香港、广西、海南、贵州、云南；日本，阿曼，阿富汗，东南亚至澳大利亚，南亚。

六斑月瓢虫幼虫

注 曾名四斑月瓢虫 *Chilomenes quadriplagiata*

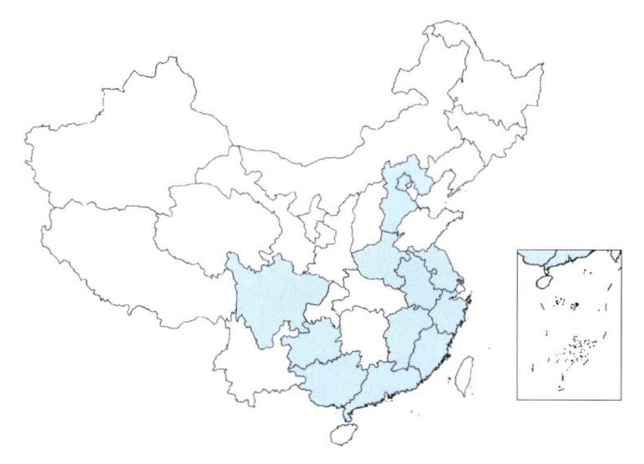

中华显盾瓢虫

Hyperaspis sinensis (Crotch,1874)

中华显盾瓢虫成虫

形态特征

体长2.0～3.5 mm；体宽1.5～2.5 mm。体卵形，体背光滑无毛。体黑色，鞘翅中部稍后有1个近似圆形的红斑。雄虫头部黄色、橘红色，前胸两侧各有1个近方形的白色斑；而雌虫均为黑色。这个瓢虫属的特点是鞘翅基部的三角形小盾片很大。

生活习性

1年发生1代，成虫寿命长，长达396～557天，平均446天。在浙江，它专门捕食油茶上的日本卷毛蚧。由于寿命长，食量相当可观，一头成虫在1年里可捕食卷毛蚧多达3241头。将中华显盾瓢虫助迁到卷毛蚧发生多的林地中去，可起到良好的防治作用，而且可以减轻由于卷毛蚧分泌蜜露所致的油茶煤病的发生。幼虫背面覆盖白色蜡丝，具有保护作用。

猎物

它栖息于油茶等灌木或树木上，主要取食软的蚧虫，也能取食多种蚜虫、粉虱等，偶尔取食叶甲的卵。

分布

北京、河北、河南、江苏、浙江、安徽、江西、四川、福建、广东、香港、广西、贵州；朝鲜半岛，西伯利亚。

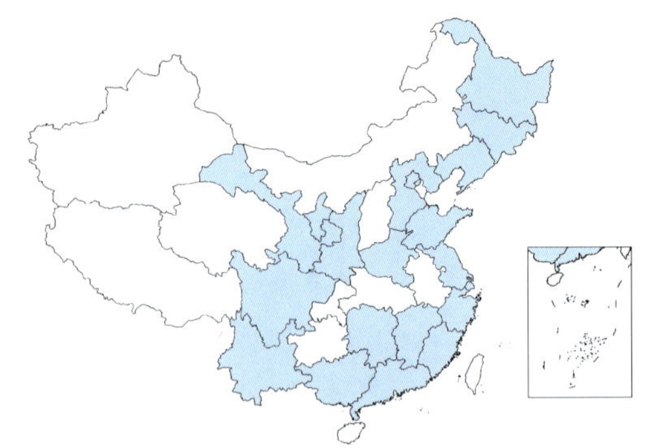

红点唇瓢虫

Chilocorus kuwanae Silvestri,1909

形态特征

体长3.4～4.4 mm；体宽3.3～4.0 mm。体近于圆形，呈半球形拱起，背面黑色有光泽，无毛。鞘翅中央各有1个黄褐色至红色的斑点（颜色与年龄有关）。此类瓢虫专捕食蚧虫，头部特化，唇基延伸，结构上很像铲子，有利于把紧贴植物的蚧虫掀开。

生活习性

在上海，1年发生3～4代，以成虫越冬。幼虫老熟后常聚集在树干等处化蛹。1头幼虫平均可捕食杨圆盾蚧雌成虫132头。喂养日本松干蚧时，越冬成虫的产卵量为71～95粒，平均83粒。在东北，红点唇瓢虫对杨树上的杨圆盾蚧具有十分显著的抑制作用。

猎物

栖息于茶、桑、多种果树及林木上，以捕食盾蚧为主，如杨圆笠盾蚧、椰圆蚧、桑白蚧、日本长白蚧、矢尖蚧等，也捕食其他蚧虫如日本松干蚧、松突圆蚧、扁平球坚蚧、日本龟蜡蚧、紫薇绒蚧、柿绒蚧等和蚜虫。

分布

黑龙江、吉林、辽宁、陕西、甘肃、宁夏、北京、河北、河南、山东、江苏、上海、浙江、江西、湖南、福建、广东、广西、云南、四川；日本，朝鲜，俄罗斯，引入至美国、高加索、印度和意大利。

红点唇瓢虫成虫

红点唇瓢虫幼虫

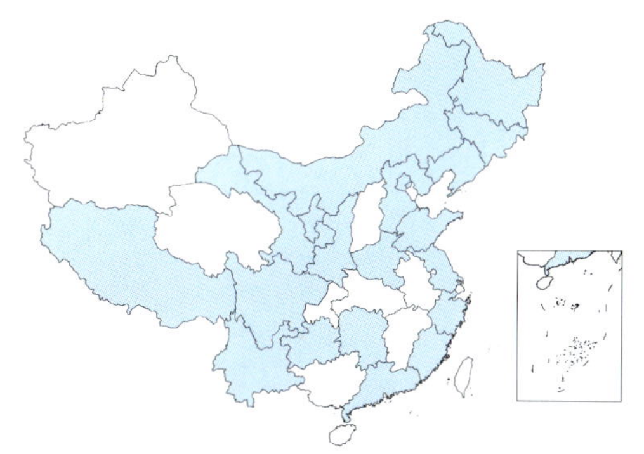

黑缘红瓢虫

Chilocorus rubidus Hope,1831

形态特征

体长4.3～5.9 mm，体宽4.1～5.3 mm。体近于心形，背面显著拱起，光滑无毛。头、前胸背板和小盾片黑色。鞘翅枣红色，周缘黑色，两色之间的分界线不明显。

生活习性

1年1代，以成虫在树干缝隙、土壤内、石块下或枯枝落叶中越冬。越冬成虫开始活动时间，在浙江为2月下旬，在河南则为3月上中旬。在25℃下，卵期为6～8天，幼虫期18～26天，蛹期10～16天。雌虫的平均产卵量为172粒，实验室内最长寿命几达3年，且每年可产卵。幼虫脱皮、化蛹都聚集在树干或枝条上。6月份开始在树木的阴凉处越夏，秋季天气凉爽时成虫能出来活动。

猎物

主要猎物有日本卷毛蚧、桃球坚蚧、核桃球蚧、扁平球坚蚧、白蜡蚧等，也会捕食一些蚜虫。

分布

黑龙江、吉林、辽宁、宁夏、内蒙古、甘肃、北京、河北、河南、陕西、山东、江苏、浙江、湖南、福建、广东、四川、云南、贵州、西藏；日本，朝鲜，俄罗斯、蒙古、印度。

黑缘红瓢虫成虫

黑缘红瓢虫群集幼虫

黑缘红瓢虫幼虫

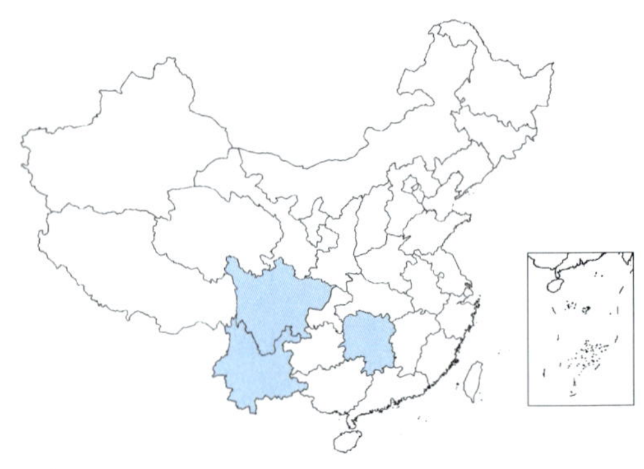

蜡蚧象

Anthribus lajievorus Chao, 1976

形态特征

雄虫体长（前胸＋鞘翅）4.4～5.0 mm，体宽2.5～2.7 mm；雌虫体长4.3～4.7 mm，体宽2.4～2.7 mm。体长椭圆形，长略小于宽的2倍。体壁黑色，密被灰白色毛，前胸背板和鞘翅掺杂黑色毛，胫节掺杂暗褐色毛，形成黑或暗褐点。头部散布不规则黑点，前胸背板中线两侧各有黑点5个，前端通常也为黑色。鞘翅奇数行间各有5～7个（或多至8、9个）方格或长方形隆起黑点，行间1～2或3～4之间的短行间有同样黑点3个，行间2～3或2～4和短行间基部的黑点，行间1～4或2～4中间的黑点长方形。这些长方形黑点分别在鞘翅基部和中夹间连成一个大的黑斑。上唇暗褐色。头部散布皱刻点。喙端部宽约等于额，向前略缩窄，背面中间洼，向后缩窄。上唇宽大于长。眼近于圆形，很突出。触角的基部2节较长而粗，第3～5节略长于第6～8节，第8节略较粗，第9～11节长度之比为7：6：9，形成宽而扁的不对称的棒。前胸宽大于长（22：17），后部最宽，向前猛烈缩窄，基部中央钝圆，其隆线延长至两侧，略超过全长的1/2，前缘几乎截断形，向上弯曲；两侧中央后方略突出，突出以后凹，在静止时前足腿节端部嵌入这个凹，后角直角形；表面密布均一刻点。小盾片圆形，密布淡灰色毛。鞘翅长大于宽（30：25），两侧几乎平行，肩钝圆，肩胝明显（黑色），基部截断形，端部钝圆；行纹宽而深，刻点互相接近，行间3、5、7、9，尤其是基部，较宽而隆，短行间也是这样，其他行间扁平而较窄，行间密布均一刻点。臀板直立，露出部分半圆形，散布网状刻点，前端中间有V形隆线，中间纵贯以纵隆线，并且向后延长至顶端前。腹部密布较大刻点，腹板（可见的）2～4节中间长约相等，第5节略较长，后足基节间突起长而尖。雄虫显著不同于雌虫的是：腹板1～3节中间两侧被覆较密的灰白色毛。

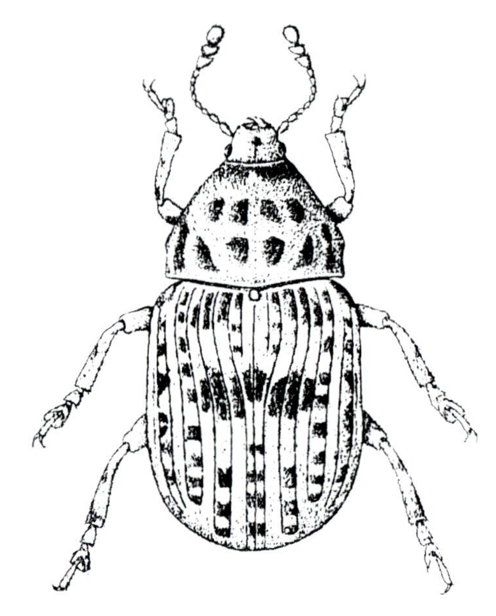

蜡蚧象成虫（采自赵养昌，1976）

生活习性

在球形的白蜡蚧雌成虫体内生活，幼虫捕食白蜡蚧的雌虫和卵。据西南农学院调查，有时80%～100%的卵和雌虫会被吃掉，严重影响白蜡蚧的生存和白蜡的生产。

猎物

白蜡蚧。

分布

湖南、四川、云南。

膜翅目 *Hymenoptera*

黄盾带钩腹蜂

Taenigonalos sauteri Bischoff,1913

形态特征

体长7～8 mm。体色黄黑相嵌：体背面及腹部腹面如图。须及触角暗黄褐色；沿后头脊、后头（除上方）、前胸背板中央横条、前胸侧板四周、中胸侧板四周及中央横纹、后胸侧板四周及中后胸腹板均黑色。翅透明，在缘室及第4亚缘室上方稍有晕纹。足黄色；基节基部黑色，前中足腿节上方、后足腿节端部、前中足端跗节及后足跗节淡褐色至黑褐色，色泽深浅及范围因个体而异。体密布细刻点。头宽于胸；额长，具中纵沟；颜面甚小，刻点细；唇基近于光滑，端缘有缺刻。上颚大而隆起，齿左3右4。触角24～25节，中央稍粗。前胸背板后侧角突出。中胸盾片刻点呈皱状，前方陡斜；盾纵沟完整而明显，伸至平直的后缘；小盾片近于扁六角形。中胸侧板在中央前方呈屋脊状纵隆，有一中横沟。并胸腹节具细横皱。前翅第1回脉对叉式或稍前叉式。腹部长卵圆形，第1节背板、第2节背板基部近于光滑；第2节背板最长大，腹板近后缘中央有1个小瘤突。

黄盾带钩腹蜂雌成虫

生活习性

该蜂重寄生习性颇为特殊。黄盾带钩腹蜂是从寄生于缀叶丛螟 *Locastra muscosalis* 幼虫的黄愈腹茧蜂 *Phanerotoma flava* 幼虫中育出，单寄生。黄盾带钩腹蜂产卵于缀叶丛螟取食的香樟或枫香叶片上。当缀叶丛螟幼虫取食叶片时，把蜂卵吃进体内后能正常孵化的幼虫穿过肠壁进入体腔，如寄主体内已有卵至幼虫期寄生蜂黄愈腹茧蜂幼虫寄生时，则钻入其体内作为重寄生者继续生活。缀叶丛螟幼虫继续发育，成长后，仍入土结一厚茧，但不能化蛹。随后其体内的黄愈腹茧蜂幼虫也完成发育钻出在丛螟茧内再结一薄茧，但也不能化蛹。最后，是潜伏在黄愈腹茧蜂幼虫体内寄生的钩腹蜂幼虫，发育为成虫，咬孔外出。

黄盾带钩腹蜂次寄主缀叶丛螟的茧

寄主

直接（原）寄生于黄愈腹茧蜂（原寄主），间接（次）寄生于缀叶丛螟（次寄生）。

分布

山东、浙江、湖南、台湾、福建；日本。

注 黄盾带钩腹蜂学名国内过去用黄盾纹钩腹蜂 *Poecilogonalos flavoscutellata*

黑色枝跗瘿蜂

Ibalia leucospoides (Hochenwarth,1910)

黑色枝跗瘿蜂雌成虫

形态特征

雌蜂体长10 mm。体黑色，触角各节端部、前中足胫节、跗节及足各节相接处褐色，翅透明，带均匀的烟色，前翅缘室基部的烟色很深。触角洼具1个中纵脊，洼两侧具1对突出的脊，脸区中部强烈膨起，颊区具较强的斜纵脊纹。触角13节，鞭节2与3等长。前胸背板中部隆起呈2个耳状锐脊。中胸盾片上具突出的横脊和明显的盾纵沟、中纵沟及亚盾沟。并胸腹节在各后足基节上方有一显著的角状凸。前翅的缘室长，径分脉在末端与位于翅前缘的第1径脉接触，径分脉与中脉主干从基脉中部发出，小脉位于基脉外方，中脉中部稍弯。后足基跗节长度为其余4跗节长度的2.2倍，第2跗节端部的枝突显著伸出于第3跗节后端。腹部长，其长度约为头胸长度之和的1.5倍，第5背板长度与其前方3节长度之和相等。

生活习性

以寄生黑足树蜂为例，在江苏，1年发生1代，以卵在树蜂幼虫体内越冬，翌春孵化，9月中下旬化蛹，10月初至11月初为成虫羽化期，羽化后很快交尾产卵，10月14～30日为羽化盛期，占整个成虫羽化历期的85.93%。成虫咬一直径为2.5 mm左右的羽化孔钻出，停息数分钟后即可飞翔，一般在午后1～4点间交尾，交尾后雌蜂昼夜产卵，产卵前雌蜂先在树干上慢慢爬行，并用颤动的触角探敲树皮，待探测到寄主产卵孔后，就将产卵器顺着该产卵孔慢慢插入树干中把卵产在黑足树蜂卵内或幼龄幼虫体内，一般只给1头害虫产1粒卵。幼虫孵化后，初期为内寄生，老龄时则在寄主体外取食。初龄幼虫为多足型，具1个尾突，在体节腹面具成对的指状突。2龄和3龄幼虫为典型的膜翅目幼型，毛突很小。到3龄幼虫时，就从寄主体内钻出来，在体外取食，直到将寄主的柔软组织取食殆尽，然后脱皮进入4龄，4龄幼虫具3齿状上颚，不取食，并在黑足树蜂蛀道内化蛹10～14天后羽化成虫。寄生率达46%以上。

寄主

内寄生于危害云杉等针叶树的树蜂属、大树蜂属幼虫，如黑足树蜂和红腹树蜂。

分布

我国小兴安岭林区、江苏省；整个欧洲、北美洲及日本，澳大利亚（人工引进）。

注 黑色枝跗瘿蜂曾名
Ichneumon leucospoides Hochenwarth

黄角枝跗瘿蜂

Ibalia fulviceras Yang,1992

形态特征

雌体长14.5 mm。头部、前胸背板黄褐色；触角、翅基片及各足膝部、中胸盾片后半部、中胸小盾片2个前侧角及后方的2个叶状突、并胸腹节柄状部浅褐色，前胸背板前、侧方及2下侧角处和胸部其余部分黑色。翅透明，带浅烟色，前翅顶角处具1个深烟色大斑，翅脉深褐色，沿翅脉具深的烟色晕。腹部褐色，但近腹面处及腹顶为浅烟色，半透明，从第3节背板后缘上部和整个第4背板向腹部下后方有1条黄白色半透明斜带。各足基节黑色，后足腿节黑色，各足转节、胫节及跗节均为红褐色。头部背观头顶略平，单眼区周围具大致成放射状的皱脊，单复眼间距（OOL）为侧单眼间距（POL）的2倍，触角洼两侧的侧纵脊显著，中部具1条较弱的中纵脊，从触角窝间一直伸达中单眼，在侧纵脊与中纵脊间有5条左右弱纵脊纹，头部前面观在触角窝侧方及脸区具长密黄毛和粗皱脊，上颚具3齿，侧观颊区具纵皱脊，向上颚基部上方会聚。触角13节，着生于复眼高度的1/2处的颜面。前胸背板中部稍宽，具1个弧形锐脊。中胸盾片上的横脊很突出，盾纵沟、中纵沟及亚盾沟显著，盾片前方右纵沟两侧有1对钉状小纵凸；小盾片表面的皱脊粗，围成不同形状的深刻窝。并胸腹节具中纵脊和侧纵脊，由侧纵脊围成的中区内无任何脊纹，气门肾形，紧靠前侧角着生；两侧后角具1对特别凸出的齿突，从其上发出4条脊纹，呈放射状走向。前足胫节端距2分叉，中后足胫节均具2个端距，外距长仅为内距的0.5倍；后足基跗节长为其余4节长度之和的2.1倍，第2跗节端部枝突伸达第4跗节中部。前翅的径分脉在端部没有与第1径脉接触，基脉中部弯曲，径分脉与中脉主干从基脉中部上方发出，中脉直，小脉位于基脉正下方，肘脉端部分叉。腹部长度为头胸部长度之和的1.1倍，第5背板最大，其背方的长度仅稍小于其前面的第2～4节长度之和，下生殖板大而突出，端部尖，下具1行黄毛。产卵器鞘露出一小段。雄与雌相似，但体色明显鲜亮，触角14节。

黄角枝跗瘿蜂雌成虫

生活习性

成虫6月份出现。

寄主

寄生危害阔叶树的扁角树蜂幼虫。

分布

我国秦岭林区。

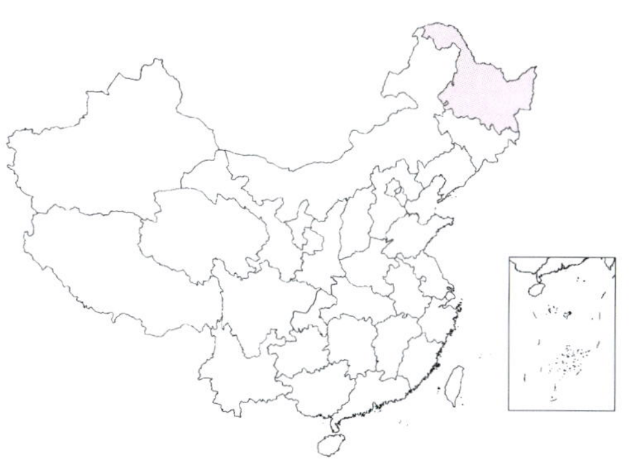

水曲柳异节光翅瘿蜂

Paramblynotus fraxini Yang et Gu,1994

形态特征

雌蜂体长4.3～5.3 mm。头胸部及腹柄黑色，柄后腹红褐色，体上略具光泽，具载毛刻窝。触角、各足基节及转节黑色，腿节由基部的黑褐色向端部渐变成黄褐色，前中足胫节、跗节黄褐色，后足胫节及基跗节红褐色，其余跗节黄褐色，爪均为黑褐色。翅基片深褐色，翅透明，前翅缘室、亚缘室端部具明显的烟色斑，此斑从缘室外方一直延伸达翅顶角，基脉下部外方的肘脉以下具1条狭的烟色带，后翅顶角处也呈浅烟色。头部背观略宽于胸部，宽为长的1.8倍，具密细毛，单眼区显著隆起，无后头脊，后头处具与后头下跌方向一致的纵走细脊线。头部前面观宽大于高，内眼眶平行，触角窝间具中纵脊，向上达中单眼前方，与中单眼的距离约为中单眼的直径，向下延伸至脸区上方而将触角洼分开；脸区均匀膨起，唇基舌状，颚眼距小于复眼高。触角12节，梗节与鞭节长度之和几乎为头宽的2倍，末节端部略扁。胸部背面均匀圆隆；前胸背片后部前凹深，后缘在盾纵沟以内的部分形成高隆凸缘，至中部处最高，明显具短颈；中胸盾片略呈阔圆形，宽大于长，具盾纵沟，无中纵沟及亚盾沟，盾纵沟后部宽，中区前方中部处有2个钉状弱纵脊；小盾片基部具2个大深凹窝，侧方具1个长水滴形竖立凹窝，三角片侧下方形成1个很大的凹窝；后胸盾片完全位于小盾片的下方，具2个小深刻窝。并胸腹节中区侧脊极突出，侧区上的毛长而密，胸后颈背面光滑且无毛，侧方具3～4条纵脊。翅基片大，上有细毛10根左右。后足基节大，长为前中足基节的2倍，前中足基跗节长为其余各跗节长的0.88倍，第1、2跗节端部无枝突。前翅前缘室正面无毛，仅端部及端部前缘处具毛，反面具密毛，基室下半部及下方无毛，翅面上其他部分均具密纤毛，缘室长为宽的3.3倍。腹柄背观长约为宽的1/3。柄后腹显著侧扁，沿背中线和腹中线纵隆成脊，背观长椭圆形，宽度小于胸部和头部，长为头胸长度之和的0.8倍，第6节背板最大。产卵器鞘稍露出，产卵管弯而细，部分露出。

水曲柳异节光翅瘿蜂雌成虫

生活习性

成虫于6月下旬出现。

寄主

本种寄生危害水曲柳的四点象天牛和窄胸扁角树蜂的幼虫。

分布

黑龙江。

松毛虫凸腿小蜂

Kriechbaumerella dendrolimi Sheng et Zhong,1987

形态特征

雌性体长5.8～7.8 mm；雄性体长4.3～5.2 mm。体黑色；触角黑色，少数标本柄节基部、环状节和第1索节略呈红棕色；翅基片暗褐色至黑色；前翅缘前脉及缘脉周围具褐斑，在近翅端1/4处具较浅的褐斑；足黑色，但前足和中足跗节黄褐色，后足跗节暗褐色，有时足略显红褐色；腹侧暗红色。头部密布刻点，刻点间隙相对较小且不光滑；触角柄节几乎达中单眼；眶前脊发达，马蹄形；眶后脊较弱但清晰；触角柄节长约与环状节+1～4索节之和相等，为棒节的3倍。胸部背面密布脐状刻点；小盾片长大于宽，后端圆滑不具凹缘。前翅相对长度为亚缘脉92，缘前脉21，缘脉21，后缘脉32，痣脉4。后足基节长约为后足腿节的0.6倍，背面外侧基部具瘤状突；后足腿节长约为宽的1.7倍，腹缘有3个叶突。腹部比胸略短或约等长；第1腹节背板长约占柄后腹的0.4，背面光滑，无纵隆线；腹长为腹宽的1.5倍，第1腹节背板长为宽的0.63倍，为产卵管鞘长的10倍。

松毛虫凸腿小蜂雌成虫

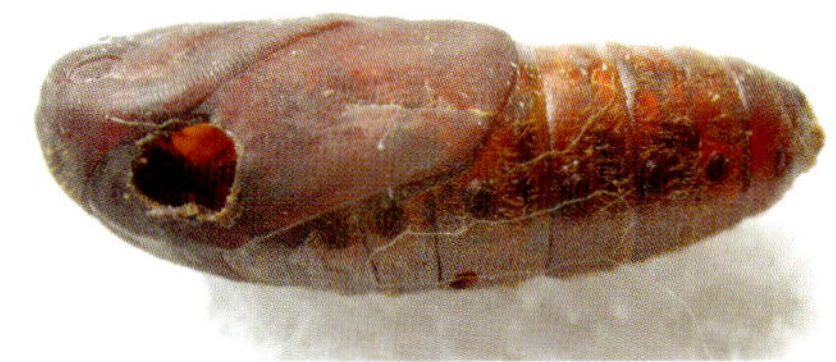

有松毛虫凸腿小蜂羽化孔的松毛虫蛹

生活习性

在湖南长沙1年可以繁殖5个世代。10月上旬以幼虫在寄主蛹体内越冬，翌年3月底、4月上旬开始化蛹，至5月中下旬成蜂开始羽化，正好与越冬代松毛虫蛹期相吻合。完成一个世代5～6月份约40多天，7～8月约21～23天，9～10月约1个月。在松毛虫蛹内的成蜂羽化时，一般只在蛹壳上咬1个边缘不整齐的圆孔，位置多在腹节间或翅芽处。雌性比在50%左右。成蜂羽化后即可交尾和产卵寄生。寄生时，是用产卵管直接从茧外插入蛹体，产卵的部位大部分在蛹体的胸、腹部的背面。从一个柞蚕等大型蛹内可同时出现成蜂、蜂蛹和幼虫。对即将发育为成虫的松毛虫蛹也能寄生出蜂，看来该蜂对寄主识别能力不高。1只雌蜂一生中平均可寄生8只松毛虫蛹或最多寄生18只柞蚕蛹。据对10只雌蜂的观察，1个松毛虫蛹单雌平均产卵量99.7粒（42～242粒）。1个樗蚕蛹平均出蜂20.2只（9～50只），1个柞蚕蛹平均出蜂16.3只（6～51只）。平均温度29.5℃时，雌蜂寿命平均13.7天（6～21天），雄蜂平均6.3天（6～11天）。一般发生于混交林或植被丰富的纯松林地，单纯的松树林极少发生。

寄主

该蜂寄生于马尾松毛虫、思茅松毛虫、柞蚕、樟蚕、樗蚕、油茶枯叶蛾和李枯叶蛾等蛹。

分布

北京、河南、陕西、江苏、浙江、安徽、江西、四川、湖北、湖南、福建、广东、广西、云南。

注 黑角洼头小蜂 *Kriechbaumerella nigricornis* 为本种异名

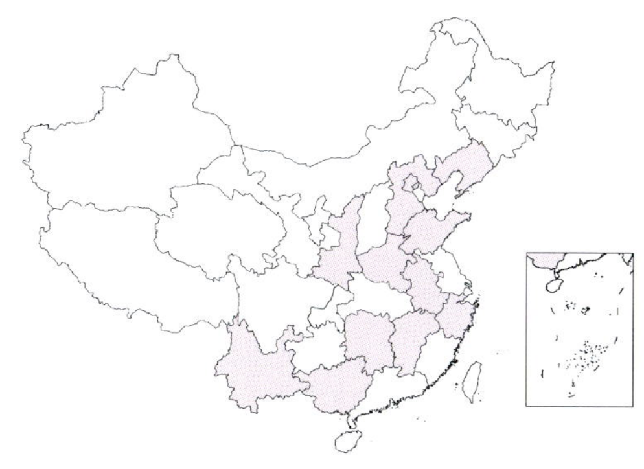

中华长尾小蜂

Torymus sinensis Kamijo,1982

中华长尾小蜂雌成虫（采自廖定熹等，1987）

形态特征

雌蜂体长2.2～2.5mm。体蓝绿色，具金属光泽，局部紫色。触角柄节、前中足胫节、后足胫节两端及各足第1～4跗节黄褐色。翅透明。触角梗节和鞭节、翅基片、端跗节及产卵管鞘紫黑褐色或黑褐色。头前面观横宽。触角着生于颜面中部的上方。触角13节，其中环状节1节，索节7节，棒节3节。前胸背板背面钟形。中胸盾片宽大于长，沟前部分具细横网纹，盾纵沟完整。小盾片长大于宽。并胸腹节陡斜，中室两侧有侧褶及纵走刻纹。腹长卵圆形，略侧扁。第1背板长约为腹长的0.4倍，后缘中部显著突出达第2背板末端；第3、4背板约等长，均较第1背板为短；以后各节甚短，隐缩于第5背板之下。第1、2背板光滑，以后各节两侧及自第3节以后背板中央均具细致横走刻纹。产卵管鞘粗壮，长为腹部2倍多。痣脉末端膨大略近球形。雄蜂与雌相似，但体稍小；触角较长大，柄节蓝紫黑色；并胸腹节较光滑，无围绕中室的纵刻纹；腹短，不长于胸，卵圆形；第1腹节几乎占腹长之半，以后各节较短。

生活习性

1年发生1代。在辽宁丹东以老熟幼虫在瘿瘤内越冬，次年5月上旬至6月上旬羽化。卵期5～7天（5月上旬至6月上旬出现）；幼虫期325～330天（5月中旬至翌年4月下旬出现）；蛹期约26天（4月中旬至5月下旬出现）；成虫期7～8天（瘤内2～3天，瘤外4～5天），若给以补充营养，如喂饲蜂蜜水，成虫寿命可延长至11～15天。羽化成虫出瘤一般在白天，此时性已成熟即可交尾。雌虫仅交尾1次。羽化1天后的雌虫，怀卵量平均为15.3粒（7～30粒）；此时如遇蜜源植物开花可获得补充营养时，会提高产卵量。该蜂在1个寄主幼虫上，通常仅产1～2粒卵（占95%以上），平均为1.26粒；每个虫室中产2粒卵以上占21.3%。该蜂可在已被同种另外个体寄生的虫室中再产卵寄生。直径小于1cm、具不同虫室数（1～3个）的叶瘿或枝瘿，产卵寄生的机会是均等的；而直径大于1cm的大虫瘿寄生率较低，可能是虫室壁厚之故。蜂幼虫在寄主已吃完尚未老熟的虫室中，还可取食较硬化虫室内壁的柔软层组织。在我国北方板栗瘿蜂的羽化期正好是板栗瘿蜂的成瘤期，因此寄生率很高，有些年份在某些地区甚至达100%。野外越冬死亡率可达63.15%～100%（室内最高仅为4.4%）。该蜂可被多种寄生蜂寄生，但重寄生率较低。

寄主

该蜂寄生于栗瘿蜂幼虫。

分布

辽宁、北京、河北、山东、河南、陕西、浙江、安徽、江西、湖南、广西、云南；日本。

丽锥腹金小蜂

Solenura ania (Walker,1846)

形态特征

雌蜂体长20.5 mm。蓝色，具金属光泽，体上多柔毛。头部具蓝绿色光泽，胸腹部有蓝紫色光泽；整个前翅带淡淡的烟色，围绕翅痣有烟色晕斑，在翅后缘的翅褶上部烟色较深，略呈烟色斑；足基节同体色，其余各节深褐色，端部节色稍淡。头胸部的刻窝大而显著，刻窝之间为突出的网状刻纹，后头上部横直。触角13节，柄节长而强壮，无环状节。触角洼狭，深陷，在基部两洼远离，上部在额区2/3高度处会合，然后伸达中单眼，但两洼间在会合后仍有1个弱纵脊相隔，在初会合处的中部具1个显著的角状凸，触角洼侧区明显隆起，有粗刻窝。复眼具密毛。无后头脊，几乎无上颊，后头与上颊横直。胸部隆起，但背面宽而略平；前胸背板的背片短，前缘无脊，后缘呈深的弧形前凹；中胸盾纵沟很浅，但完整。并胸腹节明显，背观元宝形，后缘基本直，仅中部微微前凹，具突出的中纵脊，中部长度为小盾片的0.18倍。中胸侧板大，承腿槽上方具1条光滑斜带，其在中下部后中胸后侧片呈直角延伸，其他部分的刻窝非常显著。前翅缘脉基部加宽，逐渐向痣后脉端部变细，缘脉长为痣脉的3.2倍；痣后脉长为痣脉的1.8倍。后足基节背方内侧具显著的纵脊，后足胫节背侧有1排小齿（9枚）。腹部表面密布小刻窝，刻窝之间平，无突起的脊纹，各节后缘呈光滑的狭横带；第2背板背观看不到，侧观呈上窄下宽的狭条状；第1、3背板基本等长，稍短；第4背板长，其长度为第1+3背板的1.1倍，向后渐变狭，基部宽为后缘宽的2倍，后部1/2部分中央有1个弱纵脊；第5~7节延长成锥形，其长度为头胸部与腹部第1~4节长度之和的1.65倍，以第7节为最长，锥形延长部的背脊显著，与第4节背板后半部的弱脊相连。

生活习性

成虫在陕西关中于6月上旬至下旬出现。

丽锥腹金小蜂雌成虫

寄主

寄生于天牛（如家茸天牛）、吉丁甲、象甲等蛀干害虫的幼虫。

分布

我国陕西、台湾及南方各省。

柏肤小蠹蚁形金小蜂

Thoecolax phloeosini Yang,1989

形态特征

雌蜂体长2.1～2.6 mm，似蚂蚁，体黄褐色略带红色，光滑发亮，无任何网状刻纹。翅透明，前翅在翅痣下方的翅面上具一淡烟色大斑，在缘前脉近端部下方具一小烟色斑。头部从前面观两侧平行，头顶显著为弧形；头背观与胸等宽。后头脊明显，后头孔的位置极高，几乎达到头顶。脸部在上唇基侧为2个小瘤突，上唇基自基部向端缘逐渐下陷。无颚眼沟。上颚呈镰刀形，具3齿。触角窝位于复眼下缘连线以下；触角洼深，呈"八"字形向上会聚，至复眼高度的1/2处会合，触角洼两侧的边缘具明显的棱脊。触角9节，1152式；柄节短，未达到中单眼，其中部最粗；索节第1节长于梗节，略呈锥形；棒节最宽，其长度与末3索节长度之和相等。胸部背面呈拱形隆起；前胸长，钟形，颈与背板间无横脊，前胸长度几乎为中胸背片长度的2倍；中胸背片较短，盾纵沟深而明显；小盾片表面平坦，三角片基部不前伸，与小盾片基部齐平。并胸腹节上无明显的脊纹，中部区域比较平坦，表面上具细密的横向脊纹；气门小，位于并胸腹节长度的1/2处；在并胸腹节近后缘具短的侧褶痕迹，侧褶两侧的凹陷内各生长毛2根，侧胝上生有黄白色毛数根。前翅狭长，在缘前脉与缘脉相接处的翅面上具一丛长而竖起的棕褐色鬃毛；缘脉长；痣脉及痣后脉均极短；前缘室窄长，基部着生毛10根左右，端部4根左右；亚缘脉上有褐色刚毛8根。前足和后足发达，中足较细弱；胫节端部的距数依次为1-2-2；后足基跗节长度与第2、3跗节长度之和相等。腹柄长大于宽，表面光滑。柄后腹呈长卵圆形，略短于胸；第1节背板后缘中部向前方深切入，呈倒"3"形；第6节在近前缘处的两侧方具2根竖立的黑褐色长毛，臀侧突刚毛有2根显著较长。产卵器鞘突出，其长度几为腹长的1/2，但在有些标本中则稍短，鞘上密生黄色贴伏状刚毛，于近端部处两侧具2对褐色长刚毛，显著。雄与雌相似，体长1.9～2.6mm，触角9节，腹柄长为宽的2倍，腹末钝尖。

柏肤小蠹蚁形金小蜂雌成虫

生活习性

成虫在6～8月均可见到。虽然雌成虫产卵器较长，但却不刺透树皮产卵于寄主幼虫体上，而是钻入寄主坑道寻找寄主产卵。

寄主

该种外寄生于柏肤小蠹、果树小蠹、脐腹小蠹、角胸小蠹的幼虫及蛹。

分布

陕西、河南、江苏、贵州等省及北京。

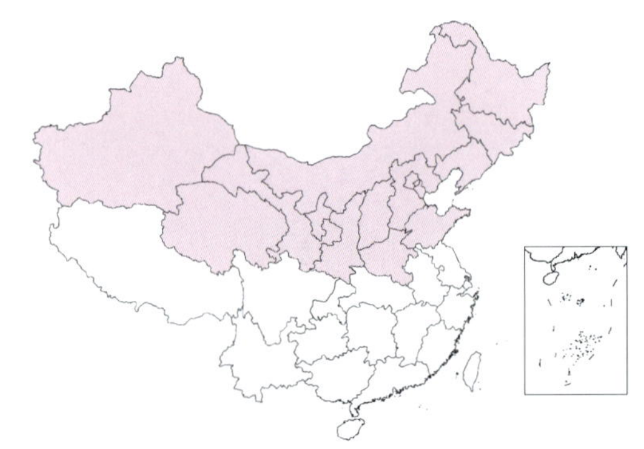

果树小蠹四斑金小蜂

Cheiropachus quadrum (Fabricius,1787)

形态特征

雌蜂体长2.5～3.0mm。暗绿色具紫铜色金属光泽，腹部的色较深。前翅在缘前脉下方具一烟色小斑，在痣后脉下方还具一略呈长方形的大烟色斑，此斑包围了痣脉，其长度同痣脉，宽度达此斑处翅面宽度的2/5。头部具网状刻纹，略宽于中胸，两颊在复眼后圆滑地收缩，无后头脊。中单眼的后缘几乎与侧单眼的前缘在一直线上。头部前面观略呈圆形，内眼眶自上而下微叉开。触角窝位于复眼下缘的连线以上，两触角窝之间的距离小于触角窝直径；触角洼浅。触角13节，11263式；柄节长而扁，到达中单眼，稍高出头顶；除1、2索节上生有不规则的2排条形感觉孔外，其余各索节及棒节上各具1排条形感觉孔。整个胸部背面显著拱形隆起，上散生稀疏的黄白色短毛，背面具粗的网状刻纹，但小盾片及三角片上的刻纹稍细。前胸背板无前缘脊，几乎无颈状部。整个中胸背板呈卵形，盾纵沟浅，长度仅达中胸盾片长度的1/2。并胸腹节光滑，中部隆起，上具极弱的网状刻纹，其长度为中胸小盾片的3/7，中脊存在，在并胸腹节后半部分叉，叉臂与并腹腹节后缘缘脊相接，故在两叉臂间形成1个三角形区域；气门椭圆形，具缘脊，紧靠并胸腹节的前缘着生，侧胝上密生灰色长毛。前翅的缘前脉及亚缘脉端部加宽，痣脉略呈弧形向翅端斜伸，翅痣大、头状、长大于宽，缘前脉下方具无毛区、下端开式。足腿节膨大，加宽，尤以前后足的最为显著，前足腿节端部下方凹入呈弧形缺刻，缺刻的基部呈齿状突出；胫节端距的距式为1-1-2；后足基跗节长度与其后各跗分节长度之和相等。腹部长度与头胸部长度之和基本相等，腹末尖，产卵器鞘微微露出。雄与雌相似，体长2.2～2.5mm，体色明显比雌淡，前翅缘前脉下方的烟色斑比雌大，下延至此处翅宽的1/2处，腹部第1节背板大部分为淡黄褐色，整个腹部长卵圆形，长度与胸部等长，圆锥形的第6节背板上密生颗粒状小瘤，并具黄褐色短毛。

果树小蠹四斑金小蜂雌成虫

生活习性

4月下旬至5月上旬以及6月中旬为成虫出现高峰期。

寄主

本种外寄生于危害杏树、桃树及其变种如碧桃等的果树小蠹幼虫和蛹。

分布

陕西及我国北方各省（自治区、直辖市）。

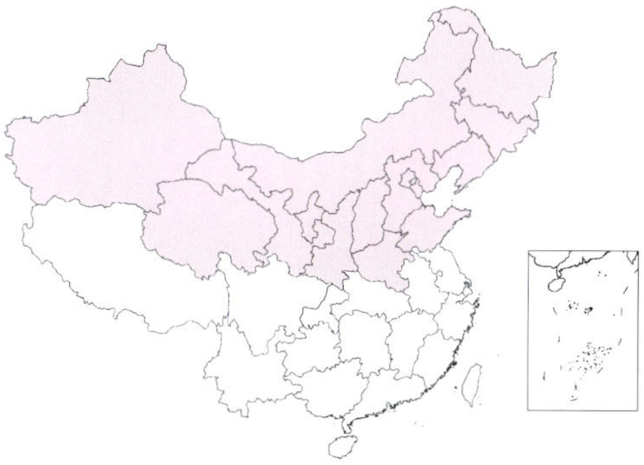

桃蠹棍角金小蜂

Rhaphitelus maculatus Walker,1834

形态特征

雌蜂体长1.9～2.2 mm。暗绿色，具古铜色金属光泽，光泽不甚强烈。触角很奇特，13节，为11263式，端部具1个明显的微弯的指状突起，触角着生于复眼下缘的连线以上，柄节到达中单眼，环状节后的各节宽均大于长，索节和棒节的区分不明显。前后翅透明，带淡淡的烟色，缘脉及翅痣为棕褐色；缘脉下方具1个大的烟色斑，此斑上缘宽度同缘脉，下延至此处翅面宽度的1/3后色变淡但急剧变宽，达翅宽的1/2处后渐消失，缘脉宽而厚，其长为宽的3.5倍；翅痣头状，其宽度与缘脉宽度相等；翅面上的褐色纤毛密而均匀。腹部卵圆形，在干标本中腹部背面稍下。产卵器鞘微微外露。雄与雌相似，但体较小。

桃蠹棍角金小蜂雌成虫

生活习性

成虫在整个生长季节均可见到，其活动习性很有趣：在寄主小蠹虫危害的树木枝条上横行，急匆匆地先向右跑约1cm，然后向左方横行，呈“之”形来回运动，同时用颤抖着的触角接触枝条探测寄主。一旦找到寄主，成虫将产卵器钻入树皮，最后刺透树皮而将卵产于小蠹幼虫体表。这种横行的习性在其它寄生蜂中没有见到，据此可作为鉴定本种的重要依据。

寄主

寄生危害桃树干和枝条的小蠹。

分布

陕西及我国北方各省（自治区、直辖市）。

弄蝶偏眼金小蜂

Agiommatus erionotus Huang,1986

形态特征

雌蜂体长2.0～2.2 mm。体蓝绿色。触角黄色；足基节浅褐色，其余淡黄色；柄后腹褐色，柄后腹第1节背板至第3节背板后部有时有1条浅色横带；翅透明。头前面观宽为高的1.25～1.3倍，触角窝至中单眼的距离等于触角窝至唇基下端距离，复眼内缘下部向外极度偏斜，复眼腹缘处眼间距为触角柄节末端处眼间距的1.7倍，唇基下端中央突出部分略向上凹，表面具纵刻点，颊下部向口窝会聚强。头侧面观高为长1.47倍，复眼高为长的1.5倍，颚眼沟清晰，颚眼距为眼高的0.5倍，颊在上颚基部上方凹陷，后缘与后颊下部呈锐角。头背面观宽约为长的2倍，上颊长约为眼长之半，侧单眼间距是单复眼间距的 2.3～2.5倍，上颊和头顶具粗硬的白毛，毛长约等于单眼短径，后头向后下方陡降，向前强烈凹入。触角11353式，柄节端部没有伸达中单眼，梗节及鞭节之和为头宽的0.7倍，第1、第2环状节窄于第3环状节，第1索节长为宽1.5倍，第2～5索节等长、近方形，棒节长等于末2索节长之和。前胸背板前缘具弱脊，中央长为中胸盾片长的0.17倍，在盾纵沟前方最长，此处长度和中央长度之比为8∶5。中胸盾片宽为长的1.8倍，盾纵沟伸达后部1/3处。小盾片略长于中胸盾片，无小盾片横沟，三角片表面光滑。并胸腹节中央长为小盾片的2/3，具中脊和横脊；横脊后区域凹陷，两侧具侧褶，并胸腹节颈光滑。前翅缘脉略向基部增粗，长为后缘脉的1.5～1.8倍，为痣脉的3倍；基脉毛列完整，基室光裸，仅在端部有几根毛，基脉外透明斑后缘开放；前翅外缘具缘毛。腹柄长为宽的2倍，端部达后足基节中央。柄后腹长等于胸部宽的0.6倍，柄后腹第3节背板长大于第2节背板，等于或略大于第1节背板。雄蜂颜色较雌蜂鲜艳，头前面观宽为高的1.1倍，颊外边向口窝缓慢会聚呈圆弧形。腹柄长为宽的1.4～2.0倍，柄后腹扁平，柄后腹第2节背板褐黄色。

弄蝶偏眼金小蜂雌成虫

生活习性

成虫于寄主害虫的卵期出现。

寄主

寄生以下害虫的卵：马尾松毛虫、思茅松毛虫、松茸毒蛾、香蕉弄蝶等。

分布

福建、广东、广西、云南、江西、湖南。

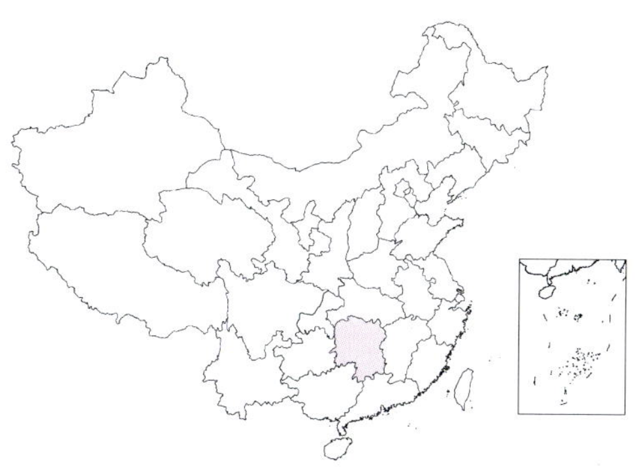

竹瘿长角金小蜂

Norbanus aiolomorphi Yang et Wang,1993

形态特征

雌蜂体长3.2～4.6 mm。黑色，触角黄褐色，复眼紫红色，单眼琥珀色，腹基部具1个柠檬黄色大斑，足基节同体色，腿节及端跗节深褐色，转节、胫节基部大部分黄褐色；前、中足胫节端部3/5，后足胫节端部1/2及跗节污黄白色。翅透明，翅脉浅黄褐色。头背面观宽大于长，头前面观横阔，高大于宽，触角12节，位于脸中央靠上。胸部宽度小于头部。前胸背片中部长度几乎为中胸盾片的1/4。中胸盾纵沟浅，仅前方1/3～2/3存在；中胸小盾片圆凸，宽大于长；三角片略前凸。并胸腹节中部长度为小盾片的1/2。胸腹侧片上有弱的网状刻纹。足粗短，端跗节特别膨大。前翅前缘室正面无毛，反面的毛稀疏，基室光裸，有时在近端部处具1根毛，无毛区大。腹部长与头胸部长度之和相等，第1～3节背板光滑，4～7节背具弱而细密且横向的网状刻纹，产卵器鞘不露出，下生殖板位于腹部长度的2/5处。雄体长2.8～3.9mm。与雌相似。触角13节，柄节极弯，背方在基半部收缩变细，端部显著比索节粗，远远超出头顶，梗节与鞭节长度之和为体长的1.02～1.11倍，为头宽的2.94～3.04倍。鞭节上具横刺毛，索节细长，足较雌细长，各足跗节端部仅稍膨大。腹部呈细长的椭圆形。

生活习性

它的特别发达的端跗节可能是为了适应在光滑的竹上爬行和产卵而特化发生的。在湖南，竹瘿长角金小蜂1年可发生6代，以蛹和部分幼虫（约占20%）在寄生虫瘿内越冬，越冬幼虫在翌年4月上旬开始化蛹，5月上旬结束。成虫5月中旬出现，交尾后产下第1代卵。1年6代中，各世代均有部分虫态重叠，尤以第2、3、4代为多。成虫具趋光、向上和群集性，雄虫先于雌虫1～5天出现，雌虫羽化当天即可交尾。一个寄主只产1粒卵，每雌产卵3～6粒。成虫有补充营养的习性，寿命雌平均为5.7天，雄5.9天。在25～32℃的室温下，

竹瘿长角金小蜂雌成虫

卵经3～5天孵化。幼虫孵化后用上颚咬住寄主虫体并取食寄主组织，成熟时寄主虫体仅剩下头壳或蛹壳。在30～34℃温度下，幼虫历期8～10天。预蛹期2～3天，气温32～35℃时，蛹经5～6天羽化。在湖南毛竹产区，寄生率高达43.53%。

寄主

寄生于竹瘿广肩小蜂的幼虫和蛹。

分布

湖南省，也可能分布我国南方广大的毛竹生长区。

松毛虫卵宽缘金小蜂

Pachyneuron solitarium (Hartig,1857)

形态特征

雌蜂体长1.6～2.4 mm，雄1.3～1.9 mm。全体深蓝绿色具金属光泽，复眼酱红色，单眼透明，触角柄节黄色略带褐色，梗节及鞭节暗褐色，足基节深褐色带蓝绿色光泽，腿节和胫节的大部分及端跗节褐色，转节及膝部和其余跗节均为黄白色。触角着生于颜面中部。触角13节，11263式，柄节伸达头顶。中胸背面强烈凸隆，中胸盾纵沟浅，中胸小盾片中部鼓起，周围跌下，前缘具1排刻窝。并胸腹节中部长为中胸小盾片长的0.6倍，无中脊及侧褶，中央处呈三角形纵隆。前翅基无毛区下方闭式。腹柄长，侧观几与并胸腹节等长，长为宽的2倍。腹部背观卵圆形，但端部尖，长为宽的1.8倍，与胸部等长（不包括腹柄），第1背板后缘呈弧形向后突出。雄与雌相似，体色稍浅，触角柄节、足除基节外均为橙黄色。触角鞭节较长。

松毛虫卵宽缘金小蜂雌成虫

生活习性

该蜂在自然界以老龄幼虫或蛹在寄主卵内越冬，翌年5月中旬羽化。1年发生的世代数随温度变化而异。在5～6月份完成一个世代需27～31天，如果室内温、湿度条件具备，全年都可进行人工繁蜂。日平均温度26.2℃、相对湿度65%时，各虫态期所需要的时间为：卵期4～6天，幼虫期5～6天，蛹期9～13天，发育历期为18～25天。成蜂羽化以早晨5～10时最多。晴天交尾后20～30分钟的雌蜂，便迅速寻找寄主产卵。产卵最适温度为25.5～28℃，阴天或温度在23℃以下时不产或产卵量极少。一雌蜂一生寄生寄主卵7～13粒，最多21粒。在一般情况下，一粒松毛虫卵出一头蜂，极少数可出2头。雌雄性比1.63。成蜂寿命与光照、温度关系十分密切。在弱光、20℃的气温下，雌蜂平均寿命26天，雄蜂24天，在弱光、27℃气温下，雌蜂寿命平均16天，雄蜂15天。在强光、20℃气温下，雌蜂寿命平均10天，雄蜂11天，在强光和27℃气温下，雌蜂寿命平均为3.6天，雄蜂4天。成蜂喜欢弱光，在强光下到处十分活跃，影响交尾和产卵，寿命缩短。夜间静止不动。自然寄生率24.1%。

寄主

除寄生落叶松毛虫卵外，还寄生下述害虫的卵：欧洲松毛虫、油松毛虫。

分布

黑龙江、吉林、辽宁、北京、陕西等；欧洲，西伯利亚。

注 我国以前误用名松毛虫宽缘金小蜂 *Pachyneuron nawai* Ashmead，*Chrysolampus solitarius* Hartig

松毛虫迈金小蜂

Mesopolobus superansi Yang et Gu,1995

形态特征

雌蜂体长1.9～2.2mm。全体蓝绿色，具金属光泽，腹部深紫褐色，复眼紫红色，触角各节、足除基节外均为污黄色稍带褐色，各足基节同体色，翅透明，翅脉浅黄褐色。头部具致密的网状刻纹，几乎无毛，但脸区具稀疏短毛。背观头顶均匀鼓起，无后头脊，单复眼间距和侧单眼间距分别为侧单眼长径的2.3倍和4.0倍。头背观宽为长的2.2倍，宽于胸部和腹部。头部前面观宽为高的1.25倍。触角窝下缘位于复眼下缘连线上，两窝之间的距离为窝直径的1/2，窝下缘至口缘的距离为窝直径的3.6倍，至复眼内缘的距离为窝直径的3.3倍。触角洼不深，洼侧区几平坦。复眼光裸无毛。内眼眶自上而下向外方微岔开；颚眼沟浅，但明显，完整。触角13节，11353式，柄节没有到达中单眼，环状节3节，梗节与鞭节长度之和仅为头宽的0.83倍，第1索节明显短于梗节。胸部背面均匀膨起，具突出的网状刻纹。前胸背板前缘陡峭跌下，中部长度为中胸盾片长的0.15倍。中胸盾片长为宽的0.6倍，中胸盾纵沟浅，达中胸盾片长度的3/5处；中胸小盾片圆隆，长大于宽，与中胸盾片等长；三角片前侧角稍前伸，因而造成横盾沟呈中部向后突出的弧形。胸腹侧片三角形，中部的凹陷区表面具网状刻纹。并胸腹节中部长度为中胸小盾片的1/2，无中脊，但侧褶明显，中区中部隆起，从前缘处发出数条弱斜脊纹，向后外方延伸，斜脊间形成显著的网状刻纹；气门紧靠并胸腹节两侧前缘的邻缘陷窝后缘，气门纵沟宽而深；胸后颈较短，略呈新月形，表面光滑。前翅前缘室正面无毛，反面具毛，基无毛区下方开式。腹部卵圆形，但端部尖，无腹柄；长为宽的1.6倍，与头胸部长度之和几相等。产卵器微露出，雄体长1.6～1.8mm。与雌相似，但体为金绿色，腹部第1背板基半部金绿色，端半部橙黄色，其余各节背板紫褐色，触角柄节及第4、5索节白色，梗节、环状节及第1～3索节污黄白色，棒节基部带褐色，前翅痣脉上具一小烟色斑，足基节同体色，其余各节黄白色，端跗节褐色，腹部短于胸部。

松毛虫迈金小蜂雌成虫

生活习性

成虫8月中下旬出现。

寄主

寄生落叶松毛虫卵，每个卵中仅能育出1头成蜂。

分布

大兴安岭林区。

白跗平腹小蜂

Anastatus albitarsis Ashmead,1904

形态特征

雌蜂个体大小随寄主卵粒大小而异，从松毛虫卵中羽化出来的体长2.0～2.3mm。体黑褐色；复眼赭褐色；后头、前胸、并胸腹节微带蓝色；头及胸具紫色金属光泽。腹部蓝褐色，近基部有1条窄的浅色横带。前翅基半部几乎透明，痣脉下有一大深褐色斑，翅端褐色。足褐色；前足基节和腿节，后足基节、腿节和胫节及各足端跗节黑褐色；各足1～4跗节黄白色。头略宽于胸。触角着生于复眼下缘连线与口缘之间；柄节侧扁，几乎达中单眼；梗节长为宽的2.5倍，与第1索节约等长；第1～7索节依次渐短而宽；棒节3节，末端斜截，稍长于前3索节之和。前胸背板具细纵刻纹；中胸和小盾片具网状刻纹。前翅狭长，亚缘脉、缘脉、后缘脉及痣脉长度之比约为15：10：7：3。中足强壮，胫节距与第1跗节大致等长；第1、2跗节腹面具黑褐色刺状突，第3节仅有2～3个微突。腹短于胸，后部宽而钝；背面较平滑；产卵管隐蔽。雄蜂与雌形态差异很大。触角除第7索节宽大于长及第6索节方形外均长大于宽，但第1索节与梗节均较短，长不及宽的1.5倍。中胸隆起，中胸侧板虽完整但不膨起。中足不特别强大。前翅透明，无褐色暗斑。

生活习性

在湖南长沙常温下1年繁殖7～8个世代。9月底或10月上中旬进入越冬休眠。4月中旬气温上升到17℃时，越冬代成蜂才大量羽化。以6～12时羽化最多。在20℃和30℃恒温条件下，1个世代发育历期分别为37～38天和16～17天；其中卵期2.5～3天和1～1.5天，幼虫期9～10天和5～6天，预蛹期7～8天和2～3天，蛹期18～19天和8～9天。室内以柞蚕卵为寄主时，有效积温305.64日度，发育起点温度11.55±0.62℃。成虫在林中一般以爬行方式扩散，也能跳跃及飞翔。羽化当天即可交尾，雌蜂一生只交尾1次，产卵前期一般2～3天。产卵时雌蜂在寄主卵上爬行，用触角来回敲打，

白跗平腹小蜂成虫（左）、寄生卵示羽化孔（右）

并伸出产卵管在寄主卵壳表面刺探，找到适当位置后就将产卵管刺入寄主卵壳内，产完卵后用口器舐干从寄主卵内流出的内含物。未经交尾的雌蜂可营产雄孤雌生殖。在15～25℃温度范围内，单雌产卵量平均93.4～99.4粒，差异不明显；喂食后，平均246.4粒，明显比不喂食的提高。成蜂大部分的卵在羽化后20天内产出（88.07%），第5～8天之间为产卵的高峰期。雌性比一般均在85%左右。室内可用柞蚕、蓖麻蚕卵繁殖。用于防治马尾松毛虫，每亩放蜂量为3000～5000头时，寄生率有时可达38.74%～70.63%。是一种很有利用前途的蜂种。

寄主

该蜂寄生于马尾松毛虫、思茅松毛虫、云南松毛虫、银杏大蚕蛾、绿尾大蚕蛾、榆掌舟蛾、竹镂舟蛾、油茶枯叶蛾和华竹毒蛾等。

分布

黑龙江、辽宁、山东、江苏、浙江、江西、湖南、湖北、广东、云南；日本，朝鲜，印度。

松毛虫卵跳小蜂

Ooencyrtus pinicolus (Matsumura,1938)

形态特征

雌蜂体长1.0～1.6mm。体深紫色具蓝绿色光泽，复眼灰白色，触角柄节黑色，梗节及鞭节黄褐色，第5～6索节及末棒节端部为黄白色。头部背观宽为长的2.2倍，略宽于胸部，与腹部几乎等宽。复眼后缘到达后头，因而无上颊。头顶及额上部散生小刻窝，窝内生有1根褐色短毛。复眼表面生有密的褐色纤毛。颚眼沟显著。触角11节，梗节与鞭节长度之和等于头宽，棒节3节，显著膨大。中胸盾片及三角片、小盾片上具甚为致密的网状刻纹，并生有密而显著的褐色刚毛，但小盾片后部的刚毛明显较长。并胸腹节呈狭条状。前翅痣脉以外的翅面上形成密的纵隆线纹，痣脉下方裸毛带两侧的毛明显较粗。腹部比胸短。产卵器微露出。雄体长约1.0mm。体色、刻纹同雌蜂，但中胸盾片及小盾片为古铜色。触角鞭节及各足皆为暗黄色，触角柄节污黄色略扁，棒节不分节，长为索节6的2倍。

生活习性

落叶松毛虫卵跳小蜂在黑龙江省海林林区1年发生3代。第1代成蜂于6月出现，第2代成蜂7月中旬羽化，下旬达到羽化盛期，第3代成蜂8月中旬大量发生，此代蜂数量多，是第2代蜂的4～12倍。在一般情况下，此代蜂还可再寄生松毛虫卵，以老熟幼虫或蛹态在寄主卵内越冬。雌蜂喜欢选择新鲜、粒大、饱满的卵寄生。雌雄蜂可进行多次交配，交配后第2天产卵。产卵时将产卵器插入寄主卵内左右转动45°～360°。一次产卵1～2粒，一生可产卵40～60粒，在一粒寄主卵上可连续产卵两次。一头雌蜂一生最多寄生松毛虫卵34粒，最少2粒，平均19.3粒。松毛虫卵跳小蜂寿命的长短受温度与直射光亮度所影响，在散射光的条件下，温度20℃时，雌蜂寿命平均33天，雄蜂29天；温度27℃，雌蜂寿命平均21天，雄蜂7天；在直射光下，温度20℃时，雌蜂寿命平均10天，雄蜂9天；在温度25℃以上和直射光时，不适卵跳小蜂发育。从1粒松毛虫卵中可育出1～4头成蜂。自然寄生率24.1%～30.3%。

松毛虫卵跳小蜂雌成虫

寄主

除寄生落叶松毛虫的卵外，还寄生下述多种害虫的卵：赤松毛虫、油松毛虫、欧洲松毛虫、松茸毒蛾、杉小毛虫、芦苇枯叶蛾、毒蛾、古毒蛾、柳毒蛾、夜蛾。

分布

我国大兴安岭、河北；俄罗斯（远东）。

注 本种学名我国以前用以下同物异名 *Ooencyrtus dendrolimusi* Chu、*Ooencyrtus dendrolimus* Chu。

白蛾周氏啮小蜂

Chouioia cunea Yang,1989

形态特征

雌蜂体长1.0～1.5mm。红褐色稍带光泽，但头部、前胸及腹部色深，尤其头部及前胸几乎成黑褐色，并胸腹节、腹柄及柄后腹第1节色淡，带黄色，触角褐黄色，上颚、单眼褐红色，胸部侧板、腹板浅红褐色带黄色，3对足及下颚、下唇复合体均为污黄色。翅透明，翅脉褐黄色。头部前面观宽大于高，触角11节，触角窝中部位于复眼下缘的连线，脸部在唇基基部处隆起最高。胸部通常具密毛，前胸背板后缘有1把鬃毛；中胸背片中叶上散生着30根左右刚毛，但三角片上无毛；小盾片长宽近相等，后部较宽，其上具网状刻纹，2对长鬃毛紧靠两侧边着生；后胸盾片中部的长度是并胸腹节中部的1/2有余。并胸腹节胝上毛7根左右，气门着生的位置在并胸腹节长度的1/2靠前处。前翅长为宽的2倍，基室止由在端半部生有毛2根。腹柄背观长度为并胸腹节长度的1/2。柄后腹圆形，长宽相等，明显宽于胸部，长比胸部略小，背面的浅网状刻纹比胸部明显且粗，除第1节背面的前半部光裸无毛外，其余各节背面散生着黄褐色稀疏刚毛；腹部在第2节后缘及第3节前缘处最宽，第7节最小，每个臀突上的3根鬃毛中，有1根特别长，长度是其他2根的2倍。雄蜂体长1.4mm左右，近黑色略带光泽，触角和唇基黄褐色，足基节黄褐色，其余各节为污黄色。触角12节。小盾片上第1对刚毛生于中部略靠前。并胸腹节气门稍小于雌性，前缘有一小窝，距并胸腹节前缘的距离略小于其直径。胫节距与基跗节等长。腹部卵形，长与宽明显小于胸。

白蛾周氏啮小蜂雌成虫

生活习性

以美国白蛾寄主为例，该寄生蜂群集寄生，其卵、幼虫、蛹及成虫产卵前期均在寄生蛹内度过。在陕西关中地区1 年发生5～7代，以老熟幼虫在寄主蛹内越冬。翌年4月下旬至5月初成蜂羽化，刚羽化的雌蜂当天即可产卵寄生。卵为牡蛎形，半透明，刚产时长0.054～0.065mm，产后1小时左右迅速吸水膨大，体积几乎为初产时的3倍，经2～3天卵即孵化。幼虫蛆形，以寄主体内血淋巴及器官组织为食，经10天左右寄主蛹内所有器官组织几乎被取食殆尽，然后在寄主体内化蛹。蛹期7天左右，成蜂刚羽化时身体柔软，经过4～5小时后即硬化。成蜂在寄主体内羽化后，先进行交配，随后咬一羽化孔爬出。雌蜂在21℃时寿命15天，成蜂向光性很强。1头寄主蛹可出蜂124～365头，雌雄性比45～96：1。

寄主

寄生美国白蛾、杨扇舟蛾、杨二尾舟蛾、腰带燕尾舟蛾、大袋蛾、榆毒蛾等鳞翅目食叶害虫的蛹。

分布

陕西、山东、辽宁、河北及北京、天津。

白蛾黑棒啮小蜂

Tetrastichus septentrionalis Yang, 2001

形态特征

体长雌蜂1.6～2.5mm，雄蜂1.5～1.8mm。雌体黑色，具深绿色金属光泽。触角柄节和梗节基部浅黄色，鞭节均呈深褐色。足黄色。前翅中部带浅烟色。复眼酱紫色。头背面观宽为长的2倍，哑铃形，颜面中部凹入达中单眼前缘；侧单眼间距为单复眼间距的1.3倍；上颊短，仅为复眼长度的1/10；复眼上具稀疏的短纤毛；头顶散生稀疏的短毛。头前面观触角洼小，倒三角形，洼中部具1条不甚显著的纵隆线，洼侧均匀膨起，具网状刻纹和密毛；触角位于复眼下缘连线上；颚眼距为复眼高的7/10。触角11133式，柄节刚伸达中单眼，鞭节上感觉毛粗而长。胸长为宽的1.5倍，略比头窄。前胸背板短，圆滑向前方下倾，后缘具1排粗刚毛。中胸盾纵沟深，显著但不完整，前部1/4消失；中胸盾片、小盾片表面具细密网状刻纹，刻纹脊凹下，因而基本光滑，具丝绢状光泽；小盾片中区具1对刚毛，2亚中沟深。后胸盾片小，矩形，表面具不规则的网状刻纹，中部具一显著纵脊，较粗，中脊后部1/3消失。并胸腹节长为中胸小盾片的1/2，中纵脊十分凸出，侧褶脊及后缘脊显著，侧褶脊与中纵脊间的区域深陷，内有不规则斜脊纹3～5条，中区底面具网状刻纹。前翅较狭长，长为宽的2.6倍；亚缘脉上只有1根刚毛。腹部椭圆形，向腹末渐尖，宽度大于胸部和头部，长为宽的近1.5倍，背面浅凹。产卵器微露出，尾须上有1根刚毛突出，伸出于腹末之外，长度为其余几根刚毛的2.5倍。雄性体色比雌性稍浅，胸部背面具铜绿色金属光泽，触角棒节黑色，其余各节污黄色，足污黄色，但后足基节及各足的爪带褐色。触角柄节显著膨大，11143式。腹部椭圆形，长为宽的1.3倍，宽度稍大于胸部，略小于头部。

生活习性

以寄生美国白蛾为例，该种在国内4月下旬至5月中旬羽化，在韩国2月份即可羽化。这种小蜂在寄主越冬蛹和夏季世代蛹中的寄生率较高，在美国白蛾越冬蛹中及夏季蛹中的寄生率一般为12%～24%，为群集内寄生性，每头寄主蛹出蜂数为78～182头，雌雄性比为10∶1。具有较高的经济价值，在美国白蛾和其他食叶害虫的生物防治中有很好的利用前景。

白蛾黑棒啮小蜂雌成虫

寄主

寄生于杨小舟蛾、美国白蛾、杨扇舟蛾、杨毒蛾、柳毒蛾等鳞翅目食叶害虫蛹。

分布

在我国南至江苏，北至吉林、天津、辽宁、河北、山东。国外分布韩国。

荔枝瘿蚊红眼姬小蜂

Mangocharis litchi Yang et Luo,1994

形态特征

雌蜂体长1.4～1.8 mm。全体绿色带金属光泽；脸区淡褐色，复眼红色，单眼白色；触角鞭节、梗节和末节褐色，鞭节1～4节白色；足通常灰色，基节呈褐色，端跗节黑色；翅透明，前翅有一略倾斜的褐色斑，与翅痣相接。头侧面观背面向后头稍倾斜。头背面观宽为长的1.8倍，略宽于胸；头顶具"X"形弱骨化区，头顶有9根鬃毛，后方两侧各具3根，侧单眼前面各1根，另外1根在两侧单眼中间；无后头脊，上颊长为复眼的1/4。头前面观，脸部明显倾斜，眼眶内缘中部略凹入，凹缘具1排毛；前额具一"T"形骨化区，较宽，白色；颚眼沟存在；唇基小，不突出，表面具4根毛。触角窝位于脸部中央，两触角窝间距较大，为其到复眼间距的2倍。触角7节，纤细；柄节特别长、扁，略弯，超出头顶1/3；末节针状；鞭节感觉毛不多，但长。胸部卜凹，通常平坦，背面具致密凸网状刻纹。前胸长是中胸盾片的1/2；中胸盾片和小盾片各有1对白色鬃毛，盾纵沟明显，后2/3深深下陷；小盾片横宽，长约为宽的5/7，与中胸盾片等长；三角片小，前半部向前突出，表面具1根鬃毛。并胸腹节中部与后胸背板约等长，无中脊和侧褶，亚中区和侧胝突出，气门小，位于并胸腹节前缘约2/3处。足细。翅外缘具长缘毛，翅后缘缘毛几乎缺如。腹部无柄，披针形，与胸等宽，长为头胸长度之和的1.6倍，1～6节背板具有细密网纹，腹末节尖锐，尾须不明显；产卵器微露出；下生殖板位于腹部的1/5处。雄蜂体长1.0～1.4 mm，与雌相似，腹部较短，触角较雌蜂纤细，触角窝位于脸中央略靠上，柄节长度与头高相等，超出头顶2/3，梗节与鞭节具很长的感觉毛，集中在每节的上半部，末节针刺状。

生活习性

在广东省，从3～10月在荔枝园里可见成虫，4～6月最多。以老熟幼虫或蛹在其寄主造成的叶瘿内越冬。在室内当温度26～30℃及相对湿度80%～90%时，幼虫期15～17天，蛹期8～10天，成虫寿命4～6天。

荔枝瘿蚊红眼姬小蜂雌成虫

寄主

单寄生于荔枝瘿蚊的卵或幼虫体内。

分布

广东。

松毛虫赤眼蜂

Trichogramma dendrolimi Matsumura,1925

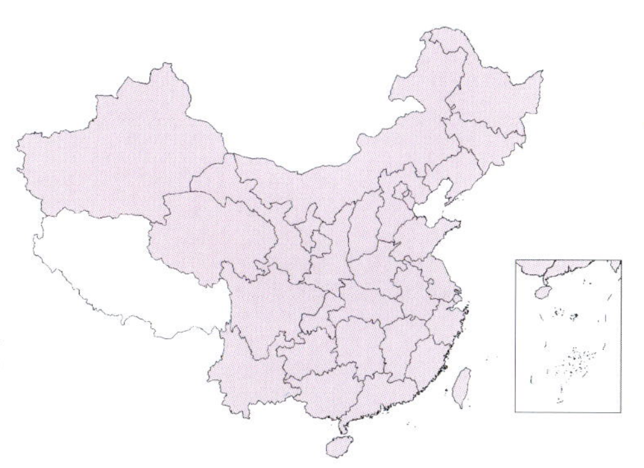

形态特征

雌蜂体长0.7～0.8 mm。全体黄色，复眼及单眼红色。翅透明，翅脉浅褐色，前翅基部前下方具1个黑色弧形线斑，足端跗节褐色。头顶在单眼区及其前方共生有14根红色刚毛，侧单眼间距为单复眼间距的5倍多。触角5节，第5节膨大，上生有条形感觉器及感觉毛。头胸腹部基本等宽；胸部比腹部为短，为腹部长的0.66倍。中胸盾纵沟深，中胸盾片上生有2对刚毛；中胸小盾片近后缘处生有1对刚毛。前翅上的纤毛放射状排列。产卵器微露出腹末。雄体长0.5～0.7 mm。与雌相似，但头部在后头部分具1条宽横带，触角上的感觉毛黑褐色，前胸背板及中胸盾片中叶黄褐色，腹部背板褐色，各足跗节浅褐色，触角仅为3节，末节上最长的刚毛相当于该节最宽处的2.5倍。

生活习性

松毛虫赤眼蜂1年发生世代数因地区不同而异，在广州1年可以完成30代，在湖南1年发生23代，在浙江1年发生17～19代。11月下旬以老熟幼虫或预蛹在寄主卵内越冬，次年3月下旬至4月上旬羽化，羽化孔直径为0.15～0.20 mm，边缘整齐，在一个寄主卵上，通常只有1个羽化孔，个别的可有2～3个。成虫寿命与温度成反比关系，在温度30℃以上时，仅能生活1天左右，温度8～10℃时一般为15～18天，最长可活30天。成虫取食蜂蜜稀释液后寿命延长，产卵量增加。松毛虫赤眼蜂生长发育的适宜温度为22～28℃，超过30℃发育不良。自然蜂群的雌性比高达80%以上，从1粒落叶松毛虫卵中可育出10～30头左右的成蜂。

寄主

该种除寄生多种松毛虫卵外，还寄生夜蛾科、卷蛾科、灯蛾科、天蚕蛾科、毒蛾科、螟蛾科、刺蛾科、舟蛾科、尺蛾科、弄蝶科等危害树木的食叶害虫卵。

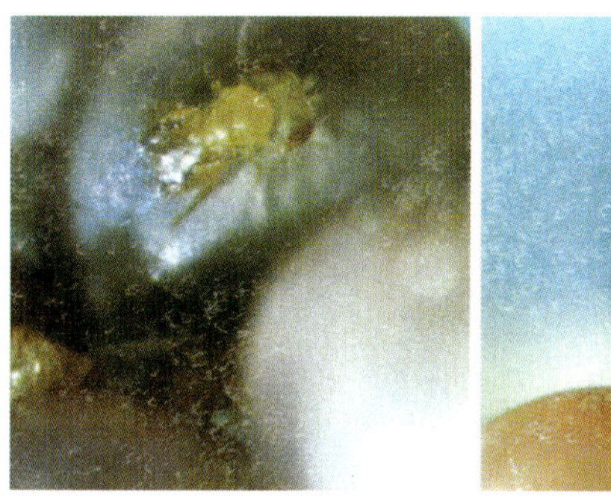

松毛虫赤眼蜂雌成虫和产卵状（采自严静君等，1989）

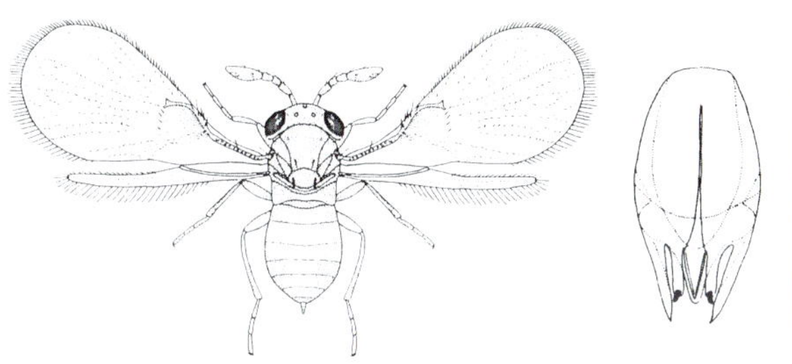

松毛虫赤眼蜂成虫（左）（采自祝汝佐，1937）和雄外生殖器（右）（采自庞雄飞等，1974）

松毛虫赤眼蜂寄生的马尾松毛虫卵，示羽化孔

分布

我国自海南至黑龙江（除西藏外）均有分布；国外分布俄罗斯西伯利亚，朝鲜，日本。

螟黄赤眼蜂

Trichogramma chilonis Ishii,1941

形态特征

雄蜂体长0.5～1.0 mm。体暗黄色，中胸盾片及腹部黑褐色。触角毛颇长而略尖，最长的为鞭节最宽处的2.5倍。前翅臀角上的缘毛长约为翅宽的1/6。雄性外生殖器：阳基背突呈三角形，有明显的成半圆形的侧叶，末端达阳基背突的1/2；腹中突长约为阳基背突的1/3；中脊成对，其长与阳基背突长相等；钩爪末端伸达阳基背突的1/2左右；阳茎与其内突等长，两者全长相当于阳基长，略短于后足胫节。

雌蜂在15～20℃下培养出来的成虫体暗黄色，中胸盾片褐色，腹部全部褐色；在25℃下培养出来的腹部褐色而中央出现暗黄色的窄横带；在30～35℃下培养出来的中胸盾片亦为暗黄色，腹部褐色而中央具较宽的暗黄色横带。

螟黄赤眼蜂雌成虫（左）和雄成虫（右）（采自农业部全国植保总站，1988）

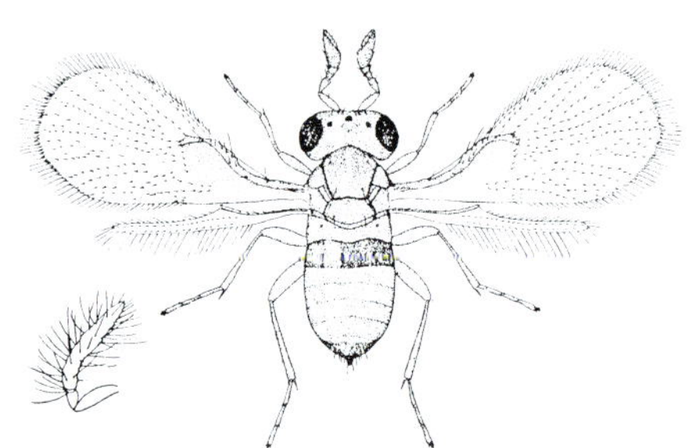

螟黄赤眼蜂雌成虫和雄性触角（采自何俊华等，1979）

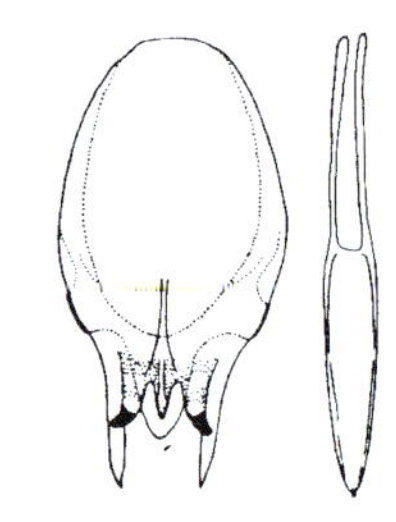

雄性外生殖器（采自庞雄飞等，1974）

生活习性

以老熟幼虫或蛹态在寄主卵内越冬。一般11月下旬至12月上旬开始越冬，到次年3月下旬或4月上旬开始羽化。1年可繁殖20～23代。1个世代发育历期，在25℃恒温条件下为10～12天，其中卵期1天，幼虫期1～1.5天，预蛹期3～3.5天，蛹期5～6天；在30℃的恒温条件下为8～9天，其中卵期6～22小时，幼虫期1～1.5天，预蛹期2～2.5天，蛹期3～4天。在适温范围内，大多数成蜂寿命2天（1～4天）。温度越高，寿命越短。经补充营养，寿命可延长。雌蜂羽化后即能交配、产卵寄生，雌蜂羽化后第一天可以产出总卵量87.7%。繁殖能力较强，1头雌蜂平均繁育子蜂63头。螟黄赤眼蜂主要活动在小丘陵地区，因此，其扩散能力远不及松毛虫赤眼蜂。雌性比受寄主卵粒大小、卵内营养物质和温度等的影响。柞蚕卵育出的子蜂雌性比为96%，蓖麻蚕卵育出的为92%。

寄主

该蜂是国内人工繁蜂应用较广的赤眼蜂种，寄主范围甚广，寄生于夜蛾科、天蛾科、灯蛾科、卷蛾科、细蛾科、螟蛾科、弄蝶科、枯叶蛾科的一些种。在林区寄主有松梢螟、杉梢小卷蛾、松梢小卷蛾、蓖麻蚕、马尾松毛虫、绿尾大蚕蛾、八点灰灯蛾、尘白灰灯蛾、星黄毒蛾等及许多农业害虫的卵。

分布

辽宁、北京、河北、山东、山西、河南、陕西、江苏、浙江、安徽、江西、湖南、湖北、四川、重庆、福建、广东、广西、海南、贵州、云南；东洋区及澳洲地区。

注 国内曾用拟澳洲赤眼蜂 *Trichogramma confusum* Viggiani 学名

广赤眼蜂

Trichogramma evanescens Westwood,1833

形态特征

雄蜂体长0.6 mm。暗黄色，头、前胸及腹部黑棕色。触角毛甚长，且末端尖锐，其中最长的近于鞭节最宽处的2.54倍。前翅臀角上的缘毛长度相当于翅宽的1/6。阳基背突强度骨化，广三角形，有较宽的圆弧形侧缘，基部明显收窄，末端伸达阳基背突的1/3，腹中突成锐三角形，其长约为阳基背突的1/4；中脊成对，向前伸达阳基的1/3；钩爪伸达阳基背突的1/3。阳茎稍长于其内突，两者之和稍长于阳基的全长，短于后足胫节。雌蜂体色与雄相同；产卵管与后足胫节等长。

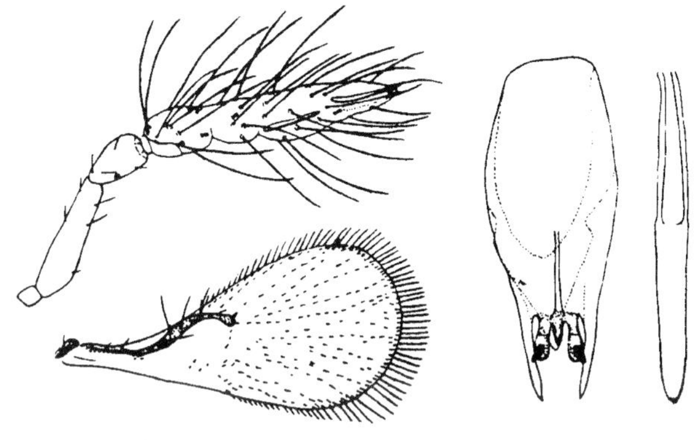

广赤眼蜂雄性触角（左上）、翅（左下）、阳茎（右）和雄外生殖器（中）（采自林乃铨，1994）

生活习性

发生代数因地而异，在内蒙古1年繁殖10代；在陕西1年完成14代，10月底以老熟幼虫在寄主卵内越冬，翌年3月底至4月中旬成虫羽化；在湖南繁殖可达23代，以蛹态在寄主卵内越冬，11月24日接种产卵的，11月30日化蛹，至翌年3月14日才羽化为成虫，其中卵和幼虫6天，蛹期106天。非越冬世代最长38.75天（平均气温14.7℃），最短一代仅6.62天（平均气温33.38℃）。在正常温度下，7～9天即能完成1个世代。发育起点温度为9℃，世代有效积温176.4日度，发育适宜温度22～27℃。子蜂羽化以6～8时和13～14时为多。羽化后即可交配、产卵。每头雌蜂平均产卵173粒，最多达184粒。成蜂寿命平均温度在17.8℃和32.4℃时，雌蜂分别为10.6和1.9天，雄蜂8.1和2.3天。赤眼蜂成虫需要补充营养，以蜂蜜饲养时可延长寿命7.6倍。在适温26.8℃时，1头雌蜂平均寄生松毛虫卵5.7粒（1～12粒），平均育出子蜂81.8头（19～147头）；在自然界雌性比通常是67%～80%。室内人工饲养时，寄主卵粒大小、卵新鲜程度及温度等因素对性比、子蜂数等均有相当影响。

寄主

广赤眼蜂寄生范围较广，达200多种，主要是枯叶蛾科、夜蛾科、螟蛾科、卷蛾科、灯蛾科、毒蛾科、菜蛾科、粉蝶科、凤蝶科、食蚜蝇科中的一些种类。在我国有杨扇舟蛾、西昌杂毛虫、马尾松毛虫、德昌松毛虫、赤松毛虫、柳大蚕蛾、梨小食心虫等林木害虫及黄地老虎、甘蓝夜蛾、菜粉蝶、稻苞虫、二化螟、豆荚螟、苎麻夜蛾、亚洲玉米螟等农业害虫。

分布

黑龙江、吉林、辽宁、内蒙古、北京、山西、陕西、新疆、浙江、湖北、湖南、广西；据记载广布于古北区。

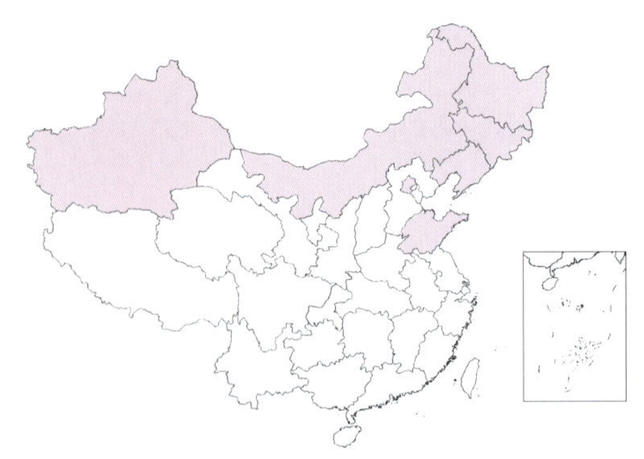

落叶松毛虫黑卵蜂

Telenomus tetratomus Thomson,1860

落叶松毛虫黑卵蜂雌成虫

形态特征

雌蜂体长0.9～1.2 mm，雄蜂0.6～1.0 mm。雌蜂黑色，无金属光泽；触角深红色，但柄节黑色；复眼灰色，单眼透明；头胸部上的毛灰白色；足基节同体色，腿节、胫节及端跗节暗褐色。头部背面观宽为长的2倍，比胸部为宽，上颊在复眼后向外突出，头部在后眼眶处下陷，下陷部的后缘呈脊，此脊向上延伸达头顶；复眼上具纤毛；触角11节；后头脊完整，近于后头孔而远离头顶。头前面观宽为高的1.54倍，触角窝近于口缘。胸部背面圆隆，宽度略小于腹部，表面具浓密的短毛。小盾片横宽，后盾片明显。并胸腹节侧区呈2个三角形凹陷区，凹陷区在中部不相接触。前翅痣后脉长为痣脉的1.9～2.0倍；后翅缘脉端部达翅长的3/7处，翅缘毛略短于最大翅宽的1/2。腹部椭圆形，比胸部略宽，长为胸部的1.2倍。第2节背板最大。雄与雌相似，但腹部明显短于胸部，触角12节。

生活习性

落叶松毛虫黑卵蜂在山东烟台地区1年发生5～7代，世代重叠，以6月上旬、8月下旬成虫发生数量最多，于9月下旬到10月初开始越冬。在辽宁省章古台地区，以成虫越冬，越冬部位一般多在樟子松的树干基部，在距离地面40 cm高度以下的树皮缝隙内，以及在根际周围枯枝落叶层下。越冬方位以北向最多。越冬成虫于次年4月底开始活动，5月为成虫盛期。成虫夜间有聚群栖息的特性，有向上性、向光性，对松毛虫的蛹和雌蛾有强烈趋性。该蜂羽化期为4～9天，卵寄生率为11%～30.3%，每卵平均出蜂7～8头。雌蜂平均产卵量31粒，最多130粒，可寄生松毛虫卵4～47粒。成蜂寿命与温度呈负相关关系，4℃时90天，29℃时只有3天。从1粒寄主卵中可育出2～8头成蜂。

寄主

除寄生落叶松毛虫卵外，还寄生欧洲松毛虫、杂灌枯叶蛾、白齿茸毒蛾、古毒蛾、赤松毛虫、李枯叶蛾等昆虫的卵。

分布

黑龙江、吉林、辽宁、内蒙古、北京、山东、新疆；西欧，乌克兰，白俄罗斯，俄罗斯及西伯利亚地区。

注 *Telenomus dendrolimusi* Chu
Telenomus dendrolimi Matsumura

松茸毒蛾黑卵蜂

Telenomus dasychiri Chen et Wu,1981

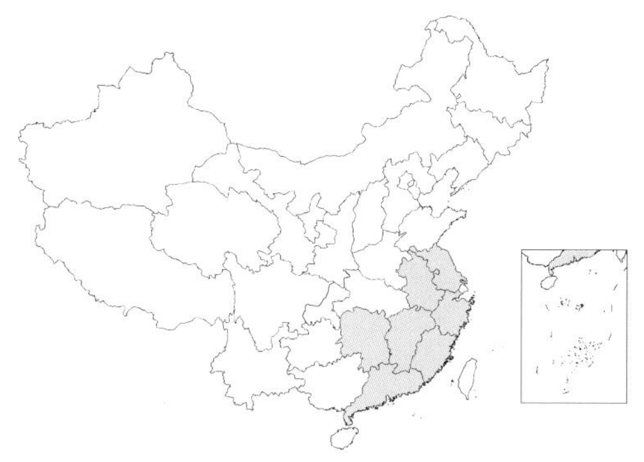

形态特征

雌蜂体长0.75～1.10 mm。体黑色。触角黑褐色，但第1节两端较浅；足黑褐色，胫节两端和第5跗节褐色，第1～4跗节黄褐色。头宽约为长的3倍，宽于胸。复眼具短毛。触角11节；第1节长为最宽处的4倍，为第2节长的2.5倍；第2节长为最宽处的2.5倍，为第3节长的1.8倍；第3节稍长于第4节，为最宽处的1.5倍；第6节最小，圆形；第7～11节组成棒状部；第8～10节约等长；第9节宽为第3节的1.8倍；第11节圆锥形。额光滑，后头向内弯入，头顶具网纹，无脊。胸部卵圆形拱起，密布网纹和稀长的毛，小盾片半月形。腹部与胸部等长，宽于胸部。第1～2节背板基部具纵脊沟；第2背板宽大于长，纵脊沟稍长于腹柄。

雄蜂体长0.55～0.85 mm。触角12节；第2节梨状，与第3节等长，稍短于第4节，与第5节约等长；第4节长为第6节的1.6倍；第5节端部变宽，侧上方具一向外伸的突起。腹部短于胸部。外生殖器阳基的长度为基环的3倍，为最宽处的3.3倍；腹侧突中线分开，似无连接痕迹，骨化明显，其长度为阳基的2/3；抱器上具爪3个；阳茎的长度为阳基的1/3，端部钝圆。

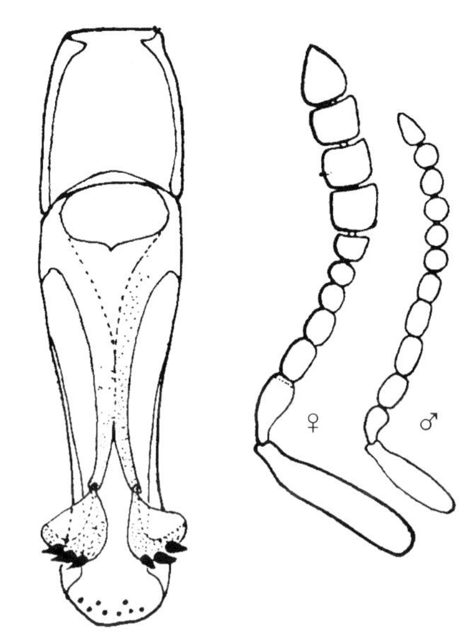

松茸毒蛾黑卵蜂雄性外生殖器（左）和雌雄性触角（右）
（采自陈泰鲁等，1981）

生活习性

在南京1年可繁殖9代。10月中旬到11月上旬以老熟幼虫在寄主卵内越冬。翌年4月上中旬化蛹，4月下旬至5月上旬开始羽化。完成1个世代所需时间，平均温度在20～22℃时28天，23～25℃时19～21天，27～30℃时14～16天。但也受寄主卵内寄生个数影响。成蜂寿命：雌蜂一般约8天，雄蜂约7天，因季节，个体大小、饲料的不同而有差异。羽化率一般均在95%以上。羽化时雄先雌后。雄蜂羽化后，即急于求偶交尾，故徘徊于寄主卵壳之外，待雌蜂羽化后即行交尾。雌蜂产卵时侧扒于寄主卵侧，将产卵管刺入。平均每只雌蜂能繁殖子蜂100头左右，最多391头；平均能寄生卵30粒，最多107粒。每只松毛虫卵内羽化蜂数1～8头，平均3.84头。凡已被产过卵的寄主卵，雌蜂不再产卵。1965年湖南省常德县混交林卵期天然寄生率为20.06%，纯林为12.45%。

寄主

松茸毒蛾、马尾松毛虫、油松毛虫等卵。

分布

江苏、浙江、安徽、江西、湖南、福建、广东。

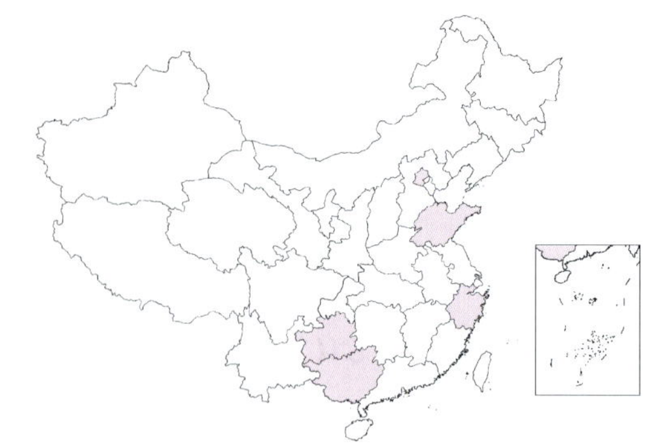

杨扇舟蛾黑卵蜂

Telenomus (Aholcus) closterae
Wu et Chen,1980

形态特征

雌蜂体长0.75～0.90 mm。体黑色，触角及足黑褐色，足的转节、胫节两端及1～4跗节黄褐色。头宽为长的5倍，宽于胸。触角10节，第1节长为宽的5.7倍，为第2节的3.0倍；第2节长为宽的2.0倍，长为第4节的1.8倍；第5节圆形；棒状部5节，由第6～10节组成；第9节宽为第3节的1.5倍；第10节圆锥形。额光滑；触角窝附近具横网纹；头顶具脊，后头向内凹入，头顶具网纹。胸部拱起，具粗刻点；小盾片光滑，四周具稀刻点。胸比腹短，约等宽。腹部第1～2背板基部具纵脊沟；第2背板长稍大于宽，纵脊沟为腹柄长的1/2。雄蜂体长0.75～0.8 mm。体色似雌。但触角及足色浅。触角12节，第2节比第3节短，第4节稍长于第3节，短于第5节，第6节以后逐渐变细，呈念珠状。雄外生殖器抱器上具1个爪，阳茎细长。

生活习性

在野外以成虫越冬，次年3月下旬到4月上旬越冬成虫开始活动。在北京，室内从5月下旬到9月下旬可连续繁殖8代。世代发育因温度不同而异，在25～27℃条件下，完成1个世代需要14～17天；在23.7℃时需20天；而在20.4℃时则需要23天。成虫寿命也与温度有关，在平均温度为26℃左右时，雌虫可生活10～13天，雄虫4～8天；在24℃左右时，雌虫13～18天，雄虫5～9天；而在13℃左右时，雌虫平均寿命长达42天，最长可达50天，雄虫平均为27天，最长39天。相对湿度高低对成虫寿命也有影响，在24℃条件下，相对湿度为81%时，雌虫寿命为18天，而相对湿度在60%时，只能生活14天。成虫羽化多在白天，主要集中在早晨6时到下午2时。羽化率一般在90%～98%，雌性比通常为60%～69%。雌虫羽化当天即可进行交配和产卵，喜欢寻找刚产1～2天的新鲜卵寄生。产卵期长达14～16天，但以前3～7天的产卵数量最多。1头雌虫平均可产卵65～69粒，在1个寄主卵内只发育1头子蜂。此蜂由于越冬期间死亡多及寄主脱节等原因，早春自然界种群数量很少。但从6月中旬杨扇舟蛾第2代卵出现起，一直到9月上中旬第4代卵末期，由于寄主发生世代重叠，野外不缺寄主的卵，加之气温较高，发育周期缩短，黑卵蜂种群数量显著增加，致使第2～4代杨扇舟蛾卵的寄生率逐代增高。

杨扇舟蛾黑卵蜂雄成虫（左）、雌成虫（右）

杨扇舟蛾黑卵蜂卵

寄主

该蜂寄生于杨扇舟蛾、杨小栖舟蛾、苎麻夜蛾等卵。

分布

北京、山东、浙江、广西、贵州。

松毛虫黑卵蜂

Telenomus (Aholcus) dendrolimi
(Matsumura,1925)

形态特征

雌蜂体长0.84～1.26 mm。体黑色；触角及足黑褐色；转节、腿节末端、胫节两端、跗节均黄褐色；前足转节基部及端跗节黑褐色。头略宽于胸，宽为长的3倍；额光滑，仅具网状细纹；头顶具粗刻点；后头向内凹。复眼有毛；两侧单眼靠近复眼眼缘。触角10节，着生于颜面中央下方；第3～10节长为第1节的2倍多；第2节长于第3节；第4节短于第3节，第5节为第3节长的1/2，但长于缘脉的1/3。腹部近椭圆形，第1～2背板基部各具约10条纵脊沟；产卵管伸于尾端外。雄蜂触角黑褐色，较雌虫略浅；触角12节，鞭节念珠状。

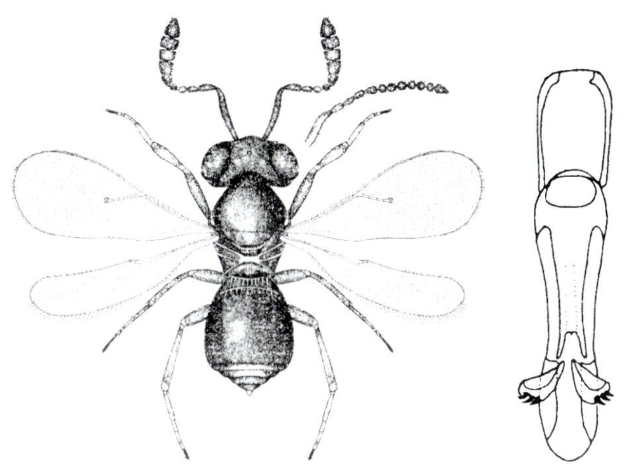

松毛虫黑卵蜂雌成虫（左）（采自祝汝佐,1937）和雄外生殖器正面观（右）（采自陈泰鲁等,1981）

生活习性

在湖南、江西、江苏1年可繁殖12～13代，10月下旬以成虫在树皮缝隙中越冬，翌年4月下旬开始活动。完成1个世代的历期，在7～8月高温季节，只需11～13天，而4月则需23天。在20℃和30℃恒温下繁殖，卵期分别为3天和1天，幼虫期8天和3天，蛹期8天和4天，共19天和8天。在自然变温26～28℃、相对湿度70%～85%时，在寄主卵内个体发育历期为13～15天。温度高于30℃或光线太强时，蜂过分活跃不安定，影响交尾、产卵活动；温度低于10℃，则停止产卵而蛰伏。成蜂羽化均在白天，其盛期为4～10时。雌蜂羽化后即能产卵。大部分卵都集中在羽化后3天内产出。平均每只雌蜂能繁殖后代蜂数50头左右，最多可产卵216粒。一般每头雌蜂寄生松毛虫卵数13粒左右，最多为65粒。喜寄生寄主新鲜卵，其子代数多，羽化率高，雌性比大。在自然变温24～28℃，相对湿度70%～80%的条件下，一般成虫寿命7～15天，最长可达30天。成蜂越冬死亡率很高。1959年湖南省长沙地区调查，第一代卵期寄生率为21.1%，第二代为74.34%，第三代为 76.18%。

寄主

马尾松毛虫、油松毛虫、赤松毛虫、思茅松毛虫、落叶松毛虫等卵，聚寄生。

有松毛虫黑卵蜂羽化孔的马尾松毛虫卵

分布

辽宁、河北、山东、河南、江苏、浙江、安徽、江西、湖北、湖南、四川、福建、广东、广西、贵州、云南；日本，朝鲜。

注 *Telenomus dendrolimiusi* 为本种异名

茶毒蛾黑卵蜂

Telenomus (Aholcus) euproctidis Wilcox,1920

形态特征

雌蜂体长0.65～0.75 mm。体黑色，触角黑褐色（第1～6节稍浅），足黄色（端跗节黄色）。头宽为长的3倍，宽于胸。触角10节；第1节长为宽的4.6倍，为第2节长的2.7倍；第2节长为宽的2.4倍，为第3节长的1.5倍；第3节长为宽的1.6倍，为第4节长的1.2倍；第4节长为宽的1.3倍，为第5节长的1.6倍；第5节最小；棒状部5节，由第6～10节组成；第8和第9节相似。额光滑，四周具刻点。后胸具细皱纹；胸比腹短且稍宽。腹部第1～2背板基部具纵脊沟，第1背板的纵脊沟长为第2背板的1/2；第2背板长大于宽，纵脊沟稍长于第1背板上的。

雄蜂体长0.60～0.65 mm。与雌相似，但触角12节；第2～12节为黑褐色，第1节黄褐色；12节；第2节和第3节等长；第4节和第5节也等长；第6～11节长宽相似，念珠状；第12节圆锥形，长为宽的1.7倍。胸和腹部等长。外生殖器抱器上具3个爪。

茶毒蛾黑卵蜂雌成虫

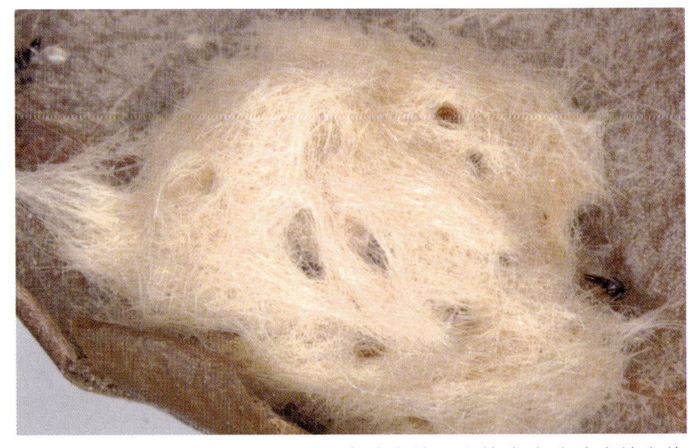

有茶毒蛾黑卵蜂寄生的茶毒蛾卵块

生活习性

在我国南方，在室内4～9月可连续繁殖10余代。10月中旬蜂产的卵发育到1龄幼虫后即在寄主卵内过冬，次年2月幼虫在寄主体内发育，成虫于3月底至4月初羽化。羽化孔为不整齐的圆形。雄蜂羽化早于雌蜂，常守候在寄主卵旁，等待雌蜂钻出即与之交尾。雌蜂与雄蜂均可多次交尾。雌蜂羽化当日即可产卵。成虫喜择新鲜卵粒寄生。为单寄生，通常在每个寄主卵内仅产1粒卵。每头雌蜂平均可产卵38.6粒。雌性比为74.6%～83.8%。可产雄孤雌生殖。由于茶毒蛾卵块卵粒多层，表面又有密盖绒毛，所以被寄生卵粒绝大多数限于表层，尤以贴着叶面的外层卵粒寄生率最高。成虫趋光、喜温、嗜蜜。气温低于15℃时，则群聚或钻入寄主卵块绒毛中御寒；25℃以上，成虫爬行迅速，且善飞翔。在日温平均21～23.5℃和30～31℃时，自卵至成虫羽化需18～22天和10～12天；其中卵期约2～2.5天和1天，幼虫期5～5.5天和3～4天，蛹期10～14天和6～7天。

寄主

该蜂寄生于茶毛虫卵，单寄生。

分布

河南、陕西、浙江、江西、湖北、湖南、四川、福建、广西、贵州；日本。

注 中名有用茶毛虫黑卵蜂

油茶枯叶蛾黑卵蜂

Telenomus (Aholcus) lebedae

Chen et Tong,1980

形态特征

雌蜂体长0.95～1.20 mm，体黑色。触角10节，第6～10节形成棒状，第1～6节为棕黄色，第7～10节为褐色。头部具粗刻点，但复眼下方稍光滑，复眼具细毛。触角窝具横纹。头顶后缘具脊，向内弯入。中胸背部卵圆形拱起，上具粗刻点和毛。小盾片半月形。腹部第1节背板基部及第2节背板近基部1/4中央具纵脊沟，其余各节光滑。

雄蜂体长0.75～0.95 mm，体色比雌蜂稍浅。触角12节，第1～7节黄褐色，第8～12节黑褐色；第1节粗短；第2节长为第3节的1.5倍；第4、5节较宽大；第5节端部变宽，内侧上方具突起；第6～11节各节相似，圆形；第12节圆锥形。

油茶枯叶蛾黑卵蜂雌成虫

生活习性

在湖南油茶枯叶蛾卵的自然寄生率一般达15.75%。1年发生10～11代。10月下旬至11月上旬开始蜂以幼期在卵内越冬。越冬代成虫于4月上、中旬羽化。雌蜂羽化当天即可产卵，多集中在4天内产完，以第2天产卵为多。蜂产卵时多从寄主卵的向光面或侧面产入。一般在早晨和上午产卵较多，处于黑暗时则不寻找寄主卵。1头雌蜂最多可产卵498粒。一寄生卵内发育的蜂数，视卵的大小而不同；松毛虫卵平均4.6头；油茶枯叶蛾卵平均14.2头；而可作为人工繁殖的寄主，柞蚕卵平均28.2头蜂，樗蚕卵平均5.3头；栗黄枯叶蛾卵最多3头，最少1头。雌性比高达90.32%。温、湿度与成蜂的寿命、产卵量和子蜂的羽化率有密切关系。完成1代所需时间随温度而异，日温平均31.2℃时，需13天；28.1℃时15天；25℃时17天；21.3℃时23天；18.4℃时29天；15℃时46天。

油茶枯叶蛾黑卵蜂雄成虫

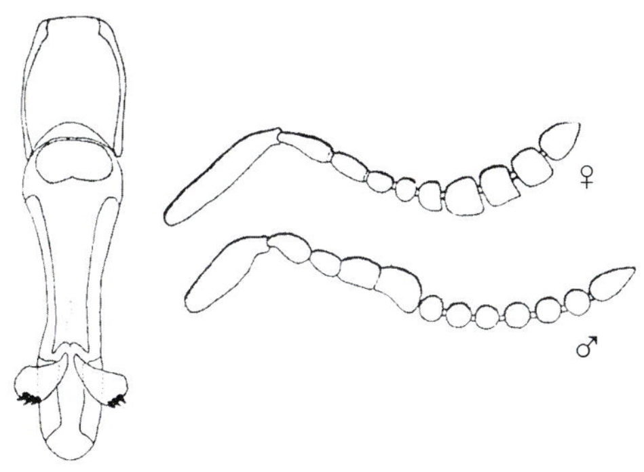

油茶枯叶蛾黑卵蜂雄外生殖器（左）和雌雄性触角（右）

（采自陈泰鲁等，1980）

寄主

油茶枯叶蛾、马尾松毛虫和竹镂舟蛾。

分布

湖南、广东。

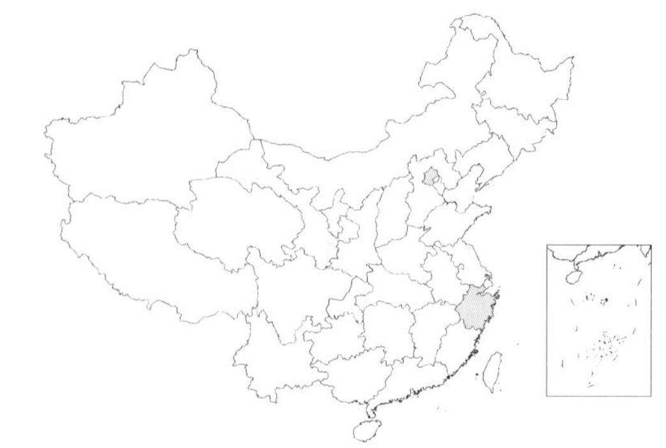

野蚕黑卵蜂

Telenomus (Aholcus) theophilae
Wu et Chen,1980

形态特征

雌蜂体长0.95～1.0 mm。体黑色，触角及足黑褐色，足的转节及胫节两端、第1～4跗节均黄色。头宽为长的3.5倍，头宽于胸。触角10节；第1节长为宽的5倍，长为第2节长的2.6倍；第2节长为宽的1.4倍，长为第3节长的1.2倍；第3节长为宽的2.3倍，长为第4节长的1.6倍；第4节长为宽的1.3倍，长于第5节；棒状部5节，由第6～10节组成，第7节最大，第8～9两节相似，第9节宽为第3节宽的1.8倍。额具细网纹，头顶具粗网纹；后头弯，无脊。胸部拱起，卵圆形，与腹部长宽相似，具密的粗网纹；小盾片光滑。腹部1～2背板基部具纵脊沟；第2背板长宽相等，纵脊沟仅达全长的1/6。

雄蜂体长0.9～0.95 mm。体色似雌；触角12节，第2与第3节相似，第4与第5节相似，第6～11节念珠状，各节长短相似，第12节圆锥状，长为宽的2.3倍。雄外生殖器的抱器具3个爪；阳基长为阳茎的2.4倍，为基环的2.6倍，腹中突端部中央凹陷浅。

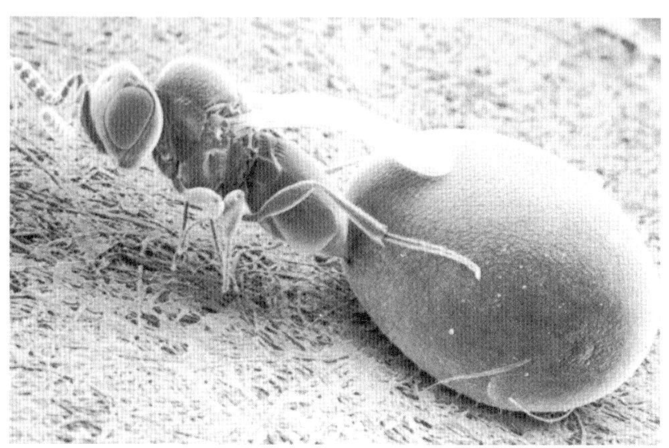
野蚕黑卵蜂产卵状电镜扫描（高其康先生提供）

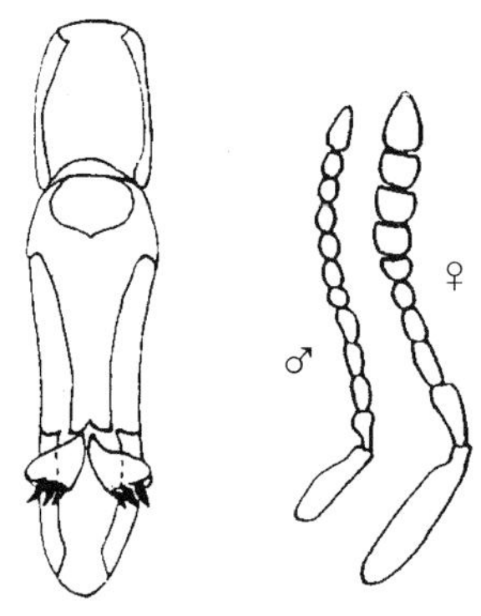

野蚕黑卵蜂雄外生殖器（左）和雌雄性触角（右）（采自陈泰鲁等,1980）

生活习性

该蜂是桑园重要害虫野蚕的主要卵期寄生蜂，田间寄生率较高，寄主专一。1985～1987年在浙江杭州和海宁调查，卵粒寄生率在越冬代为10.5%～22.4%，在发生代为33.4%～39.0%。以1龄幼虫在越冬野蚕卵内过冬，翌年4月底5月初开始羽出。杭州田间养虫室内1年可繁育10代，以第10代幼虫越冬，平均每代历期约20天，雌性比80%左右。25℃下不滞育，用家蚕卵作寄主，1年可繁殖18代，平均每代历期约19天，其中卵期30小时，1龄幼虫期2天，2龄幼虫期3天，预蛹期1天，蛹期10～13天。个体发育中，卵及胚胎的形态改变较大，幼虫只2龄，1龄幼虫无特殊器官结构。生长发育适温范围20～30℃，此范围内，雌雄蜂发育起点温度分别为8.877和8.573℃，有效积温分别为297.03和294.14日度。发育历期同温度关系呈S型曲线。此蜂可行产雄孤雌生殖。室内饲养，多于2～8时羽化。25℃下，喂蔗糖液，平均寿命约45天，产卵期约20天。可以家蚕卵为寄主饲养，每雌寄生卵数约51粒，产仔数62头左右，产卵第1天（羽出第2天）产仔最多，以后渐减少，平均每寄生卵出蜂1.21头。

寄主

野蚕 *Therphila mandarina* 卵，单寄生。

分布

北京、浙江。

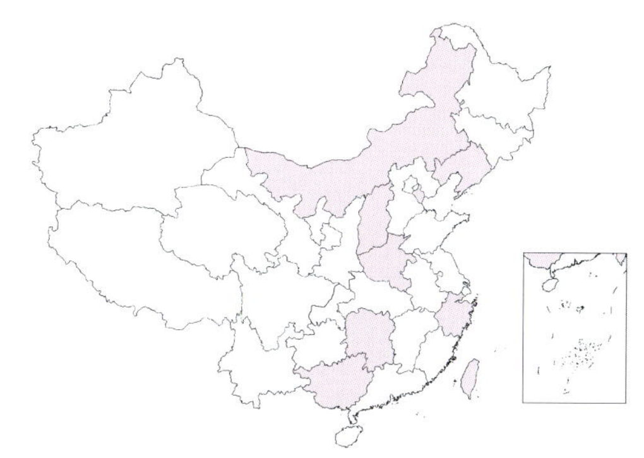

具瘤爱姬蜂

Exeristes roborator Fabricius,1793

形态特征

雌蜂体长9～11 mm，雄蜂约8.0 mm。体黑色或腹部带暗红褐色。足通常红黄色；但基节色泽黑至红黄色，变化大；后足端跗节烟褐色。翅透明，稍带烟黄色；翅基片黄色，翅痣基部黄色，其余黑褐色。

颜面宽大于长，具中等刻点，上方中央膨出；雌蜂唇基端部中央凹入；雄蜂唇基端缘中央有一小瘤状齿；触角26节；额的刻点较强而密。后头脊强，中央下斜。胸部坚实，满布强刻点，但前胸背板除后角外光滑，中胸侧板的较稀疏。盾纵沟约伸至0.4处。并胸腹节基部0.35中纵脊强，而后向外侧方分开，脊之间具浅漕，脊之两侧具夹点刻皱，脊之后具横刻条。小翅室亚三角形；小脉在基脉对过；后小脉在上方0.3～0.4处曲折。腹部密布粗刻点，所有背板宽均大于长。第1背板宽为长的1.6倍，背中脊强伸至倾斜部，背侧脊退化；第2～5背板端缘光滑横带约为背板长的0.15；第3～5背板的瘤明显。产卵管圆柱形，端部稍膨大；背瓣近端部有一小瘤状突起。

具瘤爱姬蜂雌成虫

生活习性

在北京，寄生于梨云翅斑螟越冬幼虫茧内的具瘤爱姬蜂幼虫，于翌年4月下旬大量羽化为成虫。成蜂交配后，产卵于寄主幼虫体表，并不影响该寄主幼虫继续取食、发育，仍能照常结茧。此蜂幼虫在寄主幼虫成长后孵化，将头埋于寄主幼虫体表内吸取其内含物。蜂幼虫成长迅速，老熟时寄主已被吃得只剩表皮，旋即在寄主茧内结茧。单寄生。

寄主

在我国已知寄主有：梨云翅斑螟、款冬螟、二点螟和樟子松木蠹象。据记载国外还有松顶小卷蛾、杨干隐喙象、天幕毛虫聚瘤姬蜂、草地螟、欧洲玉米螟、欧洲松梢小卷蛾等20多种寄主。

具瘤爱姬蜂雄成虫

分布

辽宁、内蒙古、天津、山西、河南、浙江、湖南、台湾、广西；印度，巴基斯坦，密克罗尼西亚，欧洲。

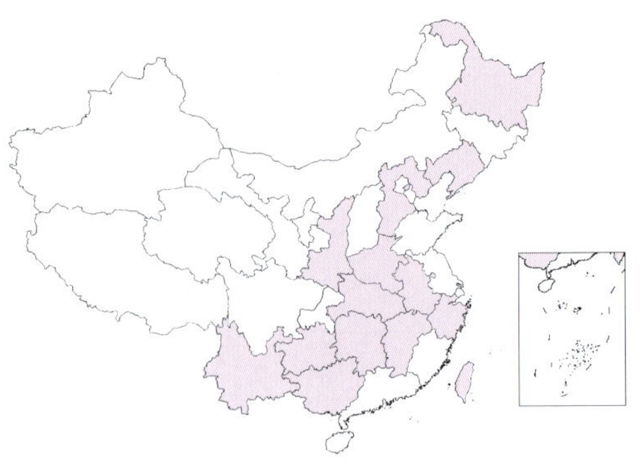

喜马拉雅聚瘤姬蜂

Iseropus himalayensis (Cameron,1899)

形态特征

前翅长7～9 mm。头、胸部黑色。唇基黄褐色。触角大体黑褐色，鞭节基部数节下面带黄色。前胸背板后上角及翅基片黄色。翅浅黄色透明，翅痣暗褐色至褐色。足的基节、转节、腿节红黄色，胫节和跗节浅黄色。后足胫节近基部和端部的1/3及各跗节的末端和爪黑褐色。腹部黑色，第2～4节略带暗褐色。产卵管红褐色。复眼内缘稍凹；颜面中央稍纵隆；唇基端缘深凹；触角短于体长。小盾片隆起；并胸腹节中央有2条纵隆脊，仅伸到中央，其间稍凹而平滑，外侧刻点稀而大。小翅室四边形。腹部稍扁；第1背板后缘的宽与其长相等，前半部有背中脊，第1～6背板具致密刻点，各节后缘及第2节前缘光滑，第2～6背板两侧各具1个不甚明显的瘤状突起；产卵管鞘长约为后足胫节的2倍。

茧　丝绒质；红褐色；长15 mm；两端尖，中间粗；成堆紧贴于寄主茧内。

喜马拉雅聚瘤姬蜂雌成虫（上）和雄成虫（下）

生活习性

在黑龙江、吉林东部山区落叶松人工林内通常1年发生2代。以老龄幼虫在茧内的寄主幼虫体表越冬。越冬代成虫于5月中、下旬羽化，寻找天幕毛虫、舞毒蛾等幼虫寄生。第一代蜂于6月中、下旬出现，寄生落叶松毛虫幼虫。7月下旬以后，蜂老龄幼虫于寄主幼虫茧内做茧越冬。个别1年发生1代，越冬代成虫于6月中旬羽化，寄生松毛虫幼虫，以蛹在茧内越冬。成虫多在中午羽化，可很快寻偶交尾。交尾后如遇晴天，便寻找寄主产卵。产若干卵于老龄寄主幼虫的背部前端，产卵前注入毒液使寄主幼虫暂时处于麻痹状态，被产卵后的老熟寄主幼虫很快结茧，不能化蛹。蜂的幼虫孵化后，即在寄主体外吸取内含物，致使寄主幼虫很快萎缩。迅速长大的蜂的幼虫，即在寄主茧内结茧，由于数量较多，茧有时挤得很紧实。雌性比为61%。每只雌蜂产卵16～46粒。1头天幕毛虫幼虫出蜂6～11头；1头落叶松毛虫幼虫出蜂多达39头。成虫喜取食椴、榛、蒲公英、苦菜等植物花粉。因此，下木、杂草稀少的落叶松纯林，蜂种群密度小，寄生率只有混交林的一半。林分立地条件对蜂产卵与活动影响很大。该蜂的寄生蜂有广肩小蜂和金小蜂，其寄生率分别为11.3%和7.1%，对喜马拉雅聚瘤姬蜂种群有一定的抑制作用。

寄主

赤松毛虫、马尾松毛虫、落叶松毛虫、油松毛虫、柞蚕、樗蚕、柳大蚕蛾、茶蓑蛾、天幕毛虫、舞毒蛾幼虫等。

分布

黑龙江、辽宁、河北、河南、陕西、浙江、安徽、江西、湖北、湖南、台湾、广西、贵州、云南；朝鲜，日本，印度。

注　*Gregopimpla himalayensis* 和 *Iseropus satanas* 为其异名

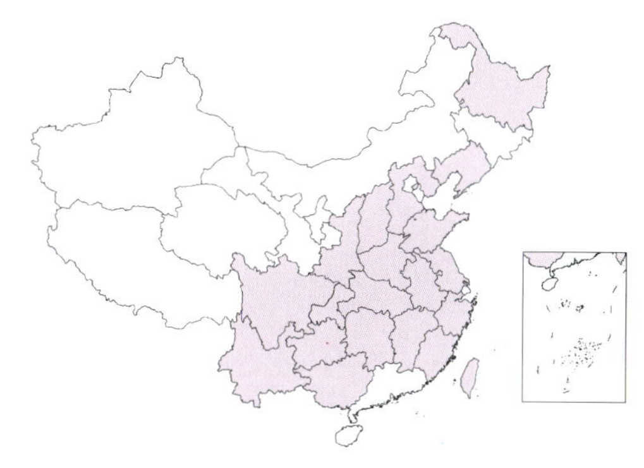

桑蟥聚瘤姬蜂

Iseropus kuwanae (Viereck,1912)

形态特征

体长雌蜂 9～10 mm，雄蜂 5～8 mm。头、胸部黑色；触角柄节、鞭节基部背面黑褐色，下面黄色，端半黄褐色；前胸肩角及翅基片黄色。翅透明略带黄色，翅痣淡黄色，翅脉黄褐色。足淡黄色；中后足基节、后足腿节和转节赤黄色；前足基节基部、后足胫节近基部和末端、各跗节末端和爪黑褐色。腹部全黑，或赭褐色有黑色后缘。颜面光滑，无纵隆起；触角雌蜂 25 节，雄蜂 23 节。并胸腹节中央有 2 条明显细纵脊，其间前方光滑，后方有细皱。前翅小翅室四边形；后小脉在中央至下方0.4处曲折。腹部长约为头、胸部之和的1.5倍；第 1 背板后缘宽大于长，后方中央不甚隆起；第 2、3 背板后缘宽明显长于该节长度。产卵管鞘长约为腹长的 0.8 倍、为后足胫节的 2.0 倍。

桑蟥聚瘤姬蜂雌成虫（上）和雄成虫（下）

生活习性

此蜂为聚寄生，数个或 20 余个茧集聚成一块。以桑蟥为例，此蜂于 11 月下旬以蛹在第 3 代桑蟥茧内过冬，次年 4 月上旬羽化，雌性比 60%。成虫寿命雌蜂 16～64 天，雄蜂 12～43 天。羽化当天即交尾，次日开始产卵于寄主节间膜上，即将化蛹的老熟幼虫最适于寄生。一寄主上产卵 3～5 粒，约经 5 天孵化，吸取体汁，桑蟥被寄生后仍能结茧，但不能化蛹。蜂幼虫历期约 1 周成熟，吐丝作灰黄色茧于桑蟥茧内，化蛹其中。非越冬代蛹约经1周羽化，越冬蛹经5～6个月羽化。成虫活动期从 4 月上旬至 11 月下旬。在南京桑园内，第3代桑蟥幼虫寄生率有的高达47.3%。在茶蓑蛾袋囊中发现的此蜂，一寄主有多达 26 头蜂，亦有仅 1、2 头，寄生率有达 44.5% 的。在其他寄主上，寄生率一般都不高。在浙江，从此蜂茧中可育出单齿小蜂 *Monodontomerus* sp.、广肩小蜂 *Eurytoma* sp.和柄腹姬小蜂 *Pediobius* sp.等重寄生蜂。

桑蟥聚瘤姬蜂茧

寄主

有柑橘长卷蛾、苹褐卷蛾、桑绢野螟、茶蓑蛾、茶小蓑蛾、桑蟥、杨扇舟蛾、马尾松毛虫以及二化螟、稻纵卷叶螟、稻毛虫、稻苞虫、棉红铃虫等。

分布

黑龙江、辽宁、河北、山东、山西、河南、陕西、江苏、浙江、安徽、江西、湖北、湖南、四川、台湾、福建、广西、贵州、云南；日本。

注 曾名桑蟥瘤姬 *Gregopimpla kuwanae*

密点曲姬蜂

Scambus (Scambus) punctatus
Wang et Yue,1995

形态特征

体长7.5～8.5mm。体黑色。唇基黑色，下唇须和下颚须淡黄色。触角26节，黑褐色，节间淡黄色。除柄节、梗节和鞭节第1节外，其余各节都有深褐色棒形斑。并胸腹节短。前翅第2回脉由小翅室外角基侧生出。翅痣三角形，深褐色，其前后角为浅褐色。小翅室近长方形。前足胫节末端膨大，爪有一较大的基齿。产卵器稍侧扁，略超过体长。腹瓣末端基方的背结与产卵器纵轴之间呈一定角度，腹瓣具12齿。雄虫外生殖器近倒梯形，阳茎长于抱握器。

生活习性

在内蒙古1年发生1代，以老熟幼虫多在被樟子松木蠹象幼虫为害后落地的樟子松球果内越冬，次年5月中旬化蛹。日均15℃以上时成虫开始羽化，6月中旬为羽化盛期。6月中旬出现卵，6月下旬孵化为幼虫，历时约35天，于8月中旬以老熟幼虫越冬。成虫多在早晨6时左右羽化，白天在林内活动。雌性比为50%。雌虫多在白天产卵，产卵时先用触角敲击球果表面，当找到球果象甲产卵孔后，便将产卵管插入孔内产1粒卵，随后重复数次，在1个孔内最多可产卵8次。1头雌虫一生可产卵40多粒。成虫寿命一般为10～15天。卵期10天左右。幼虫孵化后，先在象甲产卵孔内滞育，直到象甲幼虫老熟或变蛹才爬到象甲幼虫体表寄生，吸取寄主体内营养物质，直至吸干为止。1个球果内一般寄生1～2个曲姬蜂幼虫，最多有5个。幼虫共5龄。曲姬蜂的寄生率，随立地条件和虫口密度不同而异，一般为20%～30%，最高可达45%，个别地段可高达70%。可采用人工保护和助迁方法，即于8月中旬收集被害落地的球果，将收集的被害捕杀羽化的象甲，后于9月中下旬至次年4月底将此球果撒在防治区地上，以增加林内曲姬蜂的数量。有较好防治效果。

密点曲姬蜂雌成虫

寄主

此蜂寄生于樟子松木蠹象幼虫。

分布

黑龙江。

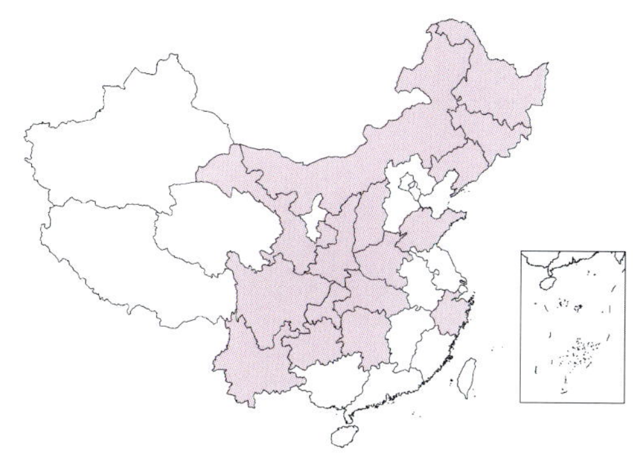

松毛虫埃姬蜂

Itoplectis alternans spectabilis
(Matsumura,1926)

形态特征

前翅长5～9 mm。体黑色。触角鞭节褐色。前胸盾片后上角、翅基片、腹部第6、7背板的后缘均为白黄色。翅透明，翅痣黄色。足大致黄白色至黄色，后足胫节基部及端部、跗节各分节的端部黑褐色。复眼内缘在近触角窝处明显凹陷；额较光滑；颜面较隆起，具较密刻点；唇基中央凹陷。前胸背板光滑；中胸盾片刻点较细而浅，无盾纵沟；并胸腹节中部光滑，两侧具细小刻点，无隆脊。小翅室四边形，后小脉在上方曲折。足较粗壮，中、后足的爪无基齿。腹部扁平，具致密的刻点；第1背板前半部具2条纵脊，自前角伸向中央。产卵器直而粗壮，其长为第2背板的2倍。

松毛虫埃姬蜂雌成虫

生活习性

作为原寄生蜂，从害虫蛹内羽化，但也有作为重寄生蜂，从害虫寄生蜂所结的茧内钻出。单寄生。

寄主

该蜂寄生于马尾松毛虫、赤松毛虫、落叶松毛虫、油松毛虫、舞毒蛾、松梢斑螟、褐卷蛾、水曲柳巢蛾、落叶松卷蛾、葡萄长须卷蛾、落叶松鞘蛾、柑橘褐带卷蛾、梨小食心虫，也有作为重寄生蜂寄生于松毛虫幼虫寄生蜂松毛虫黑胸姬蜂及黑足凹眼姬蜂等。

分布

黑龙江、吉林、辽宁、内蒙古、山东、山西、河南、陕西、甘肃、浙江、湖北、湖南、四川、重庆、贵州、云南；蒙古，朝鲜，日本，俄罗斯（东部）。

松毛虫埃姬蜂雄成虫

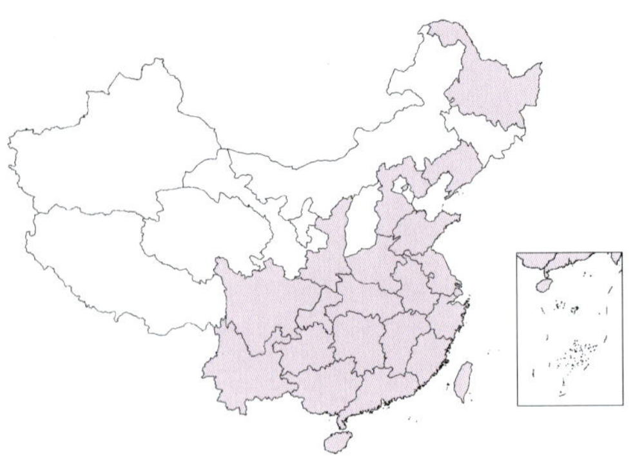

满点黑瘤姬蜂

Coccygomimus aethiops (Curtis,1828)

满点黑瘤姬蜂雄成虫

满点黑瘤姬蜂雌成虫

形态特征

体长一般15～17 mm。体黑色；触角梗节、唇基大部分赤褐色。翅基片黄至黄褐色；翅痣深褐色。足黑褐至黑色；前足腿节外侧和胫节黄至黄褐色；前足跗节、中足腿节末端和胫节赤褐色至黄褐色。头顶刻点密而浅；额稍凹陷，中央有细纵沟，近触角窝处有一平滑小区；复眼在近触角窝处稍凹陷。中胸盾片密布细刻点和棕色细毛。并胸腹节刻点粗大，中央基部的2条纵脊消失，侧毛棕黑色。腹部较扁平，无光泽；第1背板基部1/3光滑，其余部分刻点细而密；第2～5背板刻点细密且直至后缘，而本属其他种背板刻点不达后缘，即后缘有光滑的区域，从而可以区别。产卵管鞘约为后足胫节长的9.8～1.05倍。

生活习性

在我国农区和林区均常见。单寄生。为幼虫－蛹期寄生蜂。蜂产卵于寄主的老熟幼虫或初蛹体内，一般仅产1粒蜂卵，如为老熟幼虫仍可继续发育成蛹。卵孵化后，幼虫即在蛹内取食，成熟后仍在寄主蛹内化蛹，头朝前，羽化孔在寄主蛹前端，近圆形，有不规则缺刻。

寄主

此蜂寄生于桑绢野螟、亚洲蓑蛾、茶蓑蛾、樗蚕、野蚕、天幕毛虫、赤松毛虫、竹缕舟蛾、银纹夜蛾，以及稻纵卷叶螟、粘虫、大螟、稻苞虫、稻眼蝶等害虫。

分布

黑龙江、辽宁、河北、山东、河南、陕西、江苏、上海、浙江、安徽、江西、湖北、湖南、四川、台湾、福建、广东、海南、广西、贵州、云南；朝鲜，日本，欧亚大陆。

注 *Pimpla aethiops*和*Pimpla (Pimpla) parnarae*为其异名

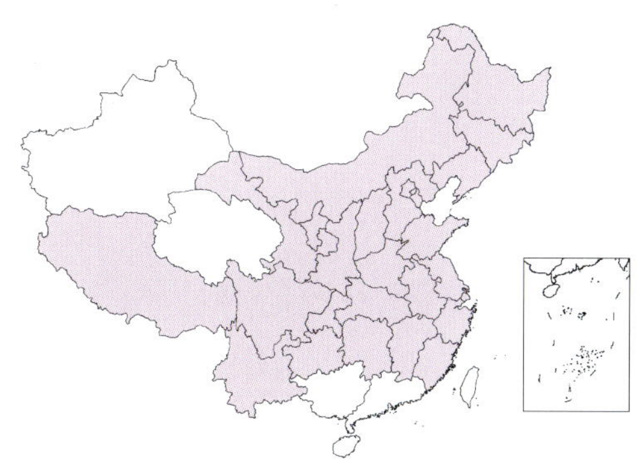

舞毒蛾黑瘤姬蜂

Coccygomimus disparis (Viereck,1911)

形态特征

体长9～18 mm。体黑色；触角梗节端部赤褐色；前中足腿节、胫节及跗节，后足腿节（末端黑），有时各背板后缘光滑部分赤褐色；翅基片黄色；翅痣黑褐色，两端角黄色。体密布刻点和白色细毛；颜面基半稍呈屋脊状隆起；唇基端半光滑；雄蜂触角第6、7鞭节具角下瘤。并胸腹节刻点粗，在两侧近于网状细皱纹，基部具2条短中纵脊，纵脊之后多横皱。雌蜂前足第4跗节端部缺口深。腹部各背板后缘光滑而无刻点；第1背板背中脊细而不明显；第2、3背板折缘狭，第4、5背板折缘稍宽；产卵管鞘长为后足胫节的0.82倍。

舞毒蛾黑瘤姬蜂雄成虫

生活习性

以幼虫在寄主蛹内越冬。在山东烟台调查，1年可完成4～5个世代。4月下旬成虫开始出现，产卵于寄主预蛹或蛹体内，5月底到6月上中旬羽化出第Ⅰ代成虫，此后在7月中下旬、8月中下旬及9～10月间均可见到成虫。在上海越冬代成虫于4月上中旬开始陆续羽化。在室内25℃条件下，蛹期为8天；成虫寿命很长，用蔗糖水饲育时，雌、雄蜂平均分别为52.5（35～73）天和40.7（28～57）天。1973～1974年在江苏镇江臭椿皮蛾的越冬蛹中，75%被此蜂寄生，雌性比83.3%。寄主蛹内的蜂越冬幼虫，3月上旬变预蛹，1～4天后化蛹，蛹期24～30天，平均26.5天，于4月上旬开始羽化。产卵时拱起腹部，将产卵管刺入寄主预蛹或初蛹内。通常在1个蛹内只产1粒卵，单寄生。在杭州，5月下旬接种于菜粉蝶，完成一代历期34天。

舞毒蛾黑瘤姬蜂雌成虫

寄主

此蜂为常见的林木害虫寄生蜂，寄主有马尾松毛虫、赤松毛虫、舞毒蛾、山楂粉蝶、天幕毛虫、柑橘凤蝶、樗蚕、蜓豹尺蠖、薄翅绢蝶、丝棉木金星尺蠖、丝棉木巢蛾、桑透翅蛾、枇杷黄毛虫、杨扇舟蛾、臭椿皮蛾、梨星毛虫、黄斑长翅卷蛾、褐卷蛾、花棒毒蛾、大蓑蛾、鼎点金刚钻、枣镰翅小卷蛾、素毒蛾、亚洲蓑蛾、云杉球果螟、松皮小蠹蛾、乌嘴壶夜蛾、美国白蛾、桃蛀野螟、金凤蝶、云杉黄卷蛾、冷杉银卷蛾、梨小食心虫、侧柏毒蛾、雀茸毒蛾和油茶枯叶蛾及农业害虫菜粉蝶、多点粉蝶等。

分布

除青海、新疆、台湾、广东、广西、海南不明外，在我国其他省（自治区、直辖市）都有分布。

注 学名曾用 *Pimpla (Pimpla) disparis*

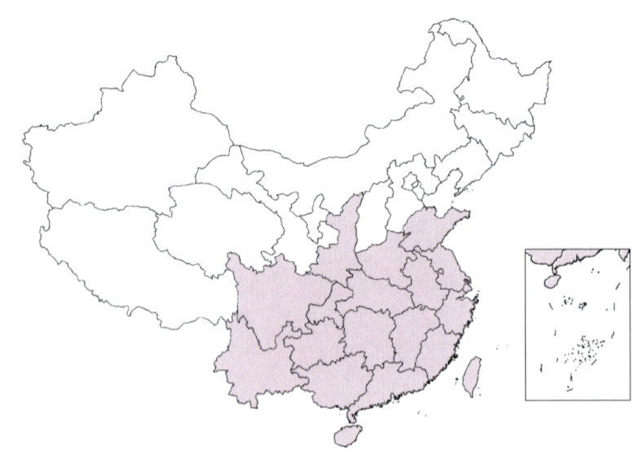

松毛虫黑点瘤姬蜂

Xanthopimpla pedator Fabricius,1775

形态特征

前翅长8～15 mm。体黄色。单眼区、额的一部分、头顶后方和后头上方黑色。触角柄、梗节背方及鞭节几乎黑色。胸部和腹部斑纹如图，甚少第2背板无黑斑；雄蜂第7节具 1对大斑。后足腿节近端部有黑斑，胫节基端和基跗节基端黑色。产卵管鞘黑色，基方0.3的背面黄色。头部在两个触角窝下方各有1条垂直的低脊。盾纵沟前端的横脊锋锐，盾纵沟长约为该脊宽的1.5倍。小盾片锥状，锥顶圆钝；两侧镶边颇高。并胸腹节在气门前方有一近圆锥形隆起；中区略呈六边形，分脊在中央稍后方。小翅室封闭。腹部第3、4背板刻点通常密而较小。产卵管鞘较直，其长度约为后足胫节的0.82～1.2倍。

松毛虫黑点瘤姬蜂雌成虫

生活习性

单寄生。1年发生2～3代，蜂以老熟幼虫在寄主蛹内越冬。4月间化蛹，5～6月为羽化盛期，广东、广西则更早。蜂产卵于松毛虫老熟幼虫或预蛹内，在蛹期羽化。羽化孔在蛹前端。单寄主。夏天1代要30多天，成虫寿命一般6～10天，最长17天。据在浙江衢州、龙游2年系统调查，该蜂寄生率最高为26.8%，占蛹期天敌第2位，仅次于寄蝇。浙江长兴第2代蛹上有高达32.34%的记录。该蜂可被单齿小蜂 *Monodontomerus* sp.聚寄生。

松毛虫黑点瘤姬蜂雄成虫

寄主

该蜂寄生于马尾松毛虫、油松毛虫、杉小毛虫、茶茸毒蛾、樟蚕、柑橘凤蝶等林木害虫和二化螟、稻毛虫和稻苞虫等农业害虫的蛹。

分布

山东、河南、陕西，江苏、上海、浙江、安徽、江西、湖北、湖南、重庆、四川、台湾、福建、台湾、广东、广西、海南、贵州、云南，香港；东南亚。

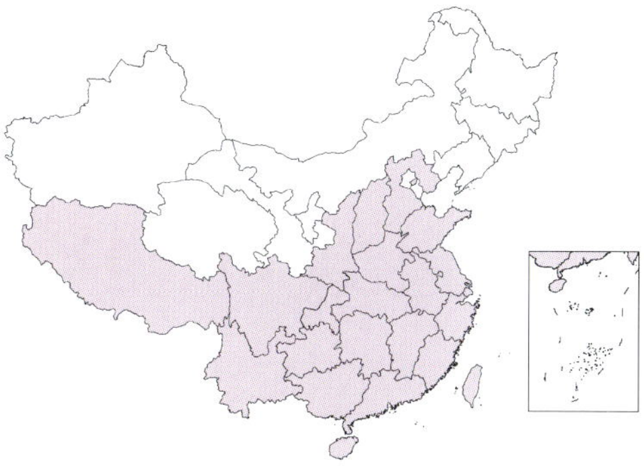

广黑点瘤姬蜂

Xanthopimpla punctata (Fabricius,1781)

形态特征

前翅长5.5～11 mm。体黄色，具黑斑。单眼区黑色。胸部和腹部的黑色斑纹如下：中胸盾片具黑色横纹，有时间断呈3个斑点；并胸腹节几乎都有1对黑斑，腹部第1、3、5、7各节均有1对黑斑，雌蜂有时第4节、雄蜂常常第2和第6节也有1对小黑斑或褐斑。后足胫节基端黑色。产卵管鞘黑色。中胸盾片在盾纵沟前端的横脊颇高，盾纵沟长约与该脊宽相等。中胸盾片在2个翅基片之间表面光滑无微毛。小盾片高度隆拱，两侧的镶边向后方变低。并胸腹节中区长约为宽的0.56倍，分脊在近于中区后侧角处连接。小翅室封闭。中足和后足爪的最粗一根刚毛末端不扩大。后足胫节端部0.3左右除端缘外大约还有4～8根分散的粗刚毛。产卵管鞘长约为后足胫节的1.8倍，微弯。

广黑点瘤姬蜂雌成虫

生活习性

蜂产卵于成长幼虫体内，寄主仍能正常化蛹。蜂幼虫在寄主蛹内取食，完成发育后亦在蛹内化蛹。羽化后咬破寄主蛹前端外出。单寄生。以稻苞虫为例，被此蜂的寄生率常在20%以上，高的可达42.9%；稻苞虫个体较大，子蜂雌性高，而寄生于较小寄主的，子蜂个体则小且雄性多。曾发现与寄蝇或与稻苞虫腹柄姬小蜂共寄生于一蛹内的，也有被横带沟姬蜂、次生兔唇姬小蜂寄生的。

广黑点瘤姬蜂雌成虫

寄主

寄生马尾松毛虫、茶青带毒蛾、桑绢野螟、橘黄绿凤蝶、茉莉叶螟、松古毒蛾、杨扇舟蛾、沁茸毒蛾、棉古毒蛾等林木害虫和稻苞虫、稻纵卷叶螟、二化螟、棉大卷叶螟、棉小造桥虫、鼎点金刚钻、棉红铃虫、高粱条螟、二点螟、甘蔗小卷蛾、亚洲玉米螟、粟穗螟、甘薯茎螟、稻螟蛉、大螟、稻显纹纵卷水螟、瓜绢野螟等农业害虫。

分布

河北、山东、山西、河南、陕西及长江流域及以南（包括西藏）各省（自治区、直辖市）；广布东南亚。

斑翅马尾姬蜂

Megarhyssa praecellens (Tosguinet,1889)

形态特征

体长20～44 mm。头、胸部黄色；头顶一横条、沿后头脊黑色；触角暗红色；前胸背板中央纵条、中胸盾片（除4纵条黄色）、中胸侧板沿前上后缘、并胸腹节（除基部中央狭纵条和端部半圆形斑黑褐色）均赤褐色。腹部背面赤褐色；第1、2背板端部三角形大斑、第3～5背板中后部的2个短椭圆形横斑、第6～7节亚端部侧方长椭圆横斑均黄色。前中足黄色，腿节下方及跗节黄褐色；后足黄褐色，基节上方黄色。翅带烟黄色，径室及下方有烟褐色大斑（雄性无）；翅痣黄褐色。颜面具刻点，上方隆起部有1条细中脊；唇基端缘有1个中瘤；额中央具细横皱；头部在复眼之后稍膨出。前胸背板光滑；中胸盾片中央平坦，满布强横刻条，侧方为短横突起，前方水平面与垂直面约呈75°角；小盾片、中胸侧板上部及后胸侧板近于光滑。并胸腹节光滑无脊。腹部细长；第1背板长约为端宽的1.4倍，光滑；其余背板一部分有细皱或细刻点、细刻条；第3背板端缘中央稍凹；第4、5节端角为60°～80°。产卵管鞘长为前翅的1.5～2.0倍。

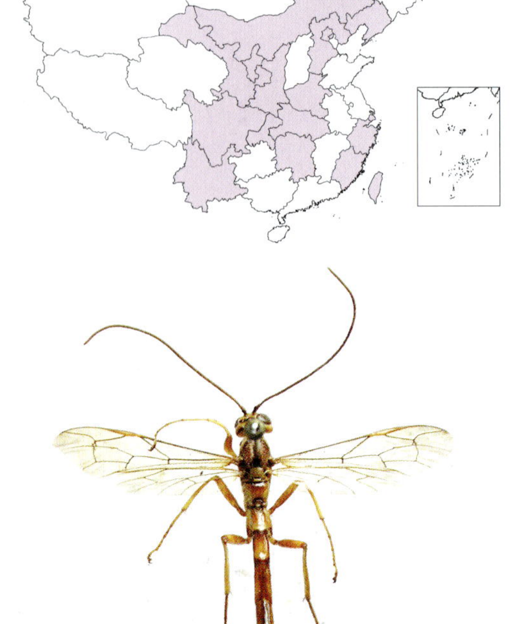

斑翅马尾姬蜂雄成虫

生活习性

在河南许昌，1年发生2代，以幼虫在柳黑扁脚树蜂幼虫体上越冬，次年4、5月间大量取食内含物，发育迅速，老熟后在虫道中化蛹。5月初成虫羽化，咬孔外出。成虫常群集在衰弱的树干上寻找寄主。当发现树干内有树蜂幼虫时，雌蜂则用后足帮助产卵管插入有寄主之树皮孔内，产卵于寄主树蜂体表。单寄生，每头寄主上仅产卵1粒。幼虫孵化后，以寄主体液为食。8月发生当年第1代成虫，并以这代幼虫越冬。

斑翅马尾姬蜂雌成虫

寄主

该蜂寄生于日本树蜂、朴树树蜂、泰加大树蜂、柳黑扁足树蜂等幼虫。

分布

辽宁、内蒙古、北京、河北、河南、陕西、宁夏、甘肃、上海、浙江、湖北、湖南、四川、重庆、台湾、福建、云南、香港；俄罗斯（西伯利亚）、朝鲜、日本，越南、老挝。

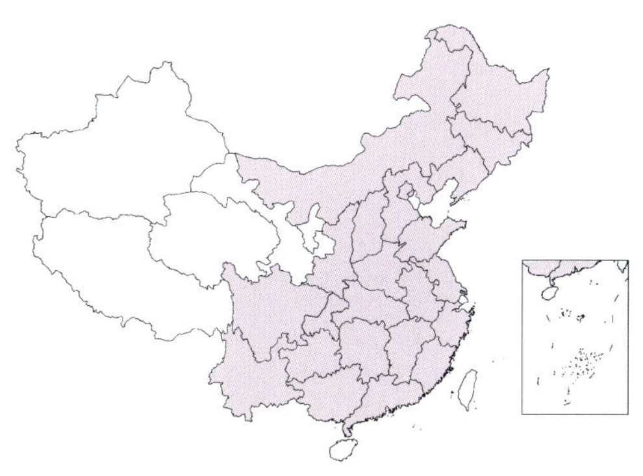

黑足凹眼姬蜂

Casinaria nigripes (Gravenhorst,1829)

形态特征

体长9～10 mm。体黑色。翅透明。足黑褐色；前足腿节、胫节及跗节，中足腿节末端、胫节（除末端）及跗节，后足胫节中段黄褐色；后足胫节基部黄白色。腹部第2背板窗疤及近后缘和第3、4背板赤褐色，腹面黄色，有黄褐色至暗褐色斑。头横宽，双晶形，下方渐狭；复眼在触角窝处明显凹陷。中胸盾片呈球面隆起，无盾纵沟；中胸侧缝中段明显凹陷，中胸侧板凹亦呈沟状凹槽，槽内多细横脊。并胸腹节多长毛，中央有明显纵凹槽。前翅小翅室稍呈四边形，上有短柄；后小脉不截断。腹部向末端稍呈棒状；第1节基部柄状，侧缝不达基部上缘，无腹柄侧凹；第2背板与第1背板等长，长为端缘宽的2倍，窗疤呈陀螺形；产卵器短，不伸出腹端。

黑足凹眼姬蜂雌成虫

黑足凹眼姬蜂茧

生活习性

在江苏南京马尾松毛虫上1年可完成5个世代，11月下旬以第5代幼虫在3～4龄马尾松毛虫幼虫体内越冬。次年3月下旬幼虫老熟，从寄主体内钻出往往在寄主尸体旁结茧化蛹。茧圆筒形，两端钝圆，长8～9 mm，径3.5～4 mm；灰白色，两端黑色，近两端1/4处各有许多黑斑形成2条环状斑。越冬代成虫及第1～4代成虫分别于4月上旬、5月中旬、7月上旬、8月中旬和10月中旬出现。在23℃时，卵和幼虫的发育历期为28天，预蛹和蛹期10天左右。在14.8～17.5℃变温情况下，成虫寿命2.8～13.6天。在湖南1年发生约6～7代，3月下旬成虫羽化。成虫羽化、活动、交配和产卵等多在白天进行。雄蜂羽化一般比雌蜂早2～3天。雌蜂怀卵量几十粒到200多粒不等。在北京地区，对越冬松毛虫的寄生率有时高达37%～45%。第3代寄生率在混交林中可达36.6%，而植被稀疏的疏残松林中仅11.7%。此蜂从卵+幼虫期、蛹期和全世代的发育起点温度分别为8.5±1.1℃、10.0±2.1℃和9.0±0.6℃；有效积温分别为315、133和447日度。

此蜂有多种重寄生蜂寄生，全年平均重寄生率达27.9%，其中以越冬代重寄生率最高。主要种类有：松毛虫埃姬蜂、次生大腿小蜂、广大腿小蜂、扁股小蜂、广肩小蜂、长距单齿小蜂、啮小蜂等。

寄主

此蜂寄生于马尾松毛虫、落叶松毛虫、油松毛虫、赤松毛虫和槲毒蛾等。

分布

黑龙江、吉林、辽宁、内蒙古、北京、河北、山东、山西、河南、陕西、江苏、浙江、安徽、江西、湖北、湖南、四川、福建、广东、广西、贵州、云南等；日本，俄罗斯，波兰等。

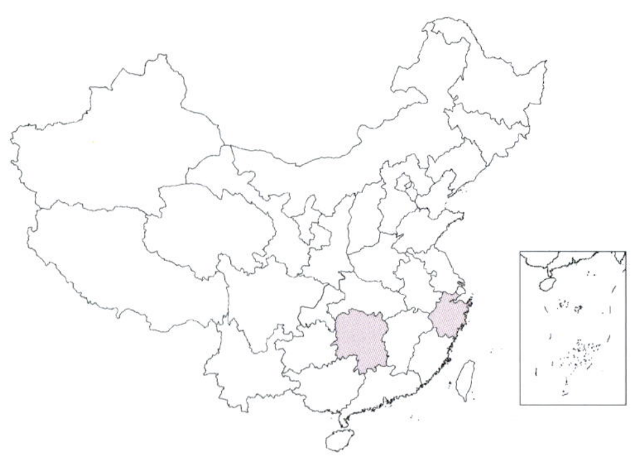

竹刺蛾小室姬蜂

Scenocharops parasae He,1980

形态特征

体长9～10 mm。头、胸部黑色；触角柄节、梗节腹面黄褐色；翅基片黄色；翅透明，翅痣黑褐色。前中足黄色，但前足基节基部及中足基节黑色，端跗节及爪赤褐色；后足赤褐色，但基节、距、跗节及爪黑褐色或黑色。腹部黄褐色；第1节柄部黄色，后柄部稍带褐色；第2背板背方（除端部1/6）黑色；第3背板基端或稍带黑色。头、胸部具细白毛；颜面、唇基具同样皱纹；头顶及后头近于光滑；触角41～43节。前胸背板下方及侧后方具横刻条，后上角稍粗糙；中胸盾片具皱纹，无盾纵沟痕迹；小盾片及并胸腹节均具网状刻纹及长毛，后者中央有浅纵槽；中胸侧板满布不规则网状刻纹，在中胸侧凹处具明显横行皱脊；后胸侧板上方部分亦具皱脊，下方部分具网状皱纹，基间区近半圆形。前翅小翅室小，具长柄，第2肘间横脉细，从下方1/3处伸出；后小脉在下方1/4处稍截断。后足胫节长距长；后足跗爪栉齿9个。腹部侧扁，约为头胸部长度之和的2倍。产卵管鞘约为后足胫节的0.42倍。

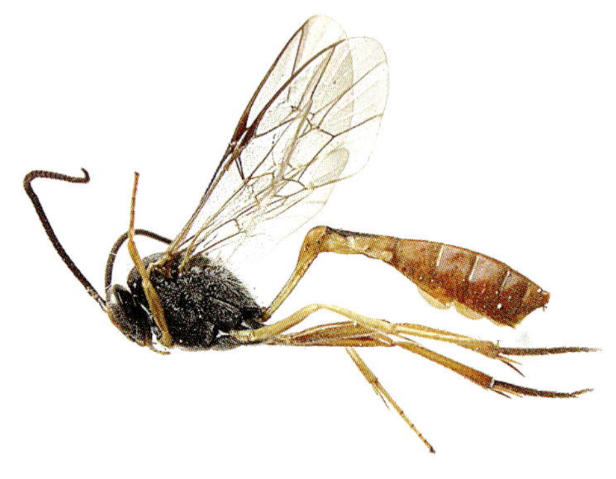

竹刺蛾小室姬蜂雄成虫

竹刺蛾小室姬蜂雌成虫

生活习性

蜂产卵于竹刺蛾幼虫体内，蜂幼虫孵出后亦在寄主体内生活，但起初并不明显影响刺蛾幼虫继续取食发育，待刺蛾成长后，体内的蜂幼虫亦完成发育成熟，钻出寄主幼虫体外，在附近叶片上吐丝结茧，化蛹其中。茧短椭圆形，长7～8 mm，径5.0～5.5 mm；腹面稍平，常以白色丝膜粘着在植株上；表面薄而光滑，颇似赛璐珞制品，可透见内部蜂幼虫残余物；赤褐色，茧内壁中段（相当于“赤道”部位）背面半环稍隆起，并呈深褐色。单寄生。

竹刺蛾小室姬蜂茧

寄主

该蜂寄生于竹刺蛾幼虫。

分布

浙江、湖南。

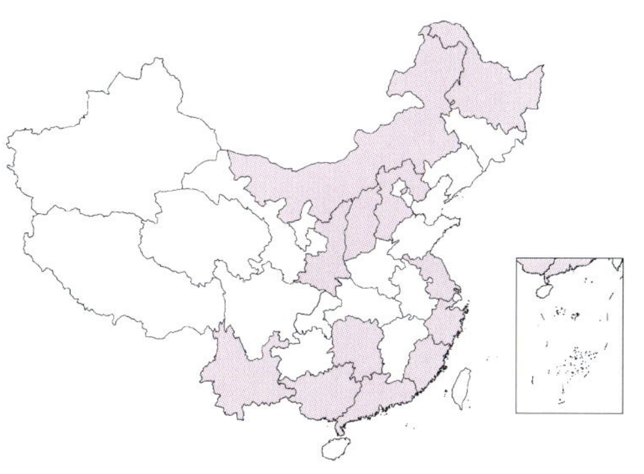

松毛虫黑胸姬蜂

Hyposoter takagii (Matsumura,1926)

形态特征

体长10～12 mm。头、胸部黑色，有白细毛；触角黑褐色；翅基片淡黄色。各足基节和转节、中后足腿节大部（末端赤褐色）或全部黑色；前足腿节大部（基部黑）或全部、前中足胫节及跗节黄赤色。翅痣褐色。腹部第1～2背板大部黑色；第1背板后缘、第2背板后方约1/3及基部两侧近圆形的窗疤、以后各节背板赤褐色，但部分雌蜂第3节以后各节背板后缘和下缘带黑褐色。头、胸部密布细刻点；复眼内缘近触角窝处稍凹陷；上颚下缘有颇宽的镶边；上颊较窄。无盾纵沟；小盾片具细横皱。并胸腹节分区具明显，密布网状刻皱；基区三角形；中区近五角形，长短于宽。小翅室四边形，上有短柄；后小脉不截断。腹部第1节柄部近方柱形，柄后部稍膨大，后方1/3处的气门前方有基侧凹；产卵器伸出很短。

松毛虫黑胸姬蜂雄成虫

生活习性

单寄生。以幼虫在寄主松毛虫幼虫体内越冬。次年3月中旬到4月上旬幼虫老熟，在5龄松毛虫幼虫的胸部至第4腹节之间下方作一暗褐色的椭圆形茧，致使松毛虫幼虫胸腹膨大，表皮开裂，但整个幼虫体壁仍覆盖在茧上，征状明显，容易识别。蛹期10～15天，4月上中旬成虫羽化。羽化时多在茧的前侧方咬孔外出，羽化孔呈圆形。成虫交配多在天气晴朗的中午，寿命长达16～40天。从4月中旬到5月上旬，可以再次寄生松毛虫的老龄幼虫，约在寄主体内生活1个月后，于5月下旬到6月中旬才把松毛虫杀死。在这段时间羽化出来的成虫，由于野外缺乏适于寄生的松毛虫幼虫，经过整个夏季，数量更为凋落，总的说来，在我国寄生率不高。9月前后，可能还会产卵寄生越冬前的松毛虫幼虫，在其体内越冬。在云南，曾见有被寄生的松毛虫成群集于树干下部。在野外，此蜂常被多种寄生蜂寄生，如黑纹囊爪姬蜂黄瘤亚种、横带驼姬蜂和松毛虫埃姬蜂，从而影响其作用。

松毛虫黑胸姬蜂雌成虫

松毛虫黑胸姬蜂茧

寄主

此蜂寄生于马尾松毛虫、油松毛虫、德昌松毛虫、思茅松毛虫、落叶松毛虫和赤松毛虫幼虫。

分布

黑龙江、内蒙古、河北、山西、陕西、江苏、浙江、湖南、福建、广东、广西、云南；朝鲜，日本。

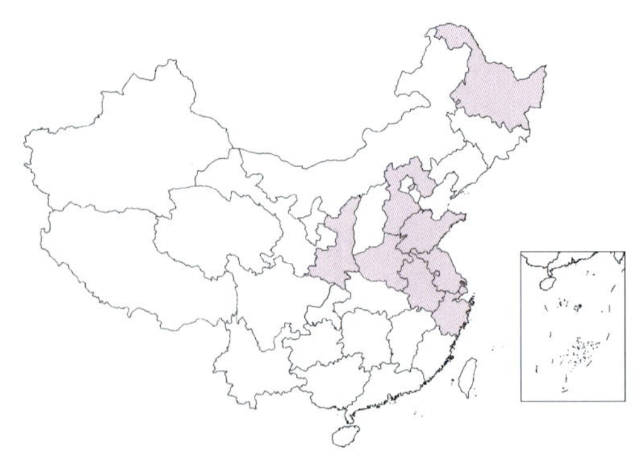

广齿腿姬蜂

Pristomerus vulnerator (Panzer,1799)

形态特征

体长6.0～7.0mm。体黑色；柄节黑褐色，柄节端部及基半各鞭节端部黄色；翅基片、第2背板后缘及腹部腹板黄色，第3～7节后缘（模糊）黄白色。翅透明，翅痣黑褐色。足赤黄色；前中足胫节和跗节及后足腿节端部黄褐色，后足基节和第1转节基部及各足端跗节，有时前中足基节基部、有时后胫节端部黑褐色；后足腿节红褐色，有时除两端外带黑褐色。颜面和唇基宽，密布刻点；额、头顶和上颊具颗粒状细刻纹，夹有少数刻点，上颊明显收窄；单复眼间距为侧单眼长径的1.2倍（雌），或侧单眼几乎与复眼相接（雄）；后头脊上方弧形（雌）或稍下凹（.雄）；触角29节，至端部稍粗。前胸背板具分开的刻点；中胸盾片满布刻点，点间夹有颗粒状刻纹；小盾片和中、后胸侧板密布刻点，镜面区也具刻点。并胸腹节密布刻点，中区近长六角形或五角形，长约为宽的2倍，中区宽度明显窄于第2侧区基缘；端区内具横刻条，通常长于中区。前翅翅痣大，无小翅室，小脉后叉式；后小脉在下方0.2处曲折。后足基节具颗粒状刻纹，内夹刻点；后足腿节长为厚的4.0倍，腹缘端部0.4处有一大齿，其后还有若干小齿。腹部第1背板长于第2背板；后柄部、第2背板、第3背板基部具细而弱的纵刻条。产卵管约与腹部等长，端部扭曲。产卵管鞘长为后足胫节的1.75倍。

生活习性

该蜂产卵于幼虫体内，幼虫老熟后钻出寄主结茧，单寄生。

寄主

梨瘤华蛾、棉红铃虫和马尾松毛虫（可能是寄生于在死蛹茧内生活的小鳞翅类幼虫体中）。据国外记载，寄主还有梨小食心虫、桑小卷蛾、豆荚螟、苹果巢蛾、苹果小卷蛾、绿小卷蛾、葡萄小卷蛾、舞毒蛾、防风草织蛾、水芹织蛾、玉米螟、宽纹巢斑螟、青柳小卷蛾等。

广齿腿姬蜂雄成虫

广齿腿姬蜂雌成虫

分布

黑龙江、河北、山东、河南、陕西、江苏、上海、浙江、安徽；朝鲜，日本，俄罗斯，英国等。

蜡天牛蛀姬蜂

Schreineria ceresia (Uchida,1940)

蜡天牛蛀姬蜂雌成虫

形态特征

雌蜂体长13.3 mm。体黑色；眼眶大部分、触角中段、颈上方、前胸背板背缘、中胸盾片中央圆点、小盾片除基部、后小盾片端部、翅基片、翅基下脊、中胸侧板后方上下各一斑、后胸侧板后方一斑、并胸腹节后方大斑和腹部第1～7背板后缘白色。翅带烟色。足基节和转节黑色，但中后足基节背上方斑和前中足第1转节部分白色；腿节砖红色，后足腿节端部黑；前足胫节和跗节污黄色，胫节外侧和端跗节黑褐色；中后足胫节暗赤色，后足除基部黑褐色；中后足跗节黑褐色，中足第2、3跗节全部（或仅基部）、后足第1跗节端半至第4跗节白色。颜面中央拱隆，密布细皱；唇基基部隆起具细网皱；额散布粗刻点。触角24节，端节顶端平截。前胸背板侧面具粗刻点，中央为刻纹或夹点网皱。中胸盾片满布粗刻点，中央后方为网皱，盾纵沟明显；小盾片平坦，刻点粗。中后胸侧板密布网状刻点，腹板侧沟内具刻条，基间脊明显。并胸腹节密布细横皱，端区和外侧区为网皱；基横脊细，端横脊和侧纵脊消失。小翅室小，五角形，两侧平行，外方开放，小脉在基脉内方；后小脉在上方0.38处曲折。前足腿节中央扩大，平而略凹；胫节除基部外呈水泡状膨大。腹部第1背板基部侧方有发达侧齿，气门位于0.6处，柄部表面平坦而光滑，其余部分具细皱并夹有零星粗刻点；第2、3背板除基缘光滑外密布刻点。产卵管鞘长与后足胫节约等长。

生活习性

在山西省雁北地区1年2代，以老熟幼虫在青杨天牛虫瘿内作茧越冬。次年4月上旬开始化蛹，4月中下旬越冬代成虫开始羽化，5月上中旬为盛期，6月上旬结束。第1代成虫7月中下旬出现，8月上中旬为盛期，9月上中旬结束。老熟幼虫于9～10月间结茧，随后进入越冬状态。室内各虫态的发育历期很不整齐，从卵到成虫羽化一般需要26～45天。卵期2～3天。幼虫共5龄，1～4龄幼虫期为7～8天，5龄幼虫有滞育现象，历期5～34天。预蛹期6天，蛹期10～15天。成虫在用10%稀蜂蜜喂饲时可生活21～57天。成虫羽化以8～16时为数最多，羽化率一般在95%以上，雌性比为85%左右。羽化孔圆形，直径1.6～2.2mm。成虫羽化后不久即可飞翔并寻偶交配。适应性很强。成虫以露水和蚜虫分泌的蜜露作为补充营养。多在白天交配，雌蜂一般只交配1次，产卵前期2天，产卵多在15～18时。雌蜂产卵前先用触角在天牛虫瘿上寻找适宜的部位，然后将产卵器刺入虫瘿麻醉寄主幼虫。一般在1个寄主虫瘿内只产1粒卵于寄主体表。1个雌蜂平均产卵40余粒，最多60粒。产卵期10～15天，每天产卵1～4粒，最多8粒。卵的孵化率一般在90%以上。幼虫孵化后在寄主体外吸食体液，老熟幼虫在虫瘿内结茧化蛹。大量收集青杨天牛虫瘿，待次年出蜂后释放，可提高寄生率。天牛蛀姬蜂的天敌，有啮小蜂和齿腿小蜂，总寄生率不超过5%。在幼虫和蛹期有白僵菌寄生。

寄主

中华蜡天牛、青杨天牛、白杨透翅蛾及苹果上一种筒天牛的幼虫或蛹。

分布

内蒙古、河北、山东、山西、陕西、上海、浙江、湖北。

朝鲜绿姬蜂

Chlorocryptus coreanus (Szepligeti,1916)

形态特征

本种与紫绿姬蜂 *C. purpuratus* 结构很相似。但其特征在于上颊在复眼之后鼓出再收窄，侧观较宽，为复眼横径的0.8倍；颜面纵隆两侧及触角下方的刻条均不明显；唇基中段无网皱。中胸盾片盾纵沟在前方有痕迹，但无纵行细脊，中叶上也无纵脊。并胸腹节有基横脊，但中段较弱；端横脊不明显，无侧突，端区与背表面倾斜较缓；腹部第1背板后柄部长大于宽；体蓝黑色，有光泽；雌蜂触角6～9鞭节背面黄白色；翅完全透明。

生活习性

在吉林、辽宁、内蒙古1年完成2代，以结茧的老熟幼虫在黄刺蛾茧内越冬，5月化蛹。越冬代和第1代成虫的羽化高峰期大致分别在6月中旬和8月中旬末。雌性比分别为53%和23%。蜂成虫羽化以上午最多。雌虫羽化后约经1小时即可交配，交配后随即寻找黄刺蛾茧，当找到时，先用触角敲击虫茧进行试探，然后在茧的下端插入产卵管开始产卵，从开始插入到产完卵约需50多分钟。每个刺蛾茧内只产1粒卵，两次产卵之间大约相隔3小时。经过补充营养的雌蜂，平均可产卵15粒，即可寄生15个刺蛾幼虫。蜂幼虫在体外寄生。蛹期15～20天。此蜂可进行两性生殖和产雄孤雌生殖。补充营养可以增加产卵量和延长寿命。在黄刺蛾的多年发生地，此蜂越冬代和第1代的寄生率分别为29.4%和23.3%；而在黄刺蛾的新发生地，寄生率则分别为12.5%和18.8%。1979年在辽宁省辽中县太平村林场，此蜂对黄刺蛾的寄生率达60%～81%，明显地抑制了此虫的危害。

寄主

此蜂寄生于黄刺蛾幼虫。

朝鲜绿姬蜂雌成虫及并胸腹节（采自何俊华等，2004）

分布

黑龙江、吉林、辽宁、内蒙古、陕西、浙江、四川、台湾、福建、广西；朝鲜。

紫绿姬蜂

Chlorocryptus purpuratus (Smith,1852)

形态特征

前翅长13 mm。体紫色有蓝黑金光泽。复眼紫褐色，单眼赤黄色；触角黑褐色，雌蜂近末端带黄褐色。翅浅色透明，前翅中段及翅端带黄褐色，翅痣黑褐色。前、中足腿节蓝黑色，胫节褐色；后足胫节及各足跗节和爪黑褐色。产卵管基部黄色，末端黑色，鞘黑褐色。

头部横宽，在复眼之后强度收窄；触角短于体长，在中央之后稍粗。前胸背板下方及中胸侧板具平行刻皱；中胸盾片无盾纵沟，但在该处有细皱纹，后方有中纵脊。小翅室近于正方形，第2肘间横脉仅存上段。腹部比头、胸部之和稍长，具细密的刻点；柄后腹第1背板宽大于长或近于等长；第2背板梯形，其后缘是腹部最宽处；以后各节渐短狭，其和与第2腹节几乎等长。产卵器与后足胫节等长。

生活习性

在上海地区每年发生2代，以幼虫在刺蛾茧内越冬。次年6月中旬化蛹，越冬代成虫于6月下旬开始出现，一直延续到8月上旬。第1代成虫于8月下旬开始羽化。卵和蛹期均为6～8天，成虫寿命一般为15～20天，最长可生活30天。成虫多在白天羽化，以中午最多。羽化前，常发出劈劈啪啪的咬茧声，然后咬破茧壳外出。雄虫羽化一般比雌虫早7～10天。雌虫羽化当天即可被雄蜂追逐而交配，一生只交配1次。交配后次日即寻找寄主产卵。产卵前，从树干上部向下爬行，在树根周围松土上以触角试探，待找到刺蛾茧后，即用前足扒开松土，在茧的合适部位插入产卵管，产卵寄生茧内的刺蛾幼虫。1个茧内只产1粒卵，产卵期持续7～15天。成虫喜在晴朗无风天气活动。飞行距离一般2～5 m，飞行高度一般在1～2 m，有时常贴近地面飞行。

寄主

该蜂寄生于丽绿刺蛾、褐边绿刺蛾、桑褐刺蛾和扁刺蛾幼虫。

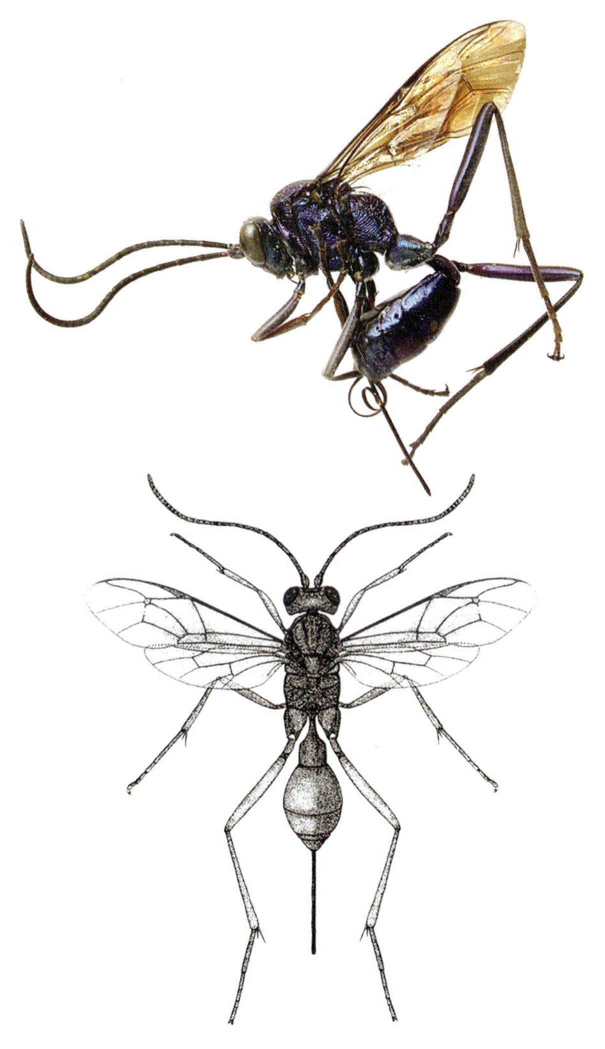

紫绿姬蜂雌成虫（采自何俊华等，2004）

分布

北京、山东、山西、河南、陕西、江苏、上海、浙江、江西、湖北、湖南、四川、广西、贵州、云南。

花胸姬蜂

Gotra octocincta (Ashmead,1906)

形态特征

体长9～12 mm。体大致黑褐色，多黄色或黄白色斑纹。触角中段上面黄色；颜面、唇、口器（除上颚齿）、眼眶（除后上方一小段）、上颊、前胸背板前缘及后上方、中胸盾片中央一圆斑、小盾片及上侧隆脊、翅基片、中胸侧板近翅基处及下方的2纹（或连成一纹）、中胸腹板、后小盾片、后胸侧板上部及下部一纹、并胸腹节后方的"凸"字形纹均黄白色；腹部雄蜂各节后缘、雌蜂第1节后缘、第2和3节近后缘横带、第4～6各节后缘两侧横带均为黄色。翅痣黑褐色，基部黄色。足赤黄色，基节带白色，后足基节基部及外方斜纹、第1转节基部、腿节末端、胫节两端、各足端跗节和爪黑褐色。盾纵沟明显，止于圆斑处；并胸腹节多网状皱纹，无纵脊；基横脊中央凸向前方；端横脊仅具微弱侧齿；小翅室甚小，宽度约为高度的1.5倍，第1肘间横脉比第2肘间横脉短；雌蜂腹部纺锤形，雄蜂狭，在后端多少侧扁；产卵管鞘长度约为后足胫节的0.75～0.85倍。

花胸姬蜂雌成虫

生活习性

雌蜂产卵于近老熟的幼虫体内，孵化后在寄主幼虫体上生活，被寄生的幼虫仍能结茧，但不能化蛹。寄生蜂幼虫成熟后，即在松毛虫茧内作灰白色茧化蛹，茧常挤在一起，一头寄主上可寄生16头蜂。雌、雄蜂寿命分别长达45和9天，平均22和7天。常被黑纹囊爪姬蜂黄瘤亚种、单齿小蜂和广肩小蜂等寄生蜂寄生。

被花胸姬蜂寄生的松毛虫茧

寄主

该蜂寄生于马尾松毛虫、赤松毛虫、文山松毛虫。

分布

陕西、江苏、浙江、安徽、江西、湖北、湖南、四川、福建、广东、广西、贵州、云南；朝鲜，日本。

横带驼姬蜂

Goryphus basilaris Holmgren,1868

形态特征

体长7～10mm。头、前胸、中胸盾片黑色。触角柄节、梗节赤黄色，鞭节黑褐色，雌蜂第9～11节上面白色。小盾片、中胸侧板后方（小盾片前缘的切线以后）、并胸腹节赤黄至橙红色。翅痣黑褐色，翅痣下方有一块褐色大斑几达后缘似成横带。足大部黄赤色；前足基节至腿节，中后足胫节或连腿节近端部，跗节1、2、5节和爪暗褐至黑色；各足第3或第3、4节跗节白色。腹部第1背板赤黄色；雌蜂第1、2背板后缘和第7背板白色，雄蜂第1～3背板后缘和第7背板白色，其余黑色。头、胸部密布细刻点，额中央多细皱。盾纵沟明显，相交于后缘，近后端多细皱。并胸腹节有网状细皱，基横脊中央向前凸出，端横脊仅两侧片状角突明显。腹部密布细刻点，第1腹节基段柄状；雌蜂在第3节最宽，雄蜂两侧近于平行。产卵器粗壮，鞘的长度约为后足胫节长的0.85倍。

横带驼姬蜂雄成虫

生活习性

从寄主蛹内或茧内羽化，单寄生。但也会被次生兔唇姬小蜂聚寄生。

横带驼姬蜂雌成虫

寄主

该种寄生于重阳木斑蛾、黑肩蓑蛾、马尾松毛虫、竹织叶野螟、松梢斑螟、桃蛀野螟等林木害虫和大菜粉蝶、东方粉蝶、菜粉蝶、二化螟、稻纵卷叶螟、稻螟蛉、大螟、稻苞虫、高粱条螟、蔗茎白螟农业害虫，也有作为重寄生蜂寄生于松毛虫黑胸姬蜂、广黑点瘤姬蜂、螟蛉悬茧姬蜂、螟蛉脊茧蜂等。

分布

陕西、江苏、浙江、安徽、江西、湖北、湖南、四川、台湾、福建、广东、海南、广西、贵州、云南、香港；马来西亚，琉球，缅甸，印度尼西亚，印度。

朝鲜卫木姬蜂

Xylophrurus coreensis Uchida,1955

形态特征

雌蜂体长8～11 mm。体黑色。触角基部暗红色，中央（8～9节）白色，部分眼眶、唇基端缘和上颚中央红色。前足腿节暗红色，其余胫节暗褐色，端部黑色，腹部第1、2背板完全浅红色。翅痣下方有暗色宽横带，其端部也带暗色。头部近立方形，复眼后方弧形膨出；后头宽，刚刚凹入；头顶和额密布夹点刻皱，头顶稍拱，额不凹入；触角窝刚可看出；上颊宽，具粗刻点；颊胀胀；颜面和唇基密布明显刻点，唇基有齿；上颚短而厚，几乎光滑，端齿几乎等长。触角细，丝形，短于体，基部环节长很大于宽。胸部密布刻点，中胸背板前方钝圆；盾纵沟仅前方明显；小盾片稍弧形拱隆，具粗刻点，无隆边。并胸腹节短，圆形，具2条弱横脊，基部具刻点，其后部位具横皱；气门卵圆形，中等大。足相当强；后足基跗节几乎与以下3节之和等长；前足胫节水泡状肿胀。前翅小翅室五角形，向上方收窄；外方翅脉不明显；盘肘脉桩长；小脉在基脉前方；后小脉明显后叉；在中央稍下方曲折。腹柄在中央后方弯曲，背脊弱；后柄部上方平，具细皱，但端部两侧具刻点；第2背板具刻点，腹陷小，平而光滑，产卵管强，鞘刚长于腹柄。

朝鲜卫木姬蜂成虫（采自严静君等，1989）

朝鲜卫木姬蜂茧（采自严静君等，1989）

生活习性

朝鲜卫木姬蜂在辽宁沈阳和河北张家口地区每年发生1代，以老熟幼虫在青杨天牛虫瘿内结薄茧越冬。次年3月中下旬越冬幼虫开始化蛹，4月中下旬成虫开始羽化，5月中旬羽结束。成虫羽化期正是青杨天牛老熟幼虫开始化蛹时期。幼虫营体外寄生，幼虫老熟时吐丝结茧，但不化蛹，1年中大部分时间为滞育状态，随后以老龄滞育幼虫在茧内越冬。在室内观察，此蜂蛹期为15～32天。茧圆筒形，褐色。成虫羽化时先把茧的一端咬开，然后把虫瘿咬成直径为1.8～2mm的圆形羽化孔，咬下的木屑塞在茧内。刚羽化的成虫不太，活动。成虫飞翔力强，晴天中午活动最为频繁，阴雨天常静伏在树枝等处。成虫羽化后4～6天开始产卵，卵多产在青杨天牛虫瘿内幼虫或蛹的体表面。每头雌虫可产卵几十粒，一般1个天牛只产1粒卵。卵期5～10天，平均为7天。幼虫孵化后在寄主体外从腹部末端开始取食，最后将寄主体食尽而仅留下头壳，约经8～11天幼虫老熟开始吐丝结茧。利用方法与蜡天牛蛀姬蜂同。

寄主

青杨天牛幼虫。

分布

北京，河北、山西、辽宁；朝鲜。

注 又名青杨天牛姬蜂、天牛赤腹姬蜂

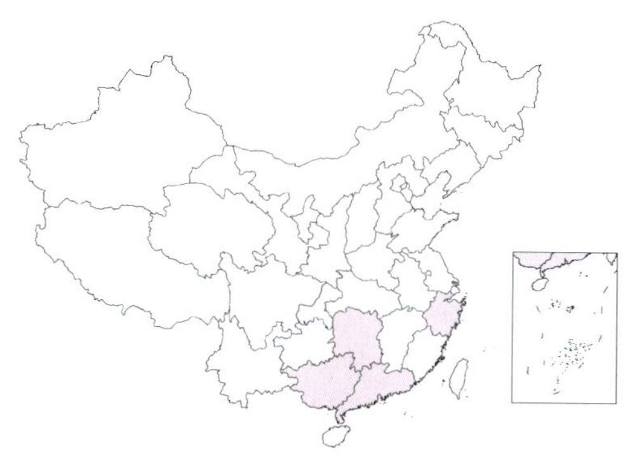

斑头陡盾茧蜂

Ontsira palliates (Cameron,1881)

形态特征

体长4.3～7.0mm。头土黄色；头顶中央纵纹、复眼后大斑、颜面上侧斑黑色；触角黑褐色，鞭节基部黄褐色。胸部及并胸腹节基本上黑褐色；前胸背板上缘及下角、中胸盾片除3纵条、小盾片除周围土黄色。腹部第1～2背板（中央带红色）、第3背板基半、第4～7背板后方及第8背板前缘黑褐色。翅带烟黄色；翅痣黑褐色，基部黄褐色。足黄白色，腿节中段上下条斑及端部、胫节中段长斑及基部、跗节除第1～4节端部黑褐色。头近方形；脸、头顶光滑；单眼区呈正三角形；触角37～40节。中胸盾片具细刻点，中叶前方陡斜，后方多网皱。中胸侧板上方具细皱；后胸侧板具粗刻点。并胸腹节基半有一中脊，叉脊向两侧后又与侧纵脊相连；基侧区大部光滑。腹部第1背板长与端宽等长；第1、2背板具纵刻条；第3～6背板后缘质地薄。产卵管鞘长为后足胫节的1.1倍。

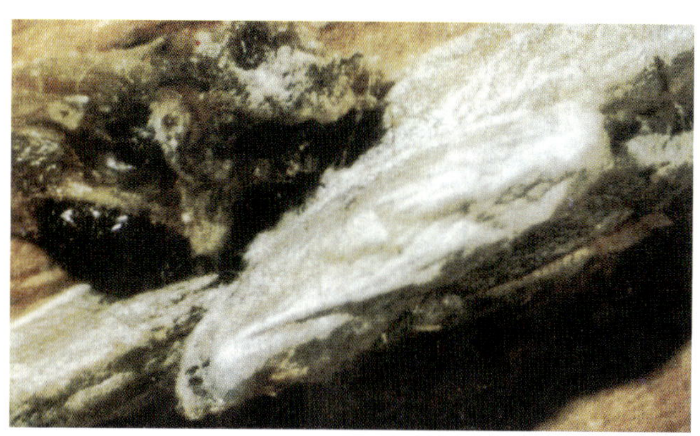

斑头陡盾茧蜂茧（采自严静君等，1989）

生活习性

在广东南部每年可以完成15～16个世代，于12月下旬到1月上旬在杉木皮层及边材之间的天牛虫道内结一白茧化蛹越冬。2月底3月初当气温升到16.3℃时成虫陆续开始羽化。各虫态的发育历期，在平均温度26.1℃，相对湿度82.5%的条件下，卵期为3～4天，幼虫期为5～7天，蛹期为10～14天，成虫寿命雌性17～25天、雄性11～20天，完成1个世代需要37～54天。成虫羽化以6～8时最多，雌性比65%～75%。飞翔力强，可扩散500m左右。羽化当天即可婚飞交尾，两性均可交配多次。产卵前期一般4～5天。产卵前需食蜜露补充营养。产卵前，雌虫先用触角在树干上试探寄主的栖居部位，将产卵管插进杉木树皮，在天牛幼虫体内注射毒液，使幼虫麻痹，再产卵在寄主体外。一个雌虫平均约产20粒卵（5～37粒）。卵集中或分散产于幼虫的腹背及两侧体表。每个雌虫一般寄生1～2条寄主幼虫。幼虫营体外寄生，老熟吐丝结茧化蛹。在室内可用松墨天牛和粗鞘双条杉天牛等幼虫作为繁蜂寄主，在天牛幼虫还未蛀入木质部前释放成蜂或蜂蛹最为合适。

斑头陡盾茧蜂雌成虫

寄主

该蜂寄生于粗鞘双条杉天牛、松褐天牛、长角深点天牛、杉棕天牛、青杨天牛、双条合欢天牛、星天牛等幼虫。

分布

浙江、湖南、广东、广西；日本，越南，印度，美国（夏威夷），塞舌尔。

两色刺足茧蜂

Zombrus bicolor (Enderlein,1912)

形态特征

体长6.5～14.0 mm。与酱色刺足茧蜂*Z. sjoestedli*极相似，但主要区别在于头胸部黄赤色而腹部黑色；产卵管鞘长为后足胫节的1.7～1.8倍。

生活习性

单寄生。在湖北省1年可完成5～6个世代，以末代幼虫在寄主虫道内作茧越冬的，于次年4月上旬开始化蛹，4月下旬变为成虫，当气温升高到18℃左右时开始外出活动。以第5代滞育幼虫越冬的，于次年5月底6月上旬开始化蛹。由于成虫寿命和产卵期很长，发生世代重叠。在日平均温度22℃，相对湿度78%和日平均温度28.5℃、相对湿度88%条件下，卵期分别为3～4天和1～2天，幼虫期8天和4～6天，蛹期15天和16～20天，成虫寿命雌性23天、雄性14天和17～88天。广东此蜂完成1个世代需要21～28天。成虫羽化时，先从茧的一端咬一直径为1.5～2 mm的圆形裂孔，然后在树皮上咬孔外出。成虫活动以35℃左右最为活跃，15℃以下时静伏不动。成虫飞出后不久即可交配。雌虫一生只交配1次。产卵时用产卵管刺入木质部的天牛虫道内，先在寄主体内注射麻醉液，再产卵于寄主体表，喜欢寄生体长8 mm以上的天牛幼虫。产1次卵约需5～40分钟，最长达1小时多。孵化出来的幼虫，先在寄主体上爬行5～10分钟后，以口器反复刮动寄主体壁，然后在体外吸食体液。幼虫老熟后在寄主幼虫尸体旁吐丝结茧。茧灰白色或褐色，质似羊皮纸，上下二面扁平，长椭圆形，长16～26 mm，宽4～7 mm。结茧1天后化蛹。在广东韶关和湖北沔阳等地，此蜂对粗鞘双条杉天牛和家茸天牛幼虫的寄生率达20%以上。

两色刺足茧蜂雌成虫和雄成虫（采自严静君等，1989）

两色刺足茧蜂雌成虫

寄主

该蜂寄生于橘褐天牛、葡萄脊虎天牛、竹绿虎天牛、红胸天牛、八星粉天牛、白带窝天牛、粗鞘双条杉天牛、槐绿虎天牛、家茸天牛、青杨天牛、双条杉天牛、星天牛、云斑天牛、中华蜡天牛、长蠹、竹长蠹等钻蛀性林木害虫幼虫。

分布

北京、陕西、浙江、安徽、江西、湖北、湖南、四川、台湾、福建、广东、海南、广西、贵州；日本。

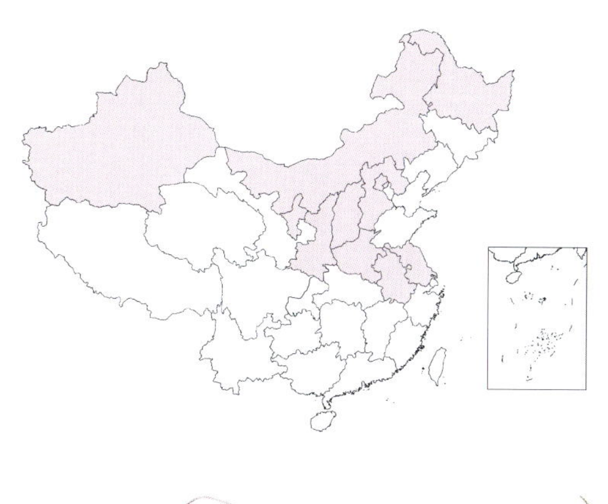

酱色刺足茧蜂

Zombrus sjöstedti (Fahringer,1929)

酱色刺足茧蜂雌成虫

形态特征

雌蜂体长7～14 mm。橘红色，被黄色长毛。触角、复眼，单眼区、产卵管鞘、中后足、前足胫节与跗节黑色；翅烟褐色，脉和翅痣黑褐色；产卵管红褐色。头近立方形，光滑，单眼互相紧靠而远离复眼；口窝明显；颜面具刻点，有中纵脊；额凹陷、平滑、有中纵脊；颚眼距与复眼纵径约等长；触角稍短于体，鞭节约50节；有后头脊。前胸背板具粗刻条；中胸盾片的刻点大而稀，中叶隆起；盾纵沟浅、V形；小盾片平滑，有极少数大刻点，前凹大，有纵脊5～6条。前翅径脉全部骨化，第2段与第3段呈钝角，径室长；第1肘室下缘周围和第2肘间横脉处略透明；小脉明显后叉式；后翅外小脉端部向外方弯曲。后足基节背面有2刺，上刺长约为下刺的3倍。并胸腹节具中纵脊和网状皱纹。腹部长纺锤形，与头胸之和等长；第1背板近方形，基半部具2条背侧纵脊，中部有中纵脊；第2背板具扁三角形中区；第1背板、第2背板中区和中区两侧及第3背板基部有纵刻条，以后各节光滑；产卵管鞘长为后足胫节的1.2～1.5倍。雄蜂与雌蜂相似，体略小，触角43节，前足胫节和跗节褐色，腹部第3背板刻纹明显。

生活习性

在新疆奇台寄生率有高达42.1%～87.5%，作用显著。1年可发生3代，以幼虫在寄主体外越冬，次年4月到6月上旬化蛹。越冬代、第1代和第2代成虫分别于4月下旬到6月下旬、6月下旬到8月上旬和8月上旬到9月下旬出现。由于成虫寿命及产卵期均长，世代重叠现象明显。在室内平均温度22.6℃、相对湿度41.9%条件下，完成1个世代需要44～71天，其中卵期3～4天，幼虫期18～22天，蛹期9～13天，成虫寿命为14～32天。成虫羽化时，先在茧的一端咬一圆形裂口，再在紧贴茧壳的树皮处咬一个边缘光滑的圆孔爬出。雌性比77%。成虫多在晴天中午前后飞出活动，有趋光性，雌蜂一生只交尾1次。产卵前飞向家茸天牛喜欢取食的树木，探测天牛幼虫所在部位，用产卵管刺穿树皮并刺到寄主体上，分泌毒液，使寄主永久麻痹，然后在体表产卵，卵多产于寄主幼虫胸腹部体节的皱褶处。每寄主上只产1粒。据剖腹检查，每雌怀卵约50粒。幼虫在寄主体外寄生，用头部插入寄主体内吸食体液。老熟后即在虫道内寄主附近吐丝结茧化蛹。茧纯白色，似羊皮纸质；长圆形，长12～18mm，宽3～4mm，两面扁平。

寄主

家茸天牛幼虫。

分布

黑龙江、内蒙古、河北、北京、山西、河南、陕西、宁夏、新疆、江苏、安徽；朝鲜，蒙古，俄罗斯。

注 有认为本种为两色刺足茧蜂的异名

紫胶白虫茧蜂

Bracon greeni Ashmead,1896

形态特征

成虫体长3 mm。淡褐黄色。触角褐至黑色。单眼区黑色。后胸背板前后缘、中胸腹板及并胸腹节褐至黑色。足跗节有时褐色。翅透明。腹部第2背板后缘中部、雌蜂第3～4或3～5背板和雄蜂第3～6背板上的大斑黑色。产卵管鞘黑色。上颚与唇基间有近圆形开口；单眼正三角形排列。雌蜂触角与体等长，雄蜂则较长。头和胸几乎平滑；盾纵沟不明显，达于后缘但不相接。并胸腹节端部具皱褶，中央有一短纵脊。前翅径脉第2段长约为第1段的3倍，回脉长约为基脉的1/2，第3肘室比第2肘室稍长。腹部卵圆形，粗糙；腹部第1背板基部中央凹陷，端部中央拱隆，两侧膜质；其余背板横宽；第2背板比第3背板稍窄而短，基部中央有一小瘤。产卵管鞘长于体长之半。

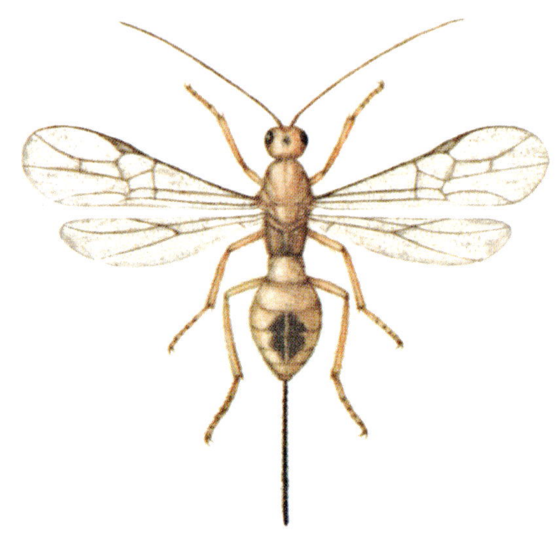

紫胶白虫茧蜂雌成虫（采自中国科学院动物研究所等，1978）

生活习性

在云南景东，1年可连续繁殖11～12代；在广东，终年发育，可繁殖14～16代。在广州，夏季完成1世代仅11天，冬季需50天。在温度27.2℃、相对湿度78%的恒定环境中，发育历期9.9～11.8天，平均11.1天，其中卵期0.84天，幼虫期3.05天，预蛹期和蛹期7.23天；发育起点温度为12.2℃，发育积温为171.4日度。在云南夏季（5～9月）平均每个世代需15.2天，其中卵期22.4小时，幼虫期93小时，前蛹期107.3小时，蛹期142.6小时；发育起点温度为10.4℃，发育积温为202.5日度。雌蜂产卵前期、子蜂数及雌性比也因温度不同而异，均以27℃时最优。雌蜂平均寿命在15℃时为60.6天，35℃时为9.8天；雄蜂短于雌蜂。雌蜂可产雄孤雌生殖。一般在早晨和17时后较活跃。雌蜂产卵管较长，能沿着胶虫的肛突孔插入胶被内，刺中白虫使之瘫痪，并产卵于其体表。以老熟的寄主被寄生率最高。也有只刺死寄主而不产卵的。1头雌蜂一生平均产卵113粒（21～231粒）；一生平均寄生幼虫66.3条（21～126条）。1个寄主一般繁殖子蜂2～5头，最多13头。卵孵化后，茧蜂幼虫即附着在寄主体表吸食寄主体液，老熟幼虫在寄主尸体附近结茧化蛹。茧蜂的自然寄生率在云南的龙陵和景东，平均为31.1%，最高达57.5%；海南乌烈则为52.2%～80%。在我国，较为理想的室内繁殖寄主是棉红铃虫。

寄主

该蜂寄生于紫胶白虫、本地白虫、小白虫和黑虫。

分布

湖南、四川、福建、广东、广西、贵州、云南等紫胶产区。国外分布于越南，印度，斯里兰卡。

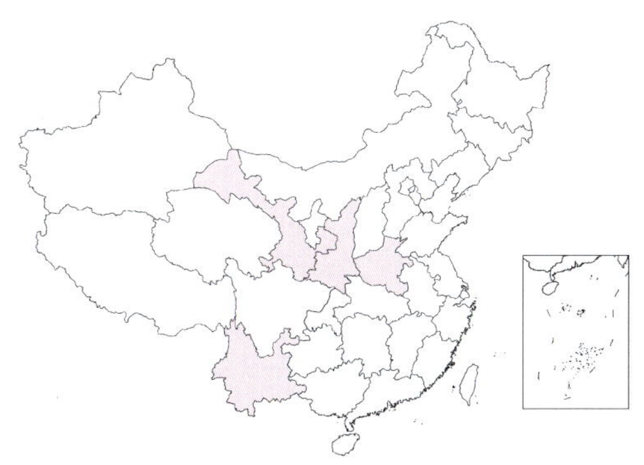

秦岭刻鞭茧蜂

Coeloides qinlingensis Dang et Yang,1989

秦岭刻鞭茧蜂雌成虫

形态特征

雌蜂体长3.7～4.3 mm。头橘黄色；触角、胸部深褐色；复眼和单眼黑色，单眼周围有1个大黑斑；产卵器鞘黑褐色；翅痣、翅脉、腹部黄褐色；足暗褐色。头背观上颊明显向外膨出，头扁豆形，复眼卵形，复眼纵径为颚眼距的2倍。触角33～38节，与体等长；第1鞭节和第2鞭节端部向外延伸突出，第2鞭节下方刻入，第2鞭节和第1鞭节等长，其余各鞭节均呈圆筒形，第3、4节弯并较中部的节短。中胸盾片的前半部和侧板的后半部茸毛稀，盾纵沟深，后半部呈凹槽状。小盾片三角形，毛较密，小盾片前凹具1横排小窝。并胸腹节的毛长而密。前翅略长于体，纵脉长达翅缘，具2肘间横脉，径脉的第3段直，亚中室长为臂室的2.5倍，第2肘室小，其内缘与外缘不平行，小脉对叉式。腹部纺锤形，略长于胸（1.3：1.0）；第1节背板的中区呈梯形，长大于宽，前缘凹入，后缘直；第2节背板上的2斜沟深且直；腹部末端钝。产卵器直，稍短于体长。雄头部上颊比雌的更膨大，单眼周围的黑斑也更大，触角较细。腹部长纺锤形，略长于胸，末端尖，端节背板长锥形。其他除外生殖器外与雌蜂相似。

生活习性

幼虫老熟后将寄主杀死，然后在寄主坑道中作羊皮纸质茧化蛹。成蜂产卵前先用颤抖的触角敲打树干，待探测到寄主后便慢慢刺透树皮给寄主体上产卵。

寄主

以幼虫外寄生于危害华山松的华山松大小蠹及危害华山松、油松的多种小蠹虫幼虫，如六齿小蠹、横坑切梢小蠹及危害云南松的纵坑切梢小蠹幼虫。

分布

陕西、甘肃、河南、云南。

松毛虫脊茧蜂

Aleiodes esenbeckii (Hartig,1838)

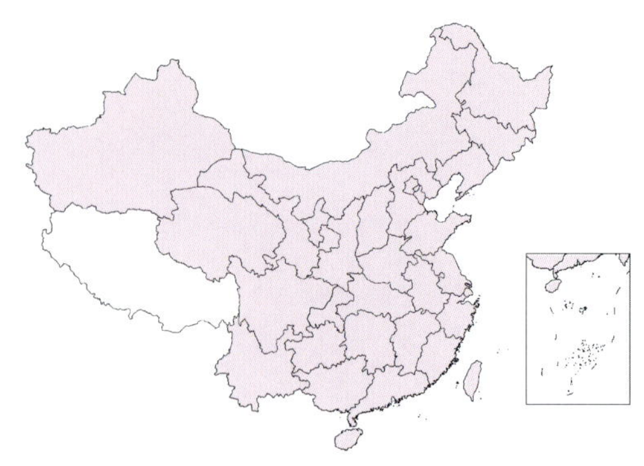

形态特征

体长7.5～9.0mm。体黑色；头、前胸、中胸和后胸红黄色。足暗红褐色，转节端部、胫节、各跗分节基部色较淡。翅透明，痣褐色。有的种群全红黄色。触角53～60节。额稍凹，有一中纵脊。头顶略有皱纹。单眼大。上颊短。复眼深凹，外缘与后头脊平行。后头脊中央有一缺凹。脸有明显的横刻条和中纵脊。有口窝。颚眼距是上颚基宽的0.8～0.9倍。前胸背板背方皮革状。小盾片侧脊明显。中胸侧板有细弱刻纹，基节前沟浅而宽；并胸腹节具网状刻纹；中纵脊和外侧脊明显。前翅径脉第1段长为第2段的0.5倍；小脉明显后叉，盘脉第1段长于第2段；第2肘室向外略收窄。后翅径脉弱，径室端部稍扩大，外小脉存在。后足基节皮革状；爪简单。腹部第1～2背板、第3背板基部2/3有纵刻条和中纵脊，第3背板端部1/3及以后背板光滑。第1背板向基部明显收窄，长是端宽的1.0～1.1倍；第2背板长是端宽的0.8倍，长是第3背板的1.3～1.4倍。产卵管末端刀状，长是后基跗节的0.29～0.34倍。

生活习性

在河北、山东1年发生1代，均以老熟幼虫在寄主体内结茧越冬。翌年4月下旬至5月下旬化蛹；5月中旬至6月中旬成虫羽化。直到7月下旬至8月上旬才开始产卵寄生，卵期可延续到9月中旬。9月上旬孵化幼虫，至10月下旬幼虫老熟越冬。四川1年发生2代，亦以老熟幼虫在寄主体内越冬。越冬代和第1代分别于3月下旬和6月底开始化蛹，4月上旬至5月中旬和7月上旬至8月上旬为羽化期，6月中旬和8月中旬产卵寄生，至10月幼虫老熟越冬。在四川省，越冬代预蛹期5～7天，蛹期12～34天。第1代卵和幼虫历期16～21天，预蛹期4～6天，蛹期8～12天。当发育有效积温达231.92 ± 53.59日度时，即为成虫羽化高峰。成虫羽化均在白天。成虫羽化孔圆形，在寄主腹部近末端背面。飞翔力较强，有趋光性。雌蜂羽化次日交尾，一生只1次，多在傍晚进行。交尾后经25～30天，开始产卵寄生2～3龄松毛虫幼虫。单寄生。一雌蜂寄生60多条幼虫。蜂幼虫4龄，老熟后咬破寄主腹面分泌黄色黏液，粘于潜伏的物体上。蜂茧结在松毛虫幼虫体内，此时寄主身体缩短，体壁硬化的腹背隆起，头尾稍尖，状如梭形。在河北其自然寄生率为10%～20%，最高达50%以上；在四川为12.9%～29.0%；在山东越冬代为38%～54%。从松毛虫脊茧蜂茧中可育出多种重寄生蜂，如姬蜂科（7属8种）、长尾小蜂科（2种）、广肩小蜂科（1种）、巨胸小蜂科（1种）、金小蜂科（4属4种）和旋小蜂科（2属2种）等，寄生率一般不高。

松毛虫脊茧蜂雌成虫（左）和茧（右）

寄主

该蜂在我国寄生于马尾松毛虫、赤松毛虫、落叶松毛虫以及油松毛虫。

分布

国内广布各地（除西藏）；国外广布欧亚大陆。

注 中名别名有松毛虫内茧蜂、（松毛虫）红头小茧蜂。学名有 *Aleiodes dendrolimi*、*Rhogas dendrolimi*、*Rhogas specabilis*、*Rogas dendrolimi*

守子茧蜂

Cedria paradoxa Wilkinson,1934

形态特征

体长雌2.3～2.5mm，雄1.9～2.1mm。体黄棕色；单复眼黑色；产卵管鞘和触角末端7节黑褐色。翅稍带暗色，在翅痣下面具浅暗斑纹；翅痣赤褐色，基端灰白色。足淡黄色，末跗节黑褐色。腹部第1～2背板深黄赤色。触角13节。中胸盾片有粗刻点，中央有一细纵隆线，从前缘向后伸达两盾纵沟接合处。并胸腹节有一大五角形中区，周围隆脊形成5个小区。跗节短于胫节。腹部第1～2背板背甲状，其长与头、胸长度之和相等，其上满布明显纵脊；第1背板梯形，第2背板横长方形，其中长均稍短于端宽。第3背板比第2背板短，但较产卵管鞘稍长，末端中央稍隆起，光滑，表面有斜隆线。

守子茧蜂雄成虫

生活习性

一般在11月以已交尾过的雌蜂开始越冬。越冬于桑株裂隙内，常与桑绢野螟越冬幼虫蛰伏一处。1年可发生6代以上。各代经过天数，因气温而异，最短10天，最长29天；各虫期经过天数，卵期1～5天，幼虫3～12天，蛹4～18天。雌蜂产卵于桑绢野螟幼虫体外，先以产卵管螯刺寄主，分泌毒液使其麻痹不动，寄主即不腐烂，使寄生蜂幼虫有良好的饲料。一般以3龄以上将脱皮的桑绢野螟幼虫最宜产卵，化蛹前亦有被寄生的，产卵于第5～10节两侧，卵粒群集一处。雌蜂有守子习性，母蜂产卵毕，仍在寄主体上守卫子代。卵孵化后，幼虫伏寄主体外取食，幼虫成熟时，母蜂走下寄主，让其在叶面结成茧块。茧块扁平近圆形，径达18mm，一茧块内多达40个茧。茧灰白色，长圆形，长径3mm，短径1.2mm。母蜂随之登茧块上，子蜂羽化，乃一同飞散另觅寄主产卵。一母蜂能产卵2～5次，产卵总数最多为84粒。此蜂寿命随气温高低而异，越冬雌蜂最长253天，平均211天；各代非越冬蜂多在产卵完毕后1周内外死亡。雌蜂能行孤雌生殖，子代都为雄蜂。各代子蜂平均雌性比占84.8%。

守子茧蜂雌成虫

守子茧蜂茧

寄主

此蜂寄生于桑绢野螟幼虫。

分布

江苏、浙江；缅甸，印度，斯里兰卡。

天幕毛虫盘绒茧蜂

Cotesia gastropachae (Bouche,1834)

形态特征

体长约2 mm。体黑色；足红褐色，基节、跗节、后腿节、后胫节端部黑色。腹部腹面基部、第1和2背板侧缘、有时第3背板中区多少呈红褐色。翅透明，有时略有暗色；翅痣褐色。头光滑；颜面和上颊粗糙。颚眼距与上颚基宽等长。单复眼间距是单眼直径的2倍。雌蜂触角短于体长，雄蜂长于体长。中胸盾片密布刻点，沿后缘光滑；小盾片前沟宽，内有明显纵脊；小盾片具稀刻点，近光滑。中胸侧板具粗糙刻点，后部光滑。后胸侧板腹方粗糙，中部光滑。并胸腹节粗糙。径脉第1、2段几乎等长；小脉从盘室下缘中部略基方伸出。后基节光滑。腹部第1～2背板具夹点刻皱，其余背板光滑。第1背板亚四方形，基部稍窄；第2背板短于第3背板，侧缘光滑；下生殖板端部尖。产卵管稍短。

天幕毛虫盘绒茧蜂雌成虫

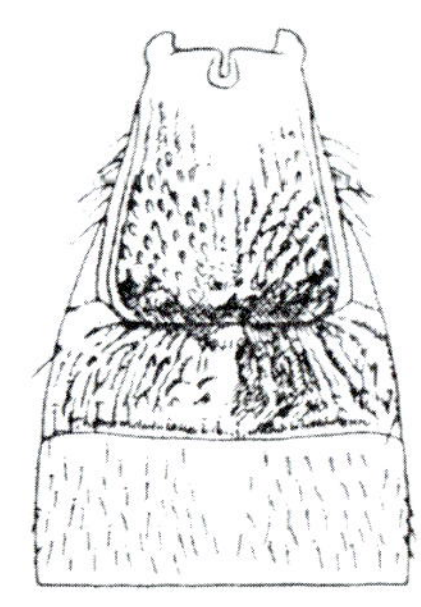

天幕毛虫盘绒茧蜂腹部第1～3节背板（采自 Wilkinson, 1945）

生活习性

在陕西1年2～3代，以老熟幼虫在寄主体内越冬。翌年4月下旬羽化，产卵于中龄以上的天幕毛虫幼虫体内。卵期2～5天，幼虫期6～15天，蛹期5～10天，成虫寿命约10天；若在室内不喂食情况下，成虫仅活3天。蜂的幼虫老熟后钻到寄主体外结茧化蛹，一般每块有茧34～54个，排列不规则，小茧淡黄色，长约3 mm，宽1.5 mm。雌性比53.2%。成虫白天活动，飞翔能力较强。据剖腹检查，每雌怀卵200余粒，说明繁殖力较强，并多次产卵，每头雌蜂可消灭5～7头天幕毛虫的幼虫。被寄生的幼虫初期仍能活动，随着蜂的幼虫生长发育，逐渐不吃不动，到蜂的幼虫钻出结茧时多已死亡。天幕毛虫幼虫上的寄生率约为10%。

寄主

该蜂寄生于天幕毛虫幼虫。

分布

山东、山西、陕西、浙江；前苏联，德国，法国，日本，美国，捷克，斯洛伐克，土耳其。

注 学名有用 *Apanteles gastropachae*

白蛾聚集盘绒茧蜂

Cotesia gregalis Yang et Wei,2002

形态特征

雌蜂体长1.4～2.0 mm，前翅长1.8 mm。黑色，单眼火红色，触角、上唇黄褐色，须节黄色。前中足及后足基节端部、转节、腿节和胫节黄色，后足基节大部分深红褐色，跗节褐黄色，各足端跗节褐色。前翅前缘脉褐色，翅痣及r、2—SR和2—M脉浅褐色。触角18节，鞭节第1～10各节上具2排条形感器，第11～16各节有1排条形感器，触角长为前翅的1.2倍，为体长的1.1倍。触角洼浅，洼顶位于触角窝至中单眼距离的1/2处，触角窝位于头部高度的1/2处。复眼内缘由上向下相向会聚，因而颜面在复眼上缘处的宽度显著大于复眼下缘处的宽度。下颚须长为头高的0.6倍。背观头宽与胸部基本相等，上颊长为复眼长度的0.7倍，上颊在复眼后稍向外鼓出，头顶圆隆，无后头脊。并胸腹节前部1/3与后胸背板基本处于同一水平上，表面光滑，后部2/3呈130°下倾，中纵脊弱，但完整，沿中纵脊两侧稍凹陷；气门位于前部1/3的侧方。前翅翅痣与痣后脉等长，r：2-SR：2-SR＋M＝7：7：6，2-M长为2-SR＋M的0.67倍，r从翅痣中部处发出，1-SR＋M稍弯，2-CU_1弯成弧形。后翅第1条脉弯曲，基室端部位于翅长的0.4处，由透明的翅脉围成的呈半圆形的缘室1和方形的亚缘室1存在。后足基节大，胫节2距长分别为基跗节的0.6和0.55倍。腹阔矛形，显著侧扁，长稍长于头胸部长度之和，为胸部长的1.4倍，第7节腹面竖起于腹末。产卵器从腹面端部伸出，外露出部分长为腹部长的1/8。下生殖板长，基部位于腹长的1/2处，端部向腹末后下方伸出。

雄体长1.3～1.6 mm，与雌相似，不同点为：触角各鞭节上都具2排条形感器，末节长圆锥形；各足跗节均为褐黄色，尤以后足跗节色较深，近褐色，后足腿节及胫节末端褐色；中胸小盾片毛密，载毛刻窝深；并胸腹节表面的皱脊形成显著的不规则刻窝；腹部短，长为头胸部长度直和的0.67倍，为胸部长的0.9倍。

白蛾聚集盘绒茧蜂雌成虫

生活习性

幼虫老熟后杀死寄主，钻出老熟的美国白蛾幼虫体外，围绕寄主体作茧化蛹。茧白色，较致密，成堆状位于寄主尸体旁。每头寄主出蜂21～64头，是美国白蛾幼虫期十分重要的天敌。

寄主

该种群集内寄生于美国白蛾老龄幼虫，自然寄生率一般为6%左右。

分布

辽宁、天津、河北、山东、陕西。

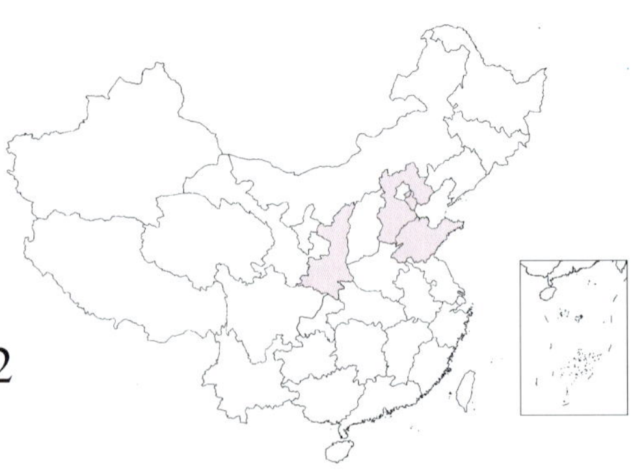

白蛾孤独长绒茧蜂

Dolichogenidea singularis Yang et You,2002

形态特征

雌蜂体长2.2～3.0mm，前翅长3.0mm。体黑色，触角褐色，须节浅黄色；足黄色，前中足腿节稍带褐色，后足基节同体色，足爪褐色；翅痣上下缘及缘脉延伸部分褐色，中部大部分黄色，前缘脉黄褐色，翅痣下方脉(r及2—SR)浅褐色，其余各脉淡黄色。触角18节，长为前翅的0.92倍，为体长的0.96倍，鞭节1～11每节上具2排条形感器，第12～16节短，每节具1排条形感器。下颚须长为头高的0.6倍。背观复眼长度为上颊的1.7倍，上颊在复眼后没有急剧向后收缩，而是平行状向后延伸，因而头部背观几成矩形，头顶圆隆，无后头脊。并胸腹节无中纵脊，但具2条亚中脊，其向后延伸，在并胸腹节中部围成一烧瓶状区域，从2条亚中脊上在并胸腹节中部各发出1条横脊（分脊），气门位于前方2/5处。前翅翅痣与痣后脉等长，2-M脉短桩状，长度小于2-RS＋M脉，r脉从翅痣中部偏后处发出，1-SR＋M脉直，2-CU1脉弯成弧形。后翅第1条脉强度弯曲成"3"字形，基室长，端部位于翅长的0.45处，并由透明翅脉围成第1缘室和第1亚缘室。中足胫节2距，外距（长者）与基跗节几乎等长，产卵器与后足胫节近等长，爪单齿。腹长为宽的1.8倍，为胸部长的0.9倍，宽度为胸部0.75倍。产卵器外露部分长，长为腹部的0.6倍；雄蜂与雌蜂相似，不同之处在于体长1.6～2.2mm。触角细长，仅端部3节显著变短，该3节中部无缢缩，触角长为前翅的1.2倍，为体长的1.4倍；各足基节同体色，端部无小黄斑，中足腿节基半部和后足腿节大部分黑色，后足胫节端部1/2及5个跗节均为暗褐色。

生活习性

自然寄生率在陕西、山东美国白蛾发生区可达5%～6%。幼虫老熟后杀死美国白蛾2或3龄幼虫，钻出寄主体外结茧化蛹。茧白色，较疏松。由于此时为寄主幼虫形成网幕危害期，故其茧结在网幕的丝网上，远离寄主尸体。本种是美国白蛾幼虫期十分重要的寄生性天敌。

白蛾孤独长绒茧蜂雌成虫

寄主

该蜂单个内寄生于美国白蛾1～3龄幼虫，也寄生杨扇舟蛾幼虫。

分布

天津、河北、山东、陕西。

枯叶蛾雕绒茧蜂

Glyptapanteles liparidis (Bouche,1834)

形态特征

雌蜂体长2.5mm。体黑色，具光泽。上唇与上颚黄褐色；须白色；触角黑褐色。足黄褐色；中足基节黑褐色；后足基节黑色，腿节端部、胫节顶端1/3及跗节黑褐色。翅透明；翅痣深褐色。第1～5腹节腹面及背板侧缘褐黄色至暗褐色。颜面具细刻点；头顶和后头平滑，具光泽。中胸盾片密布细刻点；小盾片具细而浅的刻点；后胸背板粗糙，具不规则皱褶。并胸腹节具粗刻点。前翅径脉第1、2段相接处不成角；回脉长约基脉的1/2；翅痣长约为宽的2倍；痣后脉比翅痣长；小脉后叉式。后足基节具细小刻点。腹部第1背板两边平行，向端部渐窄，长为宽的2倍多；第2背板端宽是基宽的2倍，比第3背板短；第1、2背板具纵皱；第3背板及其后各背板平滑，具光泽。

枯叶蛾雕绒茧蜂雌成虫　茧(上)和第1～3节板(下)（采自Wilkinson,1945）

生活习性

在我国华北和东北地区，以幼虫在赤松毛虫和落叶松毛虫幼虫体内越冬，被寄生的幼虫虫体肥大。1年可能发生4代。在赤松毛虫幼虫期可连续繁殖2代，而后转移到舞毒蛾幼虫上寄生2代。此蜂的越冬寄主都为松毛虫。在辽宁海城，越冬茧蜂幼虫于4月下旬从越冬松毛虫幼虫体内出来结茧，5月上旬成虫开始羽化。雄虫比雌虫羽化早1～2天。雌蜂羽化当天即可交配。第2天开始产卵，可产雄孤雌生殖。产卵期很长，1天可产卵几次，每次产卵平均14.7（2～50）粒；一生产卵量平均471（307～781）粒。在实验室内接蜂试验，枯叶蛾雕绒茧蜂喜欢寄生舞毒蛾的3龄幼虫，但对4～5龄幼虫也可寄生；对松毛虫喜欢寄生3龄以前的幼虫，超过3龄就不寄生。幼虫老熟后从寄主虫体两侧钻出体外，在寄主体上及其周围结松散的白色小茧化蛹。小茧绒毛状，长椭圆形，长3.8～4.2mm，数个或数十个疏松地群集在寄主体上及其周围。1头松毛虫幼虫平均出蜂28.4（4～74）头；而在舞毒蛾幼虫上，第1代平均出茧7～9个，第2代14～22个。此蜂在20～27℃变温条件下，卵期3～3.5天，幼虫期7～19天，预蛹期1～1.5天，蛹期3.6～5天，成虫寿命雄虫10天、雌虫14天。在黑龙江桦南，1982年此蜂对舞毒蛾幼虫的寄生率达15.3%～39.8%；1976～1977年在河北丰宁对油松毛虫的平均寄生率为6.7%，最高达39.3%；对落叶松毛虫平均寄生率为15.6%，最高达23.6%。此蜂的重寄生蜂很多。

寄主

该蜂在我国寄生于赤松毛虫、马尾松毛虫、油松毛虫、落叶松毛虫、舞毒蛾等幼虫。

分布

黑龙江、吉林、辽宁、内蒙古、山西、河南、陕西、浙江、湖南、广西、台湾；朝鲜，日本，前苏联（西伯利亚），美国，欧洲。

注　异名有枯叶蛾绒茧蜂、毒蛾绒茧蜂及*Apanteles liparidis*

松小卷蛾长体茧蜂

Macrocentrus resinellae (Linnaeus,1758)

形态特征

雌蜂体长4.3 mm；产卵管鞘长7.1 mm。体黑色，有时触角基部环节、前中胸和后胸侧板黄褐色。足黄褐色；后足胫节和跗节带烟褐色。翅稍带烟褐色，翅痣浅褐色，后翅色较浅。头横宽。触角44节。头顶光滑。单眼稍小。额光滑，有浅中纵沟。脸稍拱，具细刻点。唇基平滑，端缘平截。背观复眼长为上颊的3.1倍。颚眼距为上颚基宽的0.33倍。上颚稍强，闭合时齿端相接，两齿尖。前胸背板侧面近于光滑，凹槽内具很弱并列刻条。中胸盾片和小盾片光滑，稍具浅稀刻点；盾纵沟深，后部汇合处有一中纵脊。中胸侧板满布较稀刻点；胸腹侧脊完整；基节前沟弱。后胸侧板具模糊夹点刻皱。并胸腹节仅中央具不规则夹点刻皱，其余部位光滑。前翅径脉第1段：第2段：肘间横脉=7.5：13.5：21.2，回脉：第1肘脉端段=15：4，小脉（内斜）：小脉至基脉间距=6：7，亚基室整个具稀毛，在近端部下缘有浅黄色斑。后翅径室中部稍收窄，端部稍扩大。后足基节光滑；转节端齿3～4个。爪无基叶突。腹部第1、2背板及第3背板具纵刻条，长分别为端宽的2.2、1.4和1.2倍。

生活习性

在湖北南漳1年发生2代，以卵在松梢螟幼虫体内越冬。次年2～3月幼虫孵化，3月下旬开始老熟，钻出寄主体外结茧化蛹。4月中下旬到5月中旬为化蛹盛期，5月下旬到6月中旬为越冬代成虫羽化盛期。7月中旬至8月中旬为第1代化蛹盛期，8月上旬至9月中旬为第1代成虫羽化盛期，同时产卵于寄主体内。在野外，此蜂生活史并不整齐。成虫一般多在上午6～12时羽化，同一茧团羽化出来的成虫常为单性，一般可出蜂43～66头。雌虫羽化后立即进行交配，第2天开始产卵。产卵时雌虫在松梢附近飞翔，寻找有新鲜蛀屑和少粪的松梢螟蛀孔，将产卵管插入试探几次，然后产卵于体内。每次产卵几粒至几十粒不等。每头雌蜂一生可产卵500～600粒。成虫飞翔力强，有趋光性。幼虫老熟时，钻出寄主体外，在蛀道内结茧化蛹，茧排列整齐，常2～3行紧密地排在一起，初期为淡黄色，以后逐渐变成黄褐色至黑褐色。从成虫产卵到幼虫钻出寄主体外结茧平均为16.6（13～22）天。预蛹期l天，蛹期11～12天。在室内26～30℃条件下，完成1代约需29～31天。

松小卷蛾长体茧蜂雌成虫　　在松梢内的蜂茧（采自严静君等，1989）

寄主

该蜂在国内寄生于微红梢斑螟、落叶松球果蛀蛾、油松毛虫、松小卷蛾、油杉球果小卷蛾等幼虫。

分布

黑龙江、吉林、辽宁、内蒙古、山东、山西、陕西、江苏、浙江、湖北、四川、云南；俄罗斯（包括远东），哈萨克斯坦，欧洲。

斑痣悬茧蜂

Meteorus pulchricornis (Wesmael,1835)

形态特征

雌蜂体长3.5～5.0 mm。体黄褐色至赤褐色；单眼区、触角至端部、并胸腹节、通常第1背板及腹部末端、后足腿节端部、胫节端部、端跗节及爪褐色或黑色；翅痣沿前缘黄色，下方有褐色斑。单复眼间距及侧单眼间距分别为单眼长径的1.6倍及2.0倍；颜面下端宽长于其高；触角29～32节。并胸腹节具不规则刻纹，有中脊。前翅回脉多对叉式，少数稍前叉式。腹部第1背板近基部通常有2个小凹洼，凹洼之后具纵刻条；背板下缘在腹面从基部2/7～3/7处短距离相接。产卵管鞘约为腹长的1/2。

斑痣悬茧蜂雌成虫

生活习性

在四川饲养，从5月15日至8月21日，可连续饲养繁殖4代，估计1年发生代数可能还多些。在室温为24.5～26.7℃条件下，用棉铃虫3龄幼虫接种饲养，卵和幼虫期为11～12天，茧蛹期6～9天，完成1个世代17～21天，成虫寿命一般为8天，喂糖水的可生活30天。成虫飞翔力和搜索力很强，喜欢寻找2～3龄舞毒蛾或3～4龄棉铃虫幼虫寄生。1个雌虫平均腹内含卵50粒。卵产于寄主幼虫体内，为单寄生。雌性比一般为56%。有产雌孤雌生殖能力，蜂幼虫共3龄。幼虫被寄生初期，仍能继续取食和脱皮，但取食量少，生长缓慢，至10～12天则完全停止取食。老熟后钻出寄主体外吐丝下垂，悬空结茧，化蛹其中。茧似麦粒，长约5 mm，径2 mm；外表具粗丝；多为黄褐色，一端连着很长的细丝悬挂在树枝上，丝的长度可达50 cm。在栎树林内，悬茧蜂的茧多悬挂在树干下层的枝条上，随风摆动，或缠在树下灌木上，不易被人发觉。寄生蜂有负泥虫沟姬蜂等。

斑痣悬茧蜂茧

寄主

该蜂在国内已知寄生于林业害虫四星尺蛾、人纹污灯蛾、桑绢野螟、桑剑纹夜蛾、梨小食心虫及农业害虫棉大卷叶螟、瓜绢野螟、棉小造桥虫、棉铃虫、甜菜夜蛾、粘虫、斜纹夜蛾、银纹夜蛾、烟夜蛾、稻苞虫等幼虫。

分布

黑龙江、吉林、河北、山西、河南、陕西、江苏、浙江、安徽、江西、湖北、湖南、四川、贵州；古北区，北非。

注 学名曾用 *Meteorus japonicus*

布氏螯蜂

Dryinus browni Ashmead,1905

形态特征

雌蜂体长6.7～6.8 mm；长翅。体黑色。触角褐黄色。唇基前缘和侧缘黄色。足褐色。头有颗粒状刻点。触角末端膨大；第3～7节较扁平，宽为厚的2倍。侧单眼间距为单复眼间距的6倍。前胸背板有1条弱的前凹痕和1条强的后凹痕；中域有颗粒状刻点。中胸盾片有颗粒状刻点；盾纵沟伸达中胸盾片长度的0.85；小盾片有颗粒状刻点。前翅透明，有3个褐色的带状横斑；径脉端段明显比基段长。前足跗节变大爪有1个亚端齿和19个叶状突排成1行；前跗节端段比基段长（18.0：3.5），内缘有45个（21+24）叶状突排成2行，端部有17个叶状突成丛状。

雄蜂体长3.2～3.3 mm；长翅。体黑色。触角褐色。足褐黄色。头有颗粒状刻点和网皱。触角端部渐细；第3节长约为宽的5倍。侧单眼间距与单复眼间距约等长。中胸盾片有颗粒状刻点和弱的网皱；盾纵沟伸达中胸盾片长度的0.85处。前翅透明，无褐色的带状横斑；径脉端段与基段等长。外生殖器的阳基侧铗与腹铗等长，比阳茎略短；腹铗基的端部有4根鬃。

生活习性

在北京，1年发生1代，以3龄幼虫在墙缝中、屋檐下或植物茎叶等处的茧内越冬。越冬幼虫于4月底开始进入蛹期，蛹期13～20天；蛹于5月上、中旬开始羽化，常在茧内停2～4天才破茧而出。雌蜂羽化后即可交尾，交尾后寻找斑衣蜡蝉的1～2龄若虫吸食体液，并在臭椿树干上爬行或短距离飞翔寻找斑衣蜡蝉若虫或成虫。该蜂捕捉前先将前足缩拢放于胸侧，然后一跃而上，伸展前足用螯夹住猎物的足，同时用上颚咬，用螯针去螯猎物足基部，使其暂时麻痹，失去挣扎能力。用腹端在若虫翅芽内产卵。卵椭圆形，末端微露。对1～4龄若虫产卵寄生较容易。被寄生的蜡蝉一般不再遭捕捉。雄蜂寿命仅3天，雌蜂会吸吮寄主体液而长达13天。卵期5～7天。幼虫6龄，一直固定寄生在寄主后翅芽下方，头尾两端在寄主体内而身躯大部分外露，逐渐膨大成虫囊。虫囊的大小与色彩因龄期不同而异，一般呈灰黄至灰褐色，有整齐的斑纹。幼虫老熟后在7月初开始脱离虫囊寻找适合地点吐丝织茧。茧长椭圆形，背面隆突，分两层；外茧长宽是7～10mm × 3.5mm；内茧长宽是5～7.5mm × 2mm。幼虫作茧后身体明显缩短，并以此越夏或越冬。

布氏螯蜂雌成虫

布氏螯蜂雄成虫

寄主

该蜂寄生于斑衣蜡蝉和蜡蝉。

分布

北京、河南、福建、海南、香港；菲律宾，老挝，斯里兰卡，马来西亚。

注 曾用名有斑衣蜡蝉螯蜂 *Dryinus lycormae* Yang

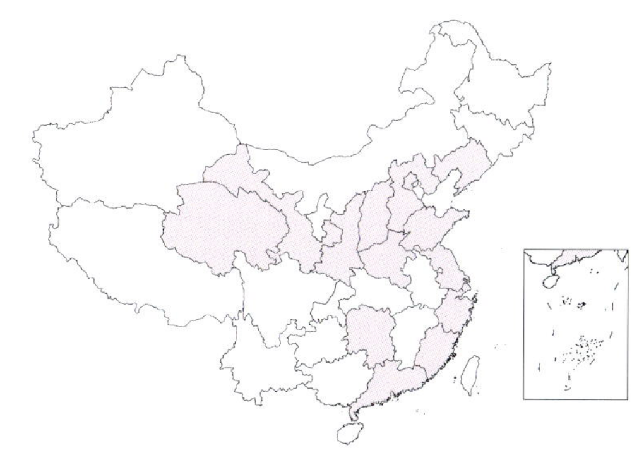

管氏硬皮肿腿蜂

Sclerodermus guani Xiao et Wu,1983

形态特征

无翅雌蜂：体长3.0～4.5 mm。头部褐色；触角黄色，第1节基部2/3黄褐色。胸部红褐色；中胸背板前缘褐色；足黄褐色。腹部黑褐色。体有细弱的刻点，略具光泽。头的长宽比为10：9；额宽与眼长比为12：7；无单眼；唇基前缘呈弧形凹入；上颚具3～4齿。触角第1～5节长度比为19：5：3：3：3；第1节长宽比为3：1；第2节和末节长大于宽；第3～12节均宽稍大于长。前胸背板长稍大于宽；中胸背板的长宽比为2：3。

有翅雌蜂：体长3.0～5.5 mm。体黑褐色。触角黄褐色，第1节基部2/3褐色。后胸背板具2大块黄褐色圆斑。足褐色，腿节和胫节端部及跗节黄色。头的长宽比为6：5；额宽与眼长比为13：7。触角第1～5节长度比为5：2：1.5：1：1。具单眼。前胸背板和后胸背板的长宽比为2：1。翅基脉与横中脉长度比为2：3。

有翅雄蜂：体长1.8～3.0 mm。体黑褐色至黑色。触角褐色，第1节黑褐色。足褐色，腿节和胫节端部及跗节黄色。体有细弱的刻点，略具光泽。头的长宽比为17：16；额宽与眼长比为13：7；具单眼；唇基前缘较平截；上颚具3～4齿。触角第1～5节长度比为3：2：1：1：1。中胸背板长宽比为3：4。翅基脉与横中脉之比为2：3。

生活习性

1年发生世代数因地区而异，在山东4代，粤北山区5～6代，广州7～8代。以受精的雌蜂在寄主虫道内群居越冬。翌春气温达20℃时出蛰活动。在22℃和30℃温度下，卵期平均分别为6.5和3.5天，幼虫期平均11.5和7.9天，蛹期平均22.7和12.4天，雌成蜂平均寿命99和35天。越冬代雌蜂寿命可长达9个月。雄蜂一般只有6～9天。卵、幼虫和蛹的发育起点温度分别为12.94、9.07和13.60℃，有效积温分别为60.18、169.71和229日度。成虫羽化后在虫道内进行交尾；3～4天后爬出虫道寻找新寄主；找到寄主后，即用产卵器重复刺螫寄主，使其麻痹，并取食寄主体液作补充营养，然后产卵。卵多产在寄主的胸、腹部两侧和体壁皱褶处。幼虫群聚寄主体表寄生，老熟后在虫道内结茧化蛹。雌蜂有护卵习性。1头青杨天牛幼虫平均出子蜂25.6～55.4头，最高达76头。1头雌蜂一生最多能寄生5头青杨天牛幼虫，繁蜂247头。该蜂的雌性比可高达98%。雌蜂可产雄孤雌生殖。

管氏硬皮肿腿蜂雌成虫（左）和寄生天牛体外的幼虫（右）
（采自严静君等，1987）

寄主

自然寄主包括粗鞘双条杉天牛、青杨天牛、松褐天牛和星天牛等害虫。在实验室条件下，该蜂可寄生3个目22科56种昆虫的幼虫和蛹。常用青杨天牛做寄主进行大量繁殖防治上述几种天牛。美国从我国引进该虫防治光肩星天牛。

分布

辽宁、北京、河北、山东、山西、河南、陕西、甘肃、青海、江苏、上海、浙江、湖南、福建、广东等；美国。

四川硬皮肿腿蜂

Sclerodermus sichuanensis Xiao,1995

形态特征

无翅雌蜂：体长3.5～4.5 mm。体黑色。触角黄色，第1节黑褐色。足黑色，跗节黄色。体有细弱皱纹和小刻点，有光泽。头的长宽比为10：9；额宽与眼长比为9：5；无单眼；唇基前缘呈弧形凹入深；上颚具3齿。触角第1～5节长度比为23：6：3：2：2；第3节长约等于宽。

有翅雌蜂：体长3.5～5.0 mm。体黑色。触角黄色，第1节黑褐色。足黑色，跗节黄色。有些个体并胸腹节背面有2个圆形的褐黄色斑。体有细弱皱纹和小刻点，有光泽。头的长宽比为6：5；额宽与眼长比为3：2；具单眼；唇基前缘呈弧形凹入浅；上颚具3齿。触角第1～5节长度比为7：2：1：1：1。

有翅雄蜂：体长2.2～3.0 mm。体黑色。触角褐黄色，第1节黑褐色。足黑色，跗节黄色。体有细弱皱纹和小刻点，有光泽。头的长宽比为10：9；额宽与眼长比为17：10；具单眼；唇基前缘较平截；上颚具4齿。触角第1～5节长度比为13：4：2：1：1；第3节长稍大于宽。

生活习性

在四川1年发生3～4代。以成蜂在天牛蛀道内越冬。翌春气温达20℃时出蛰活动，寻找新寄主；找到寄主后，即先行麻痹，再进行补充营养和产卵寄生。每头寄主幼虫上可产卵数粒至100多粒。幼虫群聚寄主体表寄生，老熟后在虫道内结茧化蛹。雌蜂有护卵和护幼习性。温度对该蜂活动能力和发育速度有明显影响。在室内平均气温为19.1～26.4℃、23.5～27.8℃和25.8～30.2℃的变温条件下，完成1个世代的时间分别是36.3、27.5和21天。在22℃的恒温条件下，该蜂的卵期、幼虫期和蛹期分别为4～5天、10～14天和30～40天，1个世代的平均历期是51.7天。在15℃、20℃、25℃、28℃和33℃的恒温条件下，其爬行速度分别是16.8、46.8、61.8、75和141 cm。在23～24℃恒温下，成蜂平均寿命是47天。但在室温下，越冬代雌蜂寿命可长达300天。该蜂较适于寄生个体较小且活动能力较差的个体。1头杉棕天牛幼虫平均出子蜂37.7～41.5头，最高达88头。1头雌蜂一生一般寄生1～2头，最多能寄生5头杉棕天牛幼虫。每雌平均产卵量为60余粒，最高可达185粒。如用个体较大的粗鞘杉天牛幼虫作寄主，单头幼虫平均出子蜂52.1～103.1头，最多可出子蜂300头。该蜂的雌性比可高达95%。雌蜂可产雄孤雌生殖。

四川硬皮肿腿蜂雌成虫侧面（左），背面（中）和雄成虫（右）

寄主

自然寄主最早发现寄生于粗鞘双条杉天牛。在实验室条件下，已知该蜂可寄生3科10种昆虫的幼虫。常用杉棕天牛作寄主进行大量繁殖。国内主要用于粗鞘双条杉天牛、双条杉天牛、花椒虎天牛、星天牛和松褐天牛等害虫的生物防治。

分布

四川。南方许多省区还引进繁殖利用。

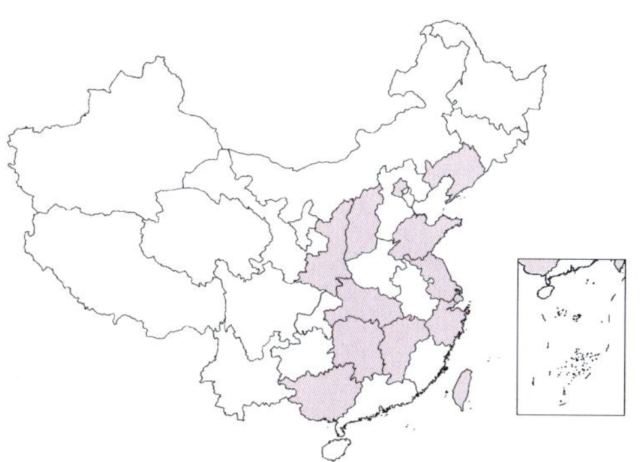

上海青蜂

Praestochrysis shanghaiensis (Smith,1874)

形态特征

雌虫体长9～12 mm。体背有绿、紫、蓝色金属光泽，腹面蓝绿色。头部的颜面和头顶中央至后头绿色有光泽；单眼区紫黑色向后呈三角形延伸；复眼赭色。触角基部绿色，其余黄褐色。前胸背板绿色；中胸盾片中央深紫色，侧叶内缘紫色，外缘绿色；中胸小盾片和后胸背板绿色；翅基片黑色有金属光泽。翅带黄色，翅脉黑褐色。足有绿色金属光泽，但跗节黄褐色。腹部第2背板基部和第3背板大部分有紫色纹，后缘绿色。产卵管黄褐色。头部和胸部具粗刻点；触角鞭形，13节。中胸盾纵沟明显；中胸小盾片及后胸背板突出。腹部背面3节，密布小刻点；第3背板后缘有5个小齿。产卵管明显伸出。雄虫腹部大部分呈紫蓝色，其余特征同雌蜂。

上海青蜂雌成虫

生活习性

在上海1年发生2代。10月间以老熟幼虫在刺蛾茧内越冬。次年春季开始化蛹。越冬代和第1代成虫分别于6月下旬至7月上旬和8月下旬至9月上旬羽化。蜂羽化后即咬破刺蛾硬茧爬出。成虫活动力强，能飞善爬，飞翔迅速，常在树冠或树丛中飞翔觅偶交配。雌虫只交配1次，雄蜂可交配2次。此时正值黄刺蛾老熟幼虫结茧期。雌蜂发现刺蛾寄主后，先用触角进行侦察，后用上颚在茧壳一端或紧贴树枝部位，用20～30分钟咬1个约1 mm的小孔；再转身伸出长约7 mm的产卵器，经小孔插入刺螫刺蛾幼虫；先分泌毒液使幼虫麻痹，再产1粒卵于刺蛾幼虫体上，一般持续19～30分钟；产卵完成后，口吐黏状物把咬破的小孔封闭，也需10～20分钟左右；最后在虫茧周围视察一遍方才离去。蜂卵孵化后，即在刺蛾幼虫体外吸食体液。如1茧内产卵多粒时，孵化的幼虫会自相残杀，最后仅剩1头存活。成虫寿命较长，雌蜂和雄虫分别为1个多月和12～15天。1头雌蜂平均产卵11.3粒。卵期约4天。幼虫共5龄，1龄幼虫历期4天，2～4龄幼虫历期平均各为3天。

上海青蜂在寻找寄主（左）和羽化状（右）（采自严静君等，1989）

幼虫老熟后作金黄色茧化蛹。蛹期1个月左右。当受到惊扰时，成蜂常会将身体卷曲呈假死状。上海青蜂的自然寄生率：1962年上海为19%，1984年北京为25.8%，1985年山东烟台高达50%。此蜂会被刺蛾广肩小蜂盗寄生。美国曾从我国引进用于防治害虫。

寄主

此蜂寄生于黄刺蛾茧内幼虫。

分布

辽宁、北京、山东、山西、陕西、江苏、上海、浙江、江西、湖北、湖南、台湾、广西等；朝鲜，日本，印度，泰国，印度尼西亚，美国。

注 *Chrysis shanghaiensis*为本种异名

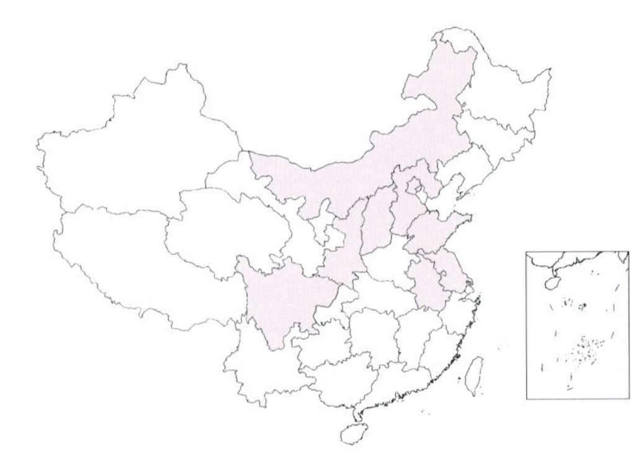

大斑土蜂

Scolia clypeata Sichman

大斑土蜂成虫

形态特征

雌蜂体长18～25 mm。体黑色。头顶、前胸背板肩板、中胸盾片盾纵沟处的两纵线、小盾片中央、中胸侧板上部斑点、前足胫节外侧中央部分为黄色。腹部第1节背板有一瘤状突起的痕迹。腹部第2背板上具4个黄色斑点，第3背板中央中断带为黄色。头、胸、足具红黄色至白黄色毛，腹背着生黑色毛，其光滑部分及腹板处有部分红黄色毛。翅棕色，具光泽，前翅前缘色较深，翅上有黄褐色毛。

雄蜂体长14～18 mm。腹部第1背板具2个黄色小点，第2背板的2个大点及第3背板中间的2个点均为黄色。

生活习性

在北京地区1年约可完成2～3个世代，发生世代重叠，以蛹在土中寄主蛴螬土室内越冬。6月末到7月上旬在室内接蜂产卵，子蜂于8月上中旬羽化，完成1个世代约需40天，其中卵期约2.5天，幼虫期4～5天，茧蛹期约1个月或稍长。成虫寿命20多天到3个月。9月上旬接蜂产卵的，可在室温条件下越冬，并于次年3月中旬羽化出成虫。在野外，成虫于6月下旬开始出现，到9月底10月上旬不再发现。成虫以杨柳科等多种植物的蜜源为食。产卵于土壤内的金龟子幼虫体表，卵多产在腹部第4～5节上。幼虫孵化后营体外寄生，将口器插入金龟子幼虫体内，吸取寄主体液为生，待寄主体液被吃完后，土蜂幼虫发育成熟，从肛门排出乳白色蛹便，并在土室内结茧化蛹。成虫羽化时咬破壳端茧部外出，钻出土外。

寄主

此蜂可寄生白纹铜花金龟幼虫。

分布

内蒙古、北京、河北、山东、山西、陕西，江苏、安徽、四川；印度。

黄喙蜾蠃蜂

Rhynchium quinquecinctum (Fabricius,1852)

形态特征

体长13～18 mm。头宽略窄于胸。额黄色，触角窝间有1个锚形黑斑。头顶及上颊棕黄色，头顶正中有1个锚形黑斑。后头黑色。触角呈棕色。雌蜂唇基棕黄色，侧缘上部近黄色；雄蜂黄色。上颚棕色，端齿尖，内缘3齿较钝。前胸背板棕黄至棕色。中胸盾片棕色，前方有一三角形黑斑，端缘黑色或有时完全黑色，两侧为棕色斑纹。小盾片基部黑色，端部棕色。后小盾片棕色，边缘黑色，侧缘有突起。中胸侧板黑色，上方有1块棕色斑。后胸侧板黑色。并胸腹节棕色至黑色。各足基节、转节和腿节（大部或小部分红棕色）黑色；前足胫节，跗节棕红色，中、后足胫节（内侧棕色）和跗节棕黑色；爪具齿。第1～2背板同宽。第1～6各背板基部黑色，端部棕色，但第3～6各背板常缩入前1节，故仅见棕色。第1腹板中央黑色，边缘棕色；第2～4腹板黑色，仅端缘棕色；第5～6腹板棕色。

黄喙蜾蠃蜂侧面（上）、背面（下）、

生活习性

在浙江1年发生2代，以预蛹期在蜂室内越冬。次年5月下旬开始化蛹，6月中、下旬羽化为成虫。经过约半个月补充营养，于7月上、中旬雌蜂产下第1代卵。卵期2～3天，幼虫期8～9天，预蛹期3～5天，蛹期10～12天，从卵到成虫羽化共需23～29天。9月中、下旬第1代成虫开始产卵作巢。第2代幼虫于9月下旬开始进入预蛹期准备越冬。成虫羽化后先在蜂室内停留1～2天，然后咬破土壁飞出。交配多在晴天进行，再经过一段时间补充营养，待卵巢内的卵发育成熟后，寻找竹管或墙洞等适宜的产卵场所。如果找到竹管，便爬进去试探，若条件适宜，则先在竹管深底产1粒卵挂在顶壁处，然后爬出识别管口周围的环境，再飞向四处捕捉猎物。一经发现便扑向猎物，紧咬颈部，双足抱握，并弯腹伸出螯针刺入虫体，注入毒液将幼虫麻醉，然后将其拖进竹管内有蜂卵的下方，捉回1条幼虫大约经过10～40分钟，如此反复。每室蜂卵（室）的下方，平均放15条（6～25条）幼虫，最后衔回潮湿泥团将蜂室封闭。作好第1个蜂室后，再产1粒卵，继续作第2个蜂室。1支14 cm长的竹管，一般可作3～5个蜂室。每头雌蜂每天大约能产卵6～12粒。卵孵化时卵壳自下方直裂，初孵幼虫便落在作为食物堆放的已麻痹幼虫体上，不久便能取食。幼虫发育很快。成蜂羽化时，外室的先出内室的后出。

猎物

该蜂捕食范围很广，可以捕食杨扇舟蛾、斜纹夜蛾、棉卷叶野螟、银纹夜蛾等多种农林鳞翅目幼虫。

分布

黑龙江、辽宁、河北、河南、江苏、浙江、江西、湖北、湖南、四川、台湾、福建、广东、广西、云南；孟加拉国，缅甸，印度等。

陆马蜂

Polistes rothneyi grahami van der Vecht,1968

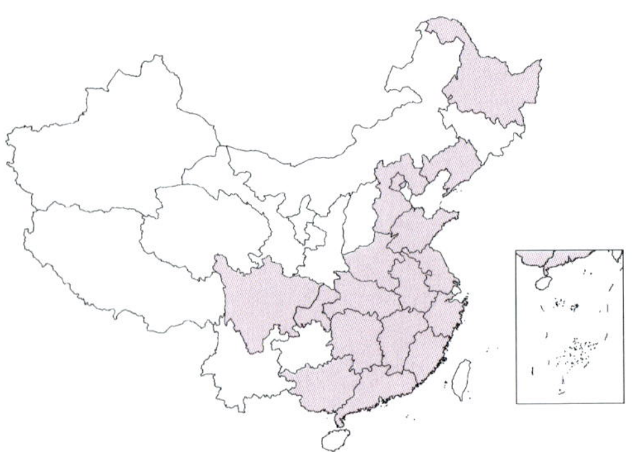

形态特征

体长约23 mm。体基本上橙黄色。头顶中央和触角窝上部各有1条黑色横带；唇基宽大于高，基部黑色，额沟明显。支角突背面有纹和触角背面黑色。上颚宽短。前胸背板中部两侧三角形小斑和两下角黑色。中胸盾片长大于宽，除2条纵斑外黑色。小盾片、后小盾片（窄横条状）略隆起。胸部腹板均黑色。各足基节、转节黑色；腿节和胫节除其端部或外侧均多少黑色；中、后足基跗节基部黑色。腹部第1节除背板端部及两侧斑外黑色；第2～5背板基部横带黑色。

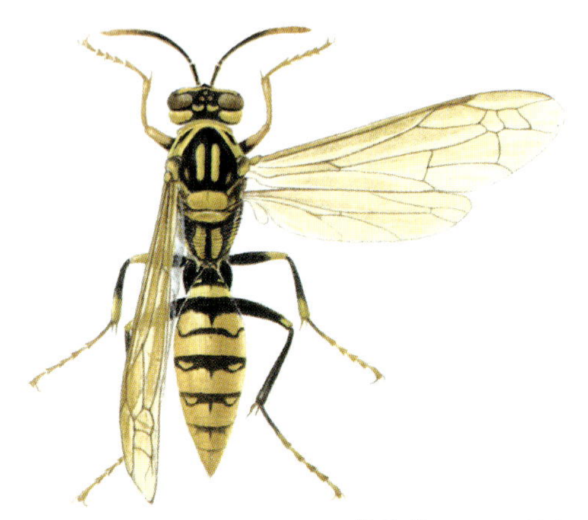

陆马蜂（采自李永禧等，1990）

生活习性

在北京地区1年发生3代，有世代重叠现象。以受精雌蜂在树洞及秸秆堆积处等隐蔽场所成团越冬。次年4月初，气温约达14℃开始散团，出蛰期可长达34天。在4月底5月初气温约达17℃时，雌蜂开始在树枝等处自建新巢并产卵，而为该巢之后蜂。第1代幼虫、蛹和成虫分别于5月中旬、5月下旬和6月上中旬出现。此代子蜂绝大部分为雌性职蜂，接替后蜂建巢，外出捕食，饲喂幼虫及保卫蜂巢之职能；后蜂主要司产卵之职。少数第1代雄蜂可与同代雌性职蜂交配、受精而成为当年之新后蜂。这些新后蜂多离开原巢另建新巢，并产下当年第2代卵。第2代成蜂大部分也是雌性职蜂。第3代蜂最早出现于8月上旬，此时自然界中3代蜂并存，蜂数较多，世代重叠，各虫期都有。秋季来临，各巢的雄性子蜂数增加到约占1/3，并与巢中雌蜂交尾。当气温降至10℃时，通常在9月上旬至10月下旬，新受精的第3代雌蜂则纷纷离巢寻觅隐蔽场所抱团越冬。陆马蜂的卵期约7天，幼虫期约10天，蛹期约13天，每月约可发生1代。越冬后蜂在产下最后一批卵后就死亡，其寿命最长达1年左右。雌性职蜂寿命约2～4个月；雄蜂在交尾后不久死亡，寿命约2个月。成虫建巢产卵、给幼虫喂食等习性与亚非马蜂相同。幼虫老熟后即吐丝将蜂室封口，并在室内化蛹。6月初以上颚咬破巢口，羽化为成蜂。

蜂巢边活动的陆马蜂（采自严静君等，1989）

猎物

该蜂捕食鳞翅目和双翅目幼虫，是油松毛虫及棉铃虫的重要天敌之一。

分布

黑龙江、辽宁、北京、河北、山东、河南、江苏、浙江、安徽、江西、湖北、湖南、四川、福建、广东、广西。

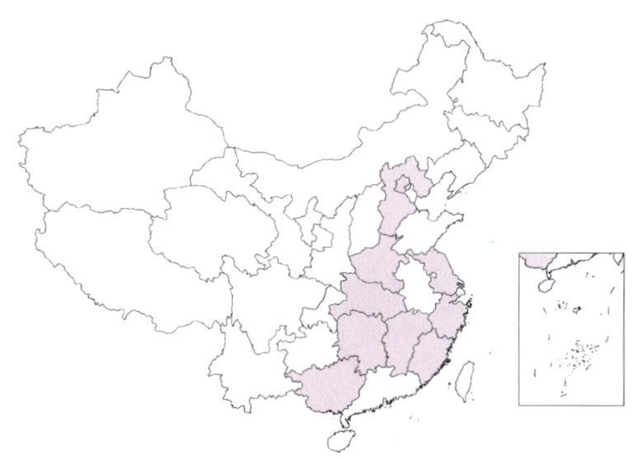

亚非马蜂

Polistes olivaceiis (De Geer,1773)

形态特征

雌蜂体长23 mm。头部棕色，覆黄色短毛；两复眼顶部之间横带、触角窝之间横带、上颚除端部和唇基周边均黑色；额上方和唇基有刻点；唇基宽大于长。前胸背板前缘具三角形黑斑。中胸盾片略隆起，底色黑色，中央两侧有长的橙色纵斑。小盾片橙色。后小盾片横带状，端部中央及侧前方橙色。并胸腹节斜截，黑色，中央有深纵沟，中央两侧及侧面共有4条橙色纵带，具横皱。各足基节、转节及前足腿节内侧基半、中足腿节基部1/3、后足腿节（除端部）和胫节均为黑色，其余橙色或棕色。腹部6节，第1背板基部黑色，两侧具棕色斑，端部橙色；第2背板基部棕黑色，后半部橙色，具一紫黑色波状横带，中央向前弯曲。雄蜂额白色；触角13节，鞭节黑色；唇基扁平；前、中足基节前缘黄色。

生活习性

在河南商丘1年发生1～3代，以受精雌蜂在隐蔽场所抱团越冬。次年4月上旬气温达到6℃以上时开始活动，中下旬为出蛰盛期。第1代卵、幼虫、蛹和成虫分别于4月10日、5月中旬、5月底和6月10日前后开始出现。第2、3代分别于6月中下旬和7月中旬出现卵，7月初和7月下旬开始化蛹，7月中下旬和8月间出现成虫。各虫态发育历期差异很大，卵期为7～25天，幼虫期7～37天，蛹期8～15天，成虫寿命很长，越冬雌蜂可生活1年左右，到7～8月仍可产卵。未受精卵育出的雄蜂，可与当代或上代雌蜂进行交配。此蜂世代重叠，在蜂巢上各虫态常可同时看到。春末夏初，雌蜂以朽木、麦秸、纸屑等物质，经过口器加工，作为营建蜂巢的主要材料。蜂巢六棱形，多筑在房舍屋檐、柴垛等处。1个雌蜂只建1个蜂巢，每筑1个蜂室通常就产1粒卵，每天产1～3粒，1头越冬雌蜂约产卵150粒。幼虫全靠成蜂用上颚将猎物加工成“肉团”喂养，天热时还需喂水，并负责蜂巢清洁和保卫。随着幼虫发育，雌蜂逐渐加高蜂室。幼虫脱皮4次，于蜂室内化蛹。化蛹后，雌蜂在化蛹的蜂室内再次产卵。幼虫孵化后，继续加高蜂室，使蜂巢呈柱形或球形。蜂羽化后，次生幼虫逐渐向蜂室底层移动，并吐丝化蛹，雌蜂再在蜂室内产卵，因此1个蜂室先后可育2～4代。新成蜂出现后，开始扩建新蜂室，使蜂巢很快加大。当担负起抚幼等项任务后，老蜂的活动量渐趋减少。进入秋季后，各代各巢雌雄蜂之间均可进行交配。雄蜂交配后进入越冬前全部死亡，雌蜂在越冬前和越冬期间死亡很多，因此到越冬后种群数量明显凋落。此外，还常遭受巢螟、蚂蚁、麻雀、病菌等的侵害。通过人工辅助蜂群越冬，提高成活率和在盛蛹期人工助迁扩大活动范围，加以保护利用。

亚非马蜂（采自李永禧等，1990）

猎物

该蜂常见，食性杂，可以捕食鳞翅目、双翅目等的多种幼虫，是马尾松毛虫、油松毛虫等林业害虫天敌。

分布

北京、河北、河南、江苏、浙江、江西、湖北、湖南、福建、广西；印度，缅甸，埃及，伊朗。

注 学名有用 *Polistes hebraeus*

黄猄蚁

Oecophylla smaragdina (Fabricius,1775)

形态特征

工蚁体长6.0～11.0 mm，弱多型性，个体大小略有分化。头部近三角形，向前变窄。后头缘轻度凹陷，后头角圆钝。上颚长三角形，约具10齿。唇基前缘轻度隆起。触角很长，12节，柄节一半以上超出后头角。复眼大而突出，内缘直。侧面观中胸强烈收缩，从而使胸部呈哑铃形。前胸背面圆形隆起，前中胸背板缝明显。中胸背面圆形凹陷。后胸沟明显。并胸腹节背面圆形隆起。腹柄长，近圆柱形，向后加粗。上颚具密集细纵条纹。头和体具细密网状刻纹。头部和身体背面具稀疏倾斜绒毛被，缺立毛。腹末具丰富亚直立短毛。全身橙黄色。

雌蚁体长15.0～18.0 mm，粗壮，具翅。头胸部青黄色，腹部翠绿色。

黄猄蚁背面

生活习性

黄猄蚁是一种热带树栖性蚂蚁，在树上建巢，蚁巢以其幼虫吐出的丝连接树叶建造而成。小型巢直径5～6 cm，大型巢直径达40～50 cm。有单蚁后制和多蚁后制，蚁巢中有1至数头雌蚁。蚁巢内个体通常少于1000头。工蚁在树上和树基周围地面觅食，食物广泛，攻击性强，能有效控制害虫危害。早在约公元340年的晋代《南方草木状》一书中已记录，广东果农出售蚁巢，助迁该蚁防治柑橘园害虫。在云南西双版纳的橡胶人工林内，46%的植株有黄猄蚁筑巢并受到良好保护。

黄猄蚁侧面

猎物

已知黄猄蚁捕食的害虫有蝗虫、螽斯、椿象、吉丁甲、金龟子、叶甲、天牛、象甲、叶蜂等。

分布

福建、广东、海南、广西、云南、香港、澳门；东南亚。

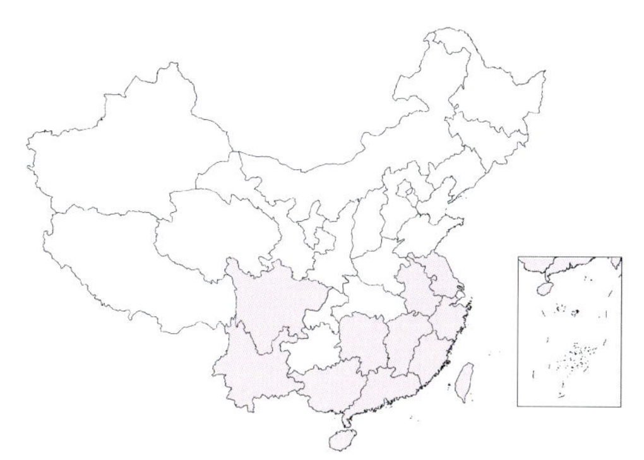

黑褐举腹蚁

Crematogaster rogenhoferi Mayr,1879

形态特征

工蚁体长2.7～5.0 mm。头部近方形，后头缘轻度凹陷，头侧缘适度隆起。上颚三角形，具5齿。唇基前缘轻度隆起。触角11节，柄节略超过后头角，触角棒3节。侧面观前中胸背面较平，前中胸背板缝在侧面明显。后胸沟深凹。并胸腹节背面隆起，并胸腹节刺长而直，约与并胸腹节背面等长。腹柄背面平直，前下角具齿突。背面观腹柄两侧轻度扩展呈钝角状，后腹柄背面中央具纵沟。背面观腹部近心形。上颚具细纵条纹。头部、中胸侧板上部、后胸侧板、并胸腹节背面和侧面具细纵条纹。头部、胸部和腹柄具密集粗糙刻点。后腹柄和腹部具密集细刻点。头部、身体背面和附肢具丰富直立、亚直立毛。头部、胸部、腹柄和后腹柄黄褐色，腹部黑色。

生活习性

黑褐举腹蚁在松林、阔叶林或针阔叶混交林内树干分叉处筑巢，蚁巢圆形至椭圆形，直径5～25 cm。蚁巢灰黑色，由蚂蚁的分泌物粘结干燥的树叶和杂草的碎屑建造而成。巢内疏松，孔道纵横交错。多蚁后制，一个蚁巢内有多个蚁后。生态位宽阔，可以在植物上、地表和土壤内觅食。夏季一个直径8 cm的蚁巢解剖后，内有10483粒卵，5183头幼虫，2158头蛹，55头雄蚁，62头雌蚁，12368头工蚁。冬季巢内只有蚁后、工蚁和幼蚁。在广西，3月上旬第一批有性蚁和新工蚁开始出现。繁殖一代约需1～2个月，其中卵期7～10天，幼虫期20～25天，蛹期5～18天，工蚁寿命180天以上。春季气温15℃时开始活动，气温25～30℃时活动最频繁，工蚁只在白天外出。在广西钦州林场的试验表明，每亩松林内有12～15个蚁巢时，对马尾松毛虫的捕食率达到75.6%～77.8%；每亩有23个蚁巢时，对松毛虫的捕食率达到99%。该蚁能有效控制松毛虫的危害。通过人工迁移可以增加林内蚁巢数量，方法是用麻袋收集蚁巢运到松毛虫经常成灾林内释放，定居效果较好。人工拆分蚁巢也可增加蚁巢数量。

黑褐举腹蚁背面（左），侧面（右）

猎物

已知黑褐举腹蚁捕食的害虫有松毛虫和松毒蛾等。

分布

江苏、浙江、安徽、江西、湖南、四川、台湾、福建、广东、海南、广西、云南、香港、澳门；东南亚。

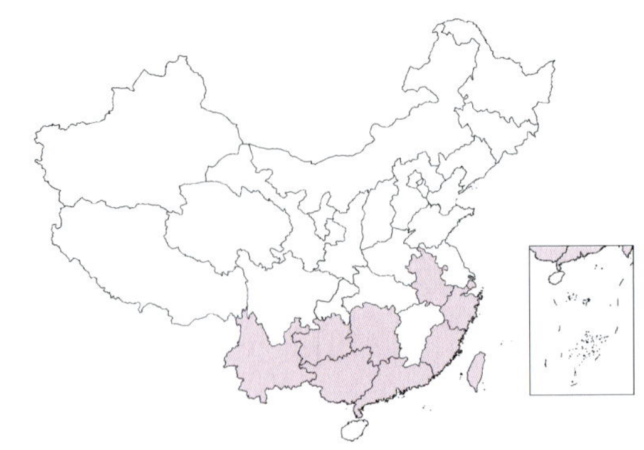

扁平虹臭蚁

Iridomyrmex anceps (Roger,1863)

形态特征

工蚁体长2.8～3.8 mm。头长大于宽，向前变窄。后头缘直，后头角圆钝，头侧缘轻度隆起。上颚长三角形，具10齿。唇基前缘圆形隆起，中央具1个齿突。触角12节，柄节长，约1/3超出后头角。侧面观前胸背面轻度隆起，前中胸背板缝明显。中胸背面直，向后降低。后胸沟凹陷。并胸腹节后上角圆钝，背面直，向后升高，短于斜面，斜面直。腹柄结直立，较厚，前面隆起，后面直。上颚端部光滑，基部具细密网状刻纹。头部、胸部、腹柄和腹部具细密网状刻纹。头部和身体背面具稀疏直立短毛和密集倾斜绒毛被。触角柄节和后足胫节具密集倾斜绒毛被，缺立毛。体黑褐色，上颚、触角和跗节浅褐色。

扁平虹臭蚁背面

扁平虹臭蚁侧面

生活习性

扁平虹臭蚁多生活于植被稀疏、气候干燥、地表裸露的林地内，利用土粒、树叶、杂草、虫尸等在地表建造小型蚁冢。蚁巢长11～61 cm，宽9～27 cm，高3～16 cm，每个蚁巢有1个至数十个出口。每巢有工蚁37～3012头，蚁后1～3头。蚁巢内个体数量达到一定程度可自然分巢。有性蚁6月出现。工蚁仅在白天气温高于15℃时才外出活动，并随气温升高外出个体数量增加。工蚁行动迅速，有较强捕食能力，受惊扰后从巢内大量涌出。平均活动距离4.7 m，最远8 m。能捕食马尾松毛虫等多种森林害虫。在马尾松林内，可惊落和捕食1～3龄松毛虫幼虫。上树活动的扁平虹臭蚁对1～3龄松毛虫幼虫的惊落率依次为50%、47%、10%，被惊落的1～3龄幼虫的被捕食率依次为37%、30%、7%。每亩林地有10个以上蚁巢时，可有效控制松毛虫危害。

猎物

马尾松毛虫等。

分布

上海、浙江、安徽、湖南、台湾、福建、广东、广西、贵州、云南、香港、澳门；印度，缅甸，斯里兰卡，马来西亚，澳大利亚。

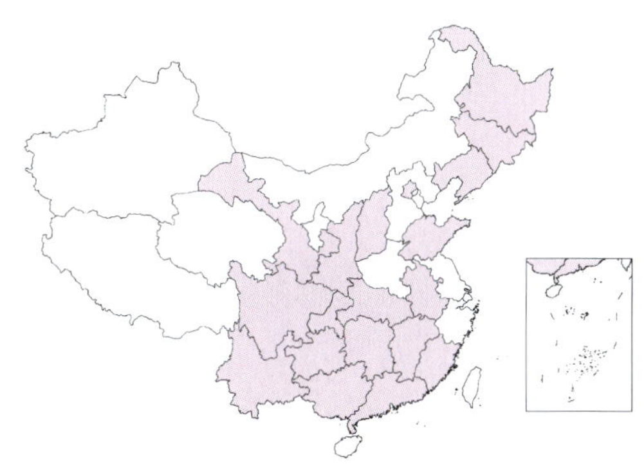

日本黑褐蚁

Formica japonica Motschoulsky,1866

形态特征

工蚁体长5.4～7.6 mm。头长大于宽，向前变窄。后头缘适度隆起，后头角圆。上颚三角形，具8齿。唇基具中央纵脊，前缘角状突出。触角12节，柄节超过后头角。复眼大而突出，具3个单眼。侧面观前胸背面圆形隆起，前中胸背板缝明显。中胸背面较直，后胸沟深凹。并胸腹节后上角圆，背面直，约与斜面等长，斜面直。腹柄结鳞片状，高而直立，前面轻度隆起，后面直。上颚具细纵条纹。头部、胸部、腹柄和腹部具密集网状细刻纹。头部、身体和附肢具密集倾斜绒毛被。头部背面具稀疏立毛。胸部背面和腹柄缺立毛，有时前胸背面具1对短立毛。腹部具稀疏亚直立毛。体黑色，上颚、触角和足黑褐色。

生活习性

日本黑褐蚁在植被稀疏、土壤疏松的林地内丰富。在地下筑巢，深达1.03 m，蚁巢的地上部分用土粒、树叶、杂草等堆积成大小不一的土丘，高3～13 cm，巢口6～38个。蚁巢寿命4年以上。每个蚁巢内有工蚁418～3107头，蚁后0～6头。每年6月产生有性蚁，婚飞发生于6～8月。卵期8～11天，幼虫期7～16天，蛹期19～27天。在安徽省，日本黑褐蚁于4～10月活动。夜间很少活动，上午活动频繁。活动范围一般在12 m以内，最远达41 m。该蚁对1～3龄马尾松毛虫幼虫的惊落率依次为16%、83%、67%，对1～3龄幼虫的捕食率依次为20%、13%、3%。一个蚁巢每天对1～3龄幼虫的平均捕食量依次为56头、112头、64头。每亩松林有30个蚁巢时可有效控制松毛虫危害。

猎物

主要取食蜜露和小型昆虫，对松毛虫低龄幼虫有惊扰和较强捕食能力。

日本黑褐蚁背面

日本黑褐蚁侧面

分布

黑龙江、吉林、辽宁、北京、山东、山西、陕西、甘肃、安徽、江西、湖北、湖南、四川、福建、广东、广西、贵州、云南；日本，韩国，朝鲜，蒙古。

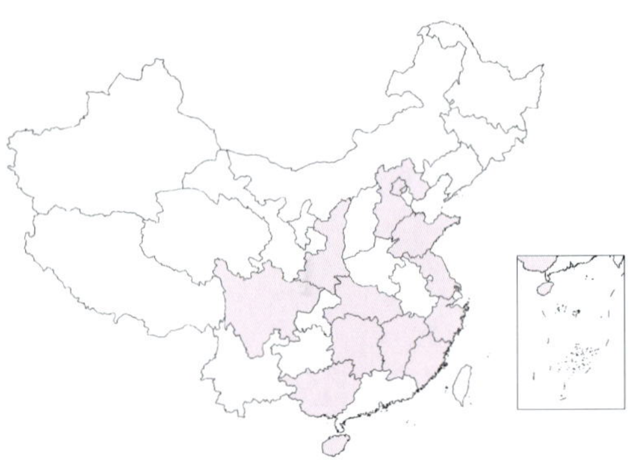

红足沙泥蜂红足亚种

Ammophila atripes atripes Smith,1852

形态特征

雌蜂体长24～30 mm。黑色，腹部有金属蓝绿光泽；触角柄节，腹柄和第1背板，足腿节、胫节、跗节基半部多为红褐色；体长毛黑色。头部无触角窝上突；唇基前缘中央略凹陷。胸部领片背面和侧面具粗壮横条纹；中胸盾片横条纹粗壮，小盾片和后胸背板具纵条纹；并胸腹节背区中部具网状皱纹，无明显纵脊；中胸侧板前侧沟很短，只伸至前胸侧叶中部所在水平位置处。足无爪垫。

雄蜂体长21～26 mm。体色同雌性，但触角柄节、腹柄和足为黑色，仅第1背板下侧为红黄色。头和胸部长毛白色，额中下部和两侧以及唇基生有毡毛，前胸侧叶后半部和并胸腹节端部两侧常有毡毛。足有爪垫。其他同雌性上述特征。

红足沙泥蜂红足亚种雌成虫

红足沙泥蜂红足亚种雄成虫

生活习性

该蜂属于独居捕猎蜂，雌蜂每次只挖筑一个巢穴，在巢穴中放入猎物，在猎物体表面产卵1粒，封闭巢口，之后雌蜂再在另一处挖筑另一个巢穴。在山东省林区，该蜂成虫每年5月底开始活动，7月份种群数量最大，9月份林中已无成虫活动。雌蜂筑巢时，将沙土抱成一团，然后退出洞口，振翅飞出1.5～3 m后从空中将土团扔下，之后再次返回入洞内抱土团再退出洞口。如此循环往复可持续几十次，每次15～20秒钟，数十分钟即可挖完整个巢穴。巢穴由巢口、巢径和巢室3部分组成。巢口圆形，直径0.7 cm左右。巢径圆筒形，长3～4 cm。巢室椭圆形，高2 cm左右，长2～3 cm。雌蜂先将猎物蜇刺麻醉，之后用其上颚及前足将猎物携带在身体下，将猎物拖回已挖好的巢穴内。雌蜂在每个巢穴中的猎物体上只产1粒卵。初产卵长椭圆形，长约1.6 mm，乳白色。幼虫外寄生，其头端插入到猎物体内以取食营养，生长迅速，乳白色，体形为肥胖的蛆形。老熟幼虫体长2 cm左右，化蛹前吐丝结茧，茧长椭圆形，长1.8 cm左右。卵和幼虫期共6天左右，吐丝结茧历时1天，蛹期23天左右。

猎物

雌蜂的捕猎对象为夜蛾、尺蛾等蛾类中至大龄幼虫。

分布

北京、河北、山东、陕西、江苏、浙江、江西、湖北、湖南、四川、福建、海南、广西；东洋区和亚洲大陆。

多沙泥蜂骚扰亚种

Ammophila sabulosa infesta Smith,1873

形态特征

雌性体长19～24 mm。黑色，第1背板大部分和第2背板为红黄色，第3背板基部和第2腹板为红黄色或黑色；足黑色。并胸腹节端部两侧具银白色毡毛带，中胸侧板后部有或无毡毛带。头部额区具触角窝上突；唇基前缘中部略突出，其两侧各具1个齿突。胸部领片背面无明显横条纹，前面中部及两侧具横皱纹；中胸盾片侧缘有弱而短的横皱纹，小盾片密生纵皱纹；并胸腹节背区具中纵脊；前侧沟发达。足具爪垫。

雄性体长14～22 mm。体色同雌性，但第1背板和第2背板中央常具黑色纵带。额中下部和两侧以及唇基有银白色毡毛，胸部毡毛同雌性。中胸盾片有或无弱横皱纹。其他同雌性上述特征。

生活习性

该蜂属于独居捕猎蜂，雌蜂每次只挖筑一个巢穴，放入猎物1～2头，在猎物体上产卵1粒，封闭巢口后再在另一处挖筑另一个巢穴。在山东林区该蜂每年5月初开始活动，7月份达到高峰，10月份林区已无成虫活动。雌蜂多选择植被较稀少的沙质土壤中筑巢，用其上颚、两前足、颊和颈部将洞内沙土抱成一团，然后退出洞口，行走数厘米将土团扔下或展翅飞出25 cm左右将土团从空中扔下，之后再次入洞内抱土团再退出洞口。40分钟左右即可挖完整个筑巢，之后飞走寻捕猎物。巢穴由巢口、巢径和巢室3部分组成。巢口圆形，直径约0.6 cm；巢径圆筒形，长2.5～4.0 cm；巢室椭圆形，是存放猎物、幼虫生长发育及化蛹的场所。当发现猎物后雌蜂先将其蜇刺麻醉，之后用其上颚咬住猎物胸部，将猎物拖带在身体下，拖带回已挖好的巢穴内。雌蜂在每个巢穴中产1粒卵，卵多产在猎物腹部第3或第4节一侧的气门附近。初产卵为长卵圆形，长约1.5 mm，乳白色。幼虫外寄生，生长迅速，乳白色；老熟幼虫体长约1.8 cm，化蛹前吐丝结茧。茧长约1.6 cm，长椭圆形，一头较尖。卵和幼虫期共6天左右，吐丝结茧历时2天，蛹期16天左右。

多沙泥蜂骚扰亚种雌成虫（左），雄成虫（右）

猎物

蜂的捕猎对象是体毛较少的鳞翅目中、大龄幼虫。

分布

辽宁、内蒙古、北京、河北、山东、山西、陕西、甘肃。

耙掌泥蜂红腹亚种

Palmodes occitanicus perplepus (Smith,1856)

形态特征

雌蜂体长21～26 mm。黑色，腹部第1背板全部和第1腹板端部、第2节全部和第3节大部分为红黄色；足黑色。体长毛黑色。头部唇基前缘平直或浅凹弓形，两侧各有1个宽凹陷。胸部领片无明显纵沟；中胸盾片和小盾片无条纹，小盾片后缘具细密纵皱纹；中胸中上部有较粗大皱纹；后胸背板中央高突，具横皱纹，侧板中上部具较粗大斜皱纹；并胸腹节背区密生细横皱条纹，侧区斜皱条纹粗大，无气门沟。足爪内缘基部具2齿。腹部腹柄约与后足第2+3跗节长度相等。

雄蜂体长19～22 mm。腹部仅第1背板基部有时红黄色。中胸盾片具较粗大横皱纹，侧板粗糙；并胸腹节背区横皱纹较粗大；腹柄约与后足基跗节等长。其他同雌性上述特征。

耙掌泥蜂红腹亚种雌成虫

耙掌泥蜂红腹亚种雄成虫

生活习性

雌蜂常在巨石下等隐蔽场所的土壤中挖筑巢穴。巢穴由巢口、巢径和巢室3部分组成。巢口圆形，直径4 cm左右。巢径圆筒形，长3 cm左右。巢室椭圆形，长4 cm左右，高2 cm左右。发现猎物后雌蜂先将其蜇刺麻醉，然后用上颚咬住猎物的两个触角基部，将猎物携带在身体下边，将头部向前、腹部向下的猎物在地面上迅速拖至已挖好的巢穴内。雌蜂可从离巢穴70 m以外的山林中捕到猎物。雌蜂将猎物拖入洞后随即在猎物体上产卵，约1.5分种后雌蜂出洞，选用其强有力的耙状前足将周围的少量土耙向洞口，而后6足用力，同时振翅，用头部将土推入洞内并压实，这样重复19～28次，历时约20分钟，直到将洞口填平后飞走，去寻找另一个筑巢地点。卵多产在螽斯右侧后胸侧板下部。初产卵长圆形，长2～3 mm，宽0.5～1 mm，乳白色。幼虫外寄生，生长迅速，发育到第4天的幼虫已完成取食，体长达15～20 mm，为蛆型幼虫，第5天幼虫完成作茧，并于茧内化蛹。茧为两头尖的长圆形，长18 mm左右，宽8 mm左右，深褐色。蛹期较长，以蛹越冬，当年7月份化的蛹到次年6月份才羽化成虫。

猎物

体长3 cm左右的螽斯为该蜂的捕猎对象。

分布

山东。据报道，在我国广泛分布。

叉突节腹泥蜂

Cerceris tuberculata evecta Shestakov,1922

形态特征

雌蜂体长14～18 mm。体黑色有黄斑。头的背面，前胸2个小斑，后胸、足及腹部第2～5节背板端半部均为黄色。雌蜂唇基宽，端缘小齿状，基部有1个片状突起，中央凹陷深，侧角尖。翅透明，端缘暗色。腹部第1节显著窄于第2节；腹部各节侧面收缢。雄蜂体较雌蜂体短。腹部第2～6节背板端半部黄色。

生活习性

在山东平阴1年发生1代。以老熟幼虫在地下巢室内结茧越冬。翌年5月上、中旬为化蛹盛期，蛹期为18～23天。5月下旬成蜂大量出现，6月中旬为活动盛期，成虫寿命28～55天。5月下旬始见初孵幼虫。6月中旬第1代幼虫开始老熟作茧。成蜂白天活动，出巢后即寻偶交尾，并取食花蜜作为补充营养，尔后开始营巢，有继续在其旧发生地营造新巢的习性。其营巢能力较强，多在田间土路，土堰斜坡下部及多年荒废的硬土地上营巢。一群蜂巢的水平分布面积为0.5～1.7 m^2，垂直分布范围为10～25 cm，其中以地下15 cm左右分布最为集中。巢室内壁光滑；长卵形，长径为26～29 mm，短径为11～26 mm。营巢后即开始捕捉象甲成虫，捕捉时行动极为迅速，从上空冲向象甲，用足抱握，并注入蜂毒将其麻痹后直飞回巢，捕捉1次约3～45分钟。每巢内放象甲成虫9～22头，平均14.7头，且种类比较专一。当巢室填满后，蜂即产1粒卵粘附于某象甲腹部，然后封闭巢室并留直径为2 mm左右的通气孔，再营造新巢。成蜂一生可产卵12粒，即营12个巢。该蜂卵期4～6天。幼虫孵出后把头插入到象甲成虫的体腔，吸取其内含物，食完巢室内全部象甲约11～15天，最后2～3天幼虫取食迅速，虫体增长也快；稍后幼虫老熟，吐丝作茧。茧单层，深棕色，柔软的纸质；但极少数蛹在纸质茧内还有一层坚硬的浅棕色茧。

叉突节腹泥蜂

猎物

此蜂主要捕食严重危害桑、榆、苹果、酸枣、玫瑰等植物芽、叶片和新梢的大灰象，大球胸象、欧洲方喙象。

分布

北京、河北、山东、山西、河南；蒙古。

注 学名有误写为 *Cerceris rufipes evecta*

双翅目 *Diptera*

狭带贝食蚜蝇

Betasyrphus serarius (Wiedemann,1830)

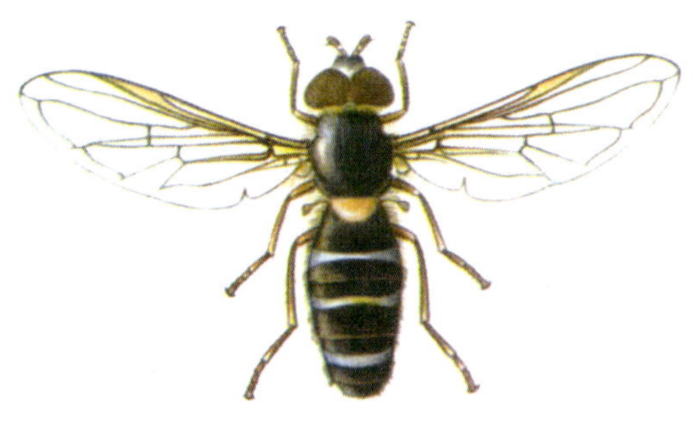

狭带贝食蚜蝇雄成虫（引自《天敌昆虫图册》）

形态特征

体长10～11 mm。雄性头顶三角小，黑色，被黑毛；额紫黑色，后部被灰棕色粉被，雌性额中部覆淡灰色粉被；颜棕黄色，中突及口缘暗色；额与颜均具黑褐色毛。触角棕黑色，第3节长约为宽的2倍。中胸背板暗绿黑色，略具光泽，被灰棕色毛，正中具不明显的3条淡色粉被纵条；小盾片棕黄色，具黑毛。腹部黑色，具淡色横带；第1节背板蓝黑色，具光泽；第2～4节背板近前缘各具灰白至黄白色狭横带，有时背板横带正中明显分开；第5节背板横带具青灰色光泽；各节侧缘毛前部淡色，后部黑色。雌性第1横带正常或中断，一般各横带较雄性宽。足大部分棕黄色，各足腿节基部1/3黑色，有时后足腿节基半部黑色，或除末端外几乎全黑色，前足胫节中部具不明显黑斑，后足胫节中部黑斑较宽。

生活习性

幼虫捕食蚜科多种蚜虫。成虫访花。

猎物

幼虫捕食蚜科多种蚜虫。

分布

黑龙江、吉林、辽宁、内蒙古、河北、甘肃、江苏、浙江、江西、湖北、湖南、四川、台湾、福建、广东、海南、广西、贵州、云南、西藏；前苏联（远东），朝鲜，日本，整个东南亚，新几内亚，澳大利亚。

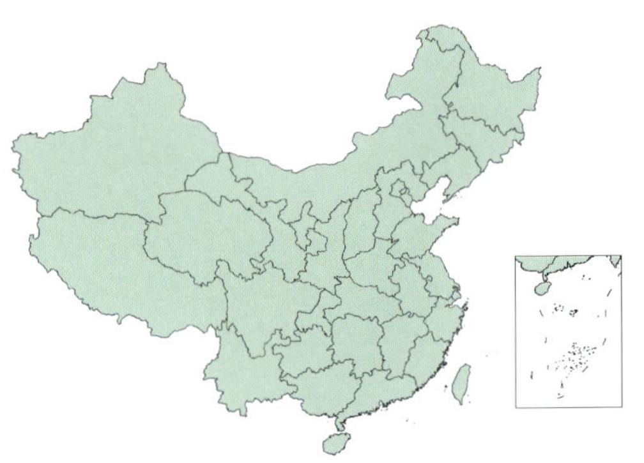

黑带食蚜蝇
Episyrphus balteatus (De Geer,1842)

形态特征

体长8～10 mm，体较狭长。雄性头部棕黄色，覆灰黄色粉被；额具黑毛，在触角上方两侧各具一小黑斑；颜毛黄色，中突裸；雌性额正中具不明显暗色纵线。触角红棕色，第3节背侧略带褐色。中胸背板绿黑色，粉被灰色，具4条亮黑色纵条；小盾片黄色，被较长黑毛，周缘具黄毛。腹部狭长，以第2节后部最宽，两侧缘不具边，向腹缘下垂，腹部斑纹变异很大，大部棕黄色；第1背板绿黑色；第2～4背板后缘除宽的黑色横带外，各节近基部还有一狭窄的黑色横带，黑带达或不达背板侧缘；第5背板大部棕黄色，中部小黑斑不明显。足棕黄色，基、转节黑色，后足跗节除基节外均为棕褐色。翅稍带棕色，翅痣色略暗。

生活习性

幼虫捕食球蚜科、蚜科、根瘤蚜科等多种蚜虫，以及蚧虫、木虱等同翅目小虫。成虫访花。

猎物

幼虫捕食多种蚜虫，以及介壳虫、木虱等。

分布

此为广布种，全国各地均有分布；整个东洋区，前苏联，蒙古，日本，阿富汗，欧洲，北非，澳洲。

黑带食蚜蝇雄成虫（引自homepage2.nifty.com/syrphidae/tribe/syrphini_e.htm）

黑带食蚜蝇雌成虫（引自aramel.free.fr/INSECTSISterter’ -1.shtml）

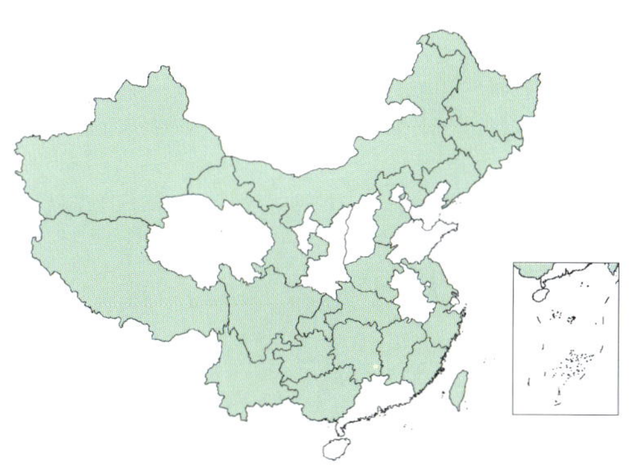

大灰后食蚜蝇

Metasyrphus corollae (Fabricius,1794)

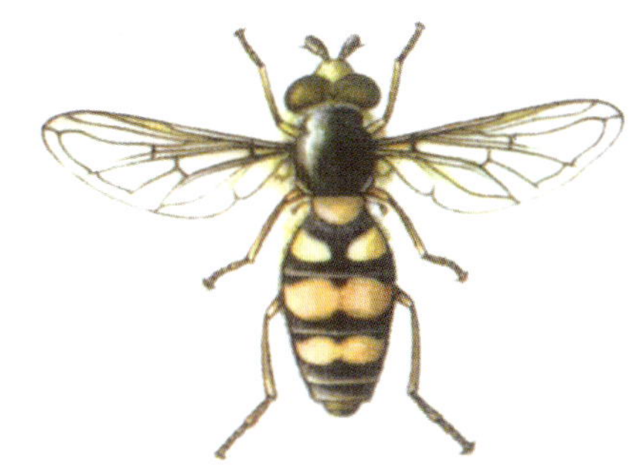

大灰后食蚜蝇雄成虫（引自《天敌昆虫图册》）

形态特征

体长9～10 mm。头顶三角黑色，具黑色短毛；额和颜棕黄色，额具黑色毛，颜具黄色毛和黑色中条；触角棕黄至黑褐色，第3节基部下侧色略淡。中胸背板暗绿色，被黄色毛；小盾片棕色，被同色毛，有时混有黑毛。腹部黑色，第2～4背板各具1对大形黄斑，斑外侧前角达背板侧缘；雄性第3、4背板黄斑中间常相连，雌性黄斑完全分开；第4、5背板后缘黄色；雄性第5背板大部黄色，雌性第5背板大部黑色。足棕黄色，后足腿节基半部及胫节基部4/5黑色。翅透明，翅痣黄色。

大灰后食蚜蝇雌成虫（引自 homepage2.nifty.com/syrphidae/tribe/syrphini_e.htm）

生活习性

幼虫捕食蚜科多种蚜虫。成虫访花。

猎物

幼虫捕食蚜科多种蚜虫。

分布

黑龙江、吉林、辽宁、内蒙古、河北、河南、甘肃、新疆、江苏、浙江、江西、湖北、湖南、四川、台湾、福建、广西、贵州、云南、西藏；前苏联，蒙古，日本，亚洲，欧洲，北非。

野食蚜蝇

Syrphus torvus Osten-Sacken,1875

形态特征

体长11～12 mm。复眼上部具明显的灰白色短毛；头顶黑色，被黑色毛，后部具黄色毛；额棕黑色，覆黄色粉被，被黑色长毛，额前端中央裸，亮黑色；颜黄色，两侧覆黄色粉被，被黑色长毛；触角棕黑色，第3节下侧或多或少橘红色；芒棕色。中胸背板暗黑色，密被黄色较长毛，侧缘具橘红色毛；小盾片黄色，密被黑色长毛。腹部卵圆形，黑色；第2背板中部具1对黄斑，约占背板长的1/2，第3、4背板近前缘各具波形黄色横带，带宽约1/2背板长，两端达背板侧缘，后缘中央稍凹入；第4、5背板后缘黄色；雌性斑纹较雄性狭；腹背被毛与底色同，但第2背板前半部具黄毛，第4、5背板后缘具黑毛。足大部黄色，基节、转节、前中足腿节基部1/4、后足腿节基部2/3及后足跗节背面黑色。

野食蚜蝇雌成虫

野食蚜蝇雄成虫（引自 homepage2.nifty.com/syrphidae/tribe/syrphini_e.htm）

生活习性

幼虫捕食蚜科多种蚜虫。成虫访花。

猎物

幼虫捕食蚜科多种蚜虫。

分布

黑龙江、吉林、辽宁、河北、甘肃、浙江、湖南、四川、台湾、福建、贵州、云南、西藏；前苏联，蒙古，日本，印度，尼泊尔，泰国，欧洲，北美洲。

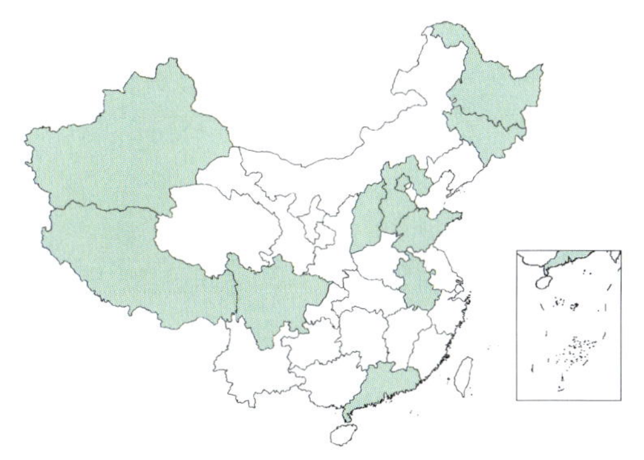

条纹追寄蝇

Exorista fasciata (Fallén,1820)

条纹追寄蝇雄成虫

形态特征

体长10.5～15 mm。雄蝇复眼裸或被稀毛，颜覆灰色粉被，侧额及侧颜覆灰色或黄灰色粉被，内侧额鬃2对，侧额及颊被黑毛，下颚须暗黄，端部不加粗，触角黑色，第3节为第2节长的2.5倍，其宽度略小于侧颜的宽度，触角芒基部1/2加粗。胸部黑色，覆稀薄的灰白色粉被，背面具5个黑纵条，中间1条在盾沟前不明显；前胸腹板被毛，前胸侧板裸，中鬃3+4，背中鬃3+4，翅内鬃1+3，腹侧片鬃2+1，小盾片暗黄，基缘黑褐，小盾端鬃交叉排列，向后方伸展。足黑色，前足爪相当于第4和第5分跗节长度的总和，中胫具3根前背鬃，后胫的前背鬃长短不一，排列疏松。翅灰色半透明，前缘刺不发达。腹部黑色，两侧有不明显的暗黄色花斑，第3～5背板基部1/2覆稀薄的灰色粉被，端部1/2黑色光亮，沿腹部背中线有一黑纵条，第2背板具2根中缘鬃，第3背板具2～4根中缘鬃，有时在中缘鬃前面有1～2根排列不规则的小鬃，第4背板具1行缘鬃，第5背板具1行缘鬃，其后方4/5具多数排列不规则的心鬃；肛尾叶为一长而宽的三角形薄片，向腹面略弯曲，末端具一小齿。

雌蝇头部每侧各具2根外侧额鬃；前足爪及爪垫短。

生活习性

该寄蝇为大卵生型，卵很大，约0.8～1.0 mm，卵壳背面加厚，凸起，具网状花纹，乳白色；腹面平或凹陷，具黏液层以附着于寄主体壁；卵被产出后，胚胎开始发育，孵化期一般3～5天。幼蛆孵化后，钻透寄主体壁进入其体腔，以尾端的倒刺吊挂于寄主的伤口处并在此形成呼吸漏斗，与外界进行气体交换，蝇蛆在此脱皮两次，进入3龄后，待到5龄寄主老熟后，蝇蛆将寄主杀死，脱离呼吸漏斗，穿行于寄主体腔，2～3天内，迅速将内部组织吞食一空，完成自身发育，入土化蛹。该寄蝇幼虫在寄主体内无互相残杀习性，即每个寄主体内，可寄生1头、也可寄生3～4头蝇蛆，只是其个体大小与寄生数量成反比。该寄蝇以蛹期在土中越冬，翌年清明节前后羽化，1年发生2～3代。在自然界，整个生长季节均可遇到成虫的活动。

寄主

我国已知寄主有落叶松毛虫、古毒蛾、黄褐天幕毛虫和杨毒蛾。文献记载国外还有树莓枯叶蛾。芦苇枯叶蛾、栎枯叶蛾、欧洲松毛虫、棕尾毒蛾、古毒蛾、豹灯蛾、阿波罗绢蝶、舞毒蛾、模毒蛾、亚麻篱灯蛾等。

分布

黑龙江、吉林、北京、河北、山东、山西、新疆、安徽、四川、广东、西藏；蒙古，俄罗斯（西伯利亚），瑞典，英格兰，德国，法国，意大利，捷克，斯洛伐克，斯堪的纳维亚等。

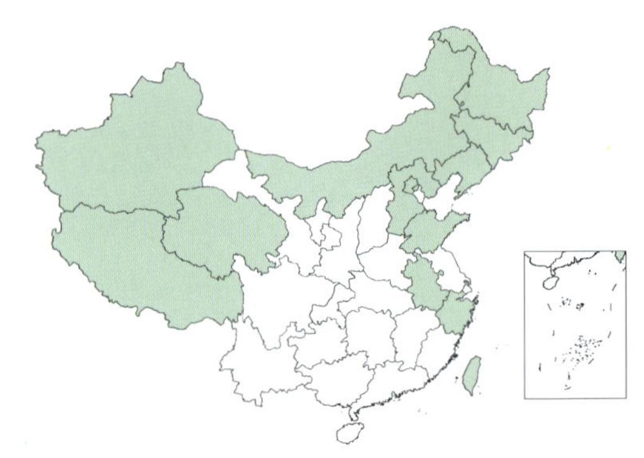

古毒蛾追寄蝇

Exorjsta larvarum (Linnaeus,1785)

形态特征

体中到大型，7～14 mm。本种与条纹追寄蝇 *Exorista fasciata* Fallén 极相似，即：前胸腹板被毛，后头上半部在眼后鬃后方无黑毛，内侧额鬃2对。主要区别在于：本种前缘刺发达，其长度几乎与r–m脉长度相等，侧额及颊覆黄灰色粉被，额被短小细毛，较稀疏；颜堤鬃上升不达第1根额鬃的水平；触角第3节为第2节长的2倍。二者在寄生生物学方面也大同小异。

寄主

在我国已知寄主有山楂粉蝶、古毒蛾、马尾松毛虫、沁茸毒蛾、黄斑草毒蛾（草原毛虫）。在外国记载的寄主很多，在叶蜂科中有松叶蜂、松阿扁叶蜂；鳞翅目中有梨剑纹夜蛾、豹灯蛾、黄地老虎、家蚕、缟裳夜蛾、牧草枯叶蛾、棕尾毒蛾、李枯叶蛾、稠李巢蛾、栎枯叶蛾、舞毒蛾、模毒蛾、小星天蛾、树莓毛虫、黄褐天幕毛虫、甘蓝夜蛾、赤纹毒蛾（角斑古毒蛾）、灰斑古毒蛾、金凤蝶、大菜粉蝶、桑毒蛾、大天蚕蛾、杨毒蛾、枭首陌夜蛾、长吻蛱蝶、孔雀蛱蝶、杂色蛱蝶、荨麻蛱蝶等。

古毒蛾追寄蝇雄成虫

分布

黑龙江、吉林、辽宁、内蒙古、北京、河北、山东、青海、新疆、浙江、安徽、台湾、西藏；日本，蒙古，印度、埃及，巴勒斯坦，俄罗斯，德国，法国，英格兰，瑞士，意大利，黑山，塞尔维亚，爱尔兰，苏格兰，斯堪的纳维亚。

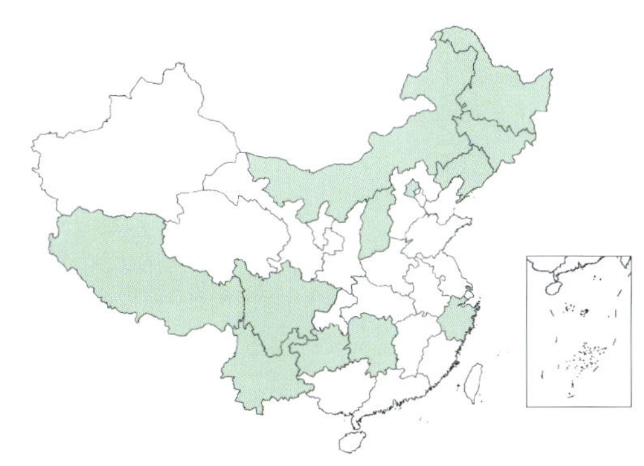

康刺腹寄蝇

Compsilira concinnata Meigen,1824

形态特征

体长8～9 mm。雄蝇体中型，黑色，覆灰白色粉被，复眼被浓密淡黄色毛；侧额被黑毛，侧颜裸，其宽度和触角第3节相等；触角全部黑色，第3节基部红棕色，其长度为第2节的4倍；触角芒黑色，基部1/3加粗；单眼鬃退化，无外侧额鬃，外顶鬃毛状，与眼后鬃无区别；颊被黑毛，后头上方在眼后鬃后方具1行黑毛，其余部分被淡黄色毛；下颚须淡黄色。胸部黑色，覆灰白色粉被，背面具4个黑纵条，中间2个在盾沟后方愈合；前胸腹板两侧被毛，肩鬃4根，其中3根基鬃排成一直线；中鬃3+3，背中鬃3+4，翅内鬃1+3，腹侧片鬃2+1；小盾片全黑，具1对心鬃，4对缘鬃。翅淡黄褐色透明，翅肩鳞和前缘基鳞黑色，前缘刺不明显，r_{4+5}脉基部具3～4根小鬃，占基部脉段长度的1/5，前缘脉第2段腹面裸，与第4段等长，R_5室开放，下腋瓣白色，具淡黄色边缘。足除跗节黑色外其余各部棕褐色；前胫具后鬃2，爪与第5分跗节等长；中胫具前背鬃1；后胫具1行长短不整齐的前背鬃。腹部腹面基部被黄毛，第2背板基部中央凹陷伸达后缘，腹部背面具1个黑纵条，第3～5背板各具1～2对中心鬃，基部3/5覆浓厚灰白色粉被，端部2/5亮黑色。

雌蝇具外侧额鬃2对；第3、4背板两侧缘在腹面形成龙骨状突起，在突起上各具1行短粗刺，腹部末端具钩状产卵管。

生活习性

该蝇1年发生2～3代。为伪胎生型，即雌蝇将抱有第1龄幼虫的成熟卵以螯刺状钩形产卵管注入寄主（如鳞翅目幼虫）体腔，达围食膜和中肠肠壁之间，在此，幼虫立即孵化并以其尾钩将身体的最后一节紧紧固定在中肠肠壁上，使其后气门紧贴在寄主的微气管端部，藉以与外界进行气体交换，这种状况一直持续到幼蛆进入第2龄初期。此时，蝇蛆钻入寄主中肠并将分布于寄主中肠表面的微气管连同支气管一并拖入肠腔，待寄主发育至5龄成熟，停止取食，将围食膜及其内含物统统排出后，随即开始吐丝结茧并于3天之内将寄主杀死。此时，蝇蛆第2次脱皮进入第3龄，由于脱掉了尾钩，故可自由地穿行于寄主体内，大量取食，迅速发育成熟，钻出寄主体腔，入土化蛹。与寄蝇科其他不带螯刺种类的区别是：蝇蛆的整个寄生过程不需要形成呼吸漏斗，只需以尾钩将后气门与寄主的微气管压贴在一起即可与外界进行气体交换。可能正是这个原因，其寄主种类异常繁多。1个寄主体内可寄生1个至多个蝇蛆。

康刺腹寄蝇雄成虫

寄主

在我国，已知寄主有柳叶蜂、棕尾毒蛾、苹毒蛾、落叶松毛虫、竹小斑蛾。据文献记载，已知寄主包括蝶类、蛾类、叶蜂类等104种之多。

分布

黑龙江、吉林、辽宁、内蒙古、北京、山西、浙江、湖南、四川、云南、贵州、西藏；日本，印度，印度尼西亚，马来西亚，俄罗斯，以色列，英格兰，瑞典，法国，德国，埃塞俄比亚，新几内亚，澳大利亚，北美（引种定居）等。

梨星毛虫奥斯涯寄蝇

Oswaldia illiberis Chao et Zhou,1995

形态特征

体长6 mm。雄蝇体黑色，覆浓厚的灰白色或暗灰色粉被；后头拱起，上半部在眼后鬃后方具黑毛，复眼裸，间额、下颚须、前缘基鳞、翅肩鳞和足均为黑色；触角大部分黑，第2、3节连接处黄色；触角芒细长，仅基部1/5～2/5呈纺锤状加粗；侧额、侧颜、中颜、下侧颜、颊覆浓厚的灰白色或灰黄色粉被；内侧额鬃2根，额鬃6～7根；触角第3节为第2节长的3～3.5倍，为侧颜宽的1.5倍；后头拱起，在眼后鬃后方具黑毛。前胸侧板裸，中鬃3，背中鬃2(3)+3，翅内鬃1+3，腹侧片鬃1+1，3根肩鬃排成三角形，其中内基鬃短小，有时呈毛状；小盾端鬃缺如，侧鬃每侧1根；翅灰黄色半透明，基部黄色；R_5室开放，r_{4+5}脉基部具2～4根小鬃；前足爪及爪垫约与第5分跗节等长，前足胫节具2根后鬃，中胫具前背鬃2根，腹鬃1根。腹部第2背板基部中央凹陷不达后缘，第2、3背板各具中缘鬃1对，第3～5背板后缘具黑色横带，第3、4背板各具中心鬃1对，第4背板具缘鬃1行(14根)，第5背板具心鬃和缘鬃2～3行。肛尾叶狭长，侧尾叶短而宽。

雌蝇额具外侧额鬃2对，下颚须黄色；前足跗节略加宽；腹部末端为柔软的产卵器。

梨星毛虫奥斯涯寄蝇雄成虫

生活习性

该寄蝇为伪胎生型，每个寄主体内只寄生1头蝇蛆，发育成熟后，在寄主体腔内化蛹，以蛹越冬。

寄主

梨星毛虫。

分布

黑龙江、辽宁、甘肃。

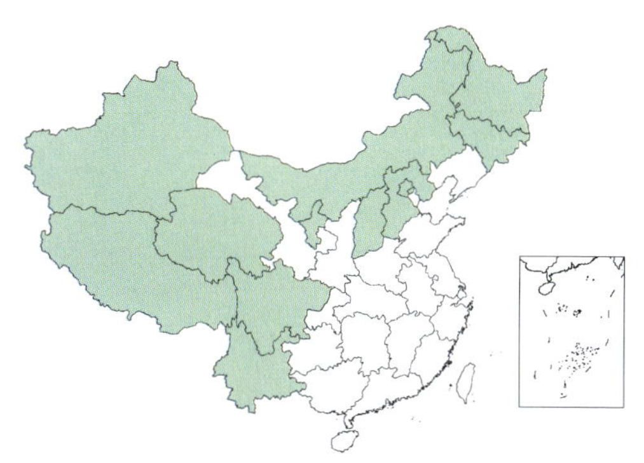

黑须卷蛾寄蝇

Blondelia nigripes (Fallén,1810)

形态特征

体长6～10 mm。雄蝇体黑色，覆灰白色粉被，复眼裸；侧额被黑毛；侧颜裸，与触角第3节等宽；触角黑色，第3节基部红黄，其长度为第2节的2倍；触角芒细长，黑色，基部1/3加粗；单眼鬃发达，向前方伸展；外侧额鬃缺如，外顶鬃毛状，与眼后鬃无区别；颊被黑毛；后头上方在眼后鬃后方具1行黑毛，其余部分被淡黄色毛；下颚须黑色。胸部黑色，覆灰白色粉被，背面具4个黑纵条，中间2个在盾沟后方愈合，前胸侧板裸，肩鬃4根，其中3根基鬃排成一线，中鬃3+3，背中鬃3+3，翅内鬃1+3，腹侧片鬃2+1；腹侧片在中足基节前方具1行细毛。小盾片全部黑色，具1对心鬃，4对缘鬃，小盾端鬃细小，毛状。翅淡黄褐色，透明，翅肩鳞、前缘基鳞黑色，前缘刺明显，r_{4+5}脉基部具3～4根小鬃，占基部脉段的1/5，前缘脉第2段腹面裸、小于第4段，R_5室闭合或微开放；下腋瓣白色，具淡黄色边缘。足全部黑色，前胫具后鬃2根，爪与第5分跗节等长，中胫具2～3根前背鬃，后胫具1行长短不一的前背鬃。腹部黑色，背面具1个黑纵条，腹面基部被黑毛，第2背板基部中央凹陷伸达后缘，第3～5背板基半部覆闪变性灰白色粉被，端半部黑色，第3、4背板各具1对中心鬃，两侧具不明显的红黄色斑，第5背板具2行心鬃。

雌蝇额每侧具外侧额鬃2根，触角第3节为第2节长的1.6倍，前足跗节不加宽。腹部第3、4背板两侧缘在腹面内缘形成龙骨状突起，在突起处各具刺数根，腹部末端具钩形针刺状产卵管。

生活习性

该寄蝇在自然界发生于4～9月间，早蝇具蜇刺状产卵管，寄生生物学与康刺腹寄蝇相似，1年发生3～4代，以蛹在土壤中越冬。

黑须卷蛾寄蝇雄成虫

寄主

在我国已知寄主有粘虫、松线小卷蛾。国外文献记载的有膜翅目油菜叶蜂等8种；鳞翅目有醋栗尺蛾、梨剑纹夜蛾、八字地老虎、绢粉蝶、豹灯蛾、甘蓝夜蛾、桦小眼尺蛾、蔷薇卷叶蛾、肉食黄叶蛾、紫色卷蛾、碧眼冬夜蛾、具条冬夜蛾、欧洲松毛虫、食果巢蛾、稠李巢蛾、杨黄波尺蛾、天幕毛虫、菜园夜蛾、金凤蝶、车前灯蛾、丫纹夜蛾、舞毒蛾、云纹斑螟、栎绿卷蛾、孔雀蛱蝶、杂色蛱蝶、荨麻蛱蝶等73种。

分布

黑龙江、吉林、内蒙古、宁夏、青海、新疆、北京、河北、山西、四川、云南、西藏；日本，蒙古，俄罗斯，英格兰，斯堪的纳维亚北部，德国，法国，波兰，意大利等。

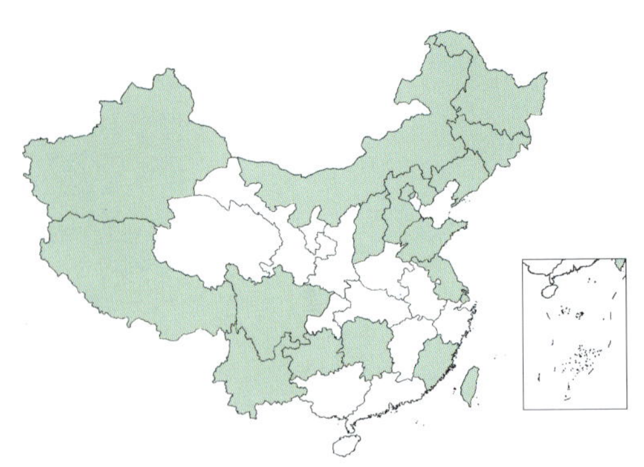

灿烂温寄蝇

Winthemia venusta (Meigen,1824)

形态特征

体长7～11 mm。雄蝇体底色黑，覆灰白色粉被。翅肩鳞、前缘基鳞、肩胛、间额、触角大部分黑色；下颚须、小盾片、触角芒、触角第3节基部内侧、平衡棒黄色。中胸盾片具5个黑纵条，腹部背面具中央黑纵条，第3、4背板后缘具狭窄的黑色横带，下腋瓣黄白色，腹部两侧具黄斑。复眼被毛，外侧额鬃缺如、内侧额鬃不明显；后头上方在眼后鬃后方无黑毛；额覆灰白色粉被，侧颜被毛，覆灰白色粉被，中部的宽度与触角第3节宽度相等；触角第3节约为第2节长的2倍，触角芒基部1/3加粗，第2节不延长；下颚须棒状，微弯曲；后头平，被淡黄色毛。胸部具竖立的黑毛，中鬃3+3，背中鬃3+4，翅内鬃1+3，侧腹片鬃1+1，翅侧片鬃1，肩鬃5根，其中3根基鬃排成三角形，肩后鬃2根；前胸侧板中央凹陷裸；小盾片半圆形，具粗黑的毛，有4对缘鬃，1对心鬃，端鬃发达，小盾侧鬃每侧1根；r_{4+5}脉基部具1根小鬃，前缘脉第2段腹面裸，第2段明显长于第4段，前缘刺不明显；R_5室在翅缘开放；前足爪长于第5分跗节，胫节具2根后鬃；中胫具前背鬃1根，腹鬃1根，后背鬃2根；后胫具背端鬃2根和1行齐整的梳状前背鬃，后足基节后方裸。腹部毛倾斜排列，粉被浓厚而均匀，第1/2背板基部凹陷达后缘，无明显的中缘鬃，具1根侧缘鬃；第3背板无中心鬃及无明显的中缘鬃，具2根侧缘鬃；第4背板无中心鬃，具1排缘鬃；第5背板具缘鬃1排及不规则的鬃状毛，第4、5背板腹面无密毛斑。肛尾叶三角形，屋脊状，向腹面弯曲；侧尾叶三角形，末端圆钝，短于肛尾叶。

雌蝇头部每侧具外侧额鬃和内侧额鬃各2根，额约与复眼等宽，前足爪退化，不长于其第5分跗节，触角第3节为第2节长的1.5倍。

生活习性

该寄蝇出现于4～9月，1年发生2～3代，为卵胎生型，蝇卵较大，白色，肉眼很容易看见，它们在母体内发育成熟，产出后，几乎立即（时间长短依自然环境不同而异）自动孵化，选择寄主一定的部位（多在胸部靠近头后方），钻入其体腔。据作者于1976年在北京三堡观察：雌蝇产卵于老熟艳叶夜蛾幼虫体壁，数十个卵粒集中产于胸部，次日艳叶夜蛾结茧，1周后剖开虫茧，见艳叶夜蛾幼虫刚刚化蛹并已被寄生。

寄生在艳叶夜蛾幼虫上的灿烂温寄蝇卵

寄主

我国已知寄主有枯叶夜蛾、艳叶夜蛾、落叶松毛虫；国外文献记载有小天蚕蛾、舞毒蛾、美西栎尺蠖，以及可能的寄主西部铁杉尺蠖。

分布

黑龙江、吉林、辽宁、内蒙古、北京、河北、山东、山西、江苏、上海、福建、湖南、四川、贵州、云南、西藏、新疆、台湾；日本，俄罗斯，德国，意大利，朝鲜。

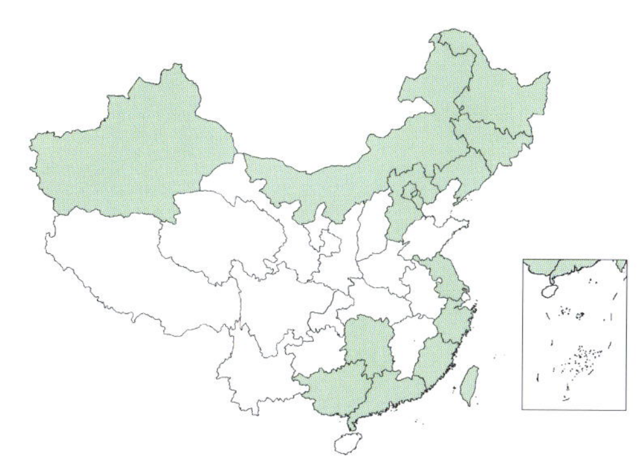

双斑截尾寄蝇

Nemorilla maculosa (Meigen,1824)

形态特征

体长5～6 mm。体黑色，覆灰白色粉被。翅肩鳞、前缘基鳞、小盾片、肩胛均黑色；口上片，触角节1、2节及第3节基部内侧，触角芒，下颚须，间额黄色。中胸盾片具3个宽阔的黑纵条，腹部背面具中央黑纵条，第3、4背板后缘无黑色横带，下腋瓣黄白色，腹部两侧具黄斑。雄蝇复眼裸，外侧额鬃缺如，外顶鬃发达，与眼后鬃明显相区别，但较单眼鬃细小，后头上方在眼后鬃后方无黑色小鬃；额覆灰白色粉被；侧颜裸，覆稀薄的灰白色粉被，中部的宽度窄于触角第3节；触角第3节为第2节长的1.5倍，触角芒基部1/2长度加粗，第2节不延长；下颚须棒状，被黄白色毛，后头伸展区退化不明显。胸部被黑毛，中鬃3+3，背中鬃3+4，翅内鬃1+3，腹侧片鬃1+1，翅侧片鬃1根，发达，肩鬃5根，3根基鬃排成三角形，肩后鬃2根；前胸侧板中央凹陷裸；小盾片三角形，具竖直的毛，有4对缘鬃，1对心鬃；r_{4+5}脉基部具1根小鬃，前缘脉第2段腹面裸，第2段等于第4段，R_5室在翅缘开放；前足爪发达，略长于第5分跗节，胫节具2根后鬃，后胫具2根背端鬃，一行不整齐的前背鬃，后足基节后方裸。腹部毛倒伏状排列，第1+2背板基部中央凹陷不达后缘，具2根中缘鬃；第3背板具1对中心鬃和4根中缘鬃，2根侧缘鬃，背面具闪变性黑斑；第4背板具1排缘鬃和1对中心鬃，腹面两侧无密毛斑；第5背板呈梯形，具缘鬃1排和不规则的中心鬃，腹面两侧无密毛斑。肛尾叶与侧尾叶等长或稍长于侧尾叶，端部略向腹面弯曲；侧尾叶侧面观较宽，微弯曲。

雌蝇头部每侧各具2根发达的外侧额鬃，外顶鬃发达与单眼鬃同样大小，前足爪小，短于其第5分跗节，触角大部分黄色，仅在第3节外侧具小黑斑。

生活习性

该寄蝇的寄生生物学特性与前种属于同一类型，雌蝇将卵产于寄主体壁后，立即孵化钻入寄主体腔，并在伤口处形成呼吸漏斗；蝇蛆进入3龄2～3天后脱离呼吸漏斗，穿行于寄主体腔，吞食大量内部组织完成发育后入土化蛹。

双斑截尾寄蝇雄成虫

寄主

在我国已知寄主有松梢螟、银纹夜蛾、甜菜网野螟、苹果小卷蛾、桑螟、茉莉螟蛾、稻纵卷叶螟、柑橘褐黄卷蛾、稻苞虫、梨星毛虫和茶谷蛾；据文献记载，螟蛾科中有宽纹巢斑螟、灌木巢斑螟、豆卷叶野螟、薄荷野螟等11种；卷叶蛾科中有葡萄长须卷蛾、斜纹卷叶蛾、亚麻黄卷蛾、蔷薇黄卷蛾、榛褐卷蛾、醋栗褐卷蛾、栎绿卷蛾、乳黄卷叶蛾、覆盆子卷蛾、葡萄小卷蛾、苹黑痣小卷蛾、黑莓小卷蛾等21种；麦蛾科中有伞形花织蛾等10种；绢蛾科中有稠李巢蛾等3种；蓑蛾科中有1种；夜蛾科中有八字地老虎、顶羽菊夜蛾、菜园夜蛾、丫纹夜蛾11种及欧洲松毛虫等。

分布

黑龙江、吉林、辽宁、内蒙古、北京、天津、河北、新疆、江苏、浙江、湖南、福建、广东、广西、台湾；日本，蒙古，以色列，前苏联中亚地区，俄罗斯，德国，瑞典，法国，意大利，加拿利群岛（大西洋）。

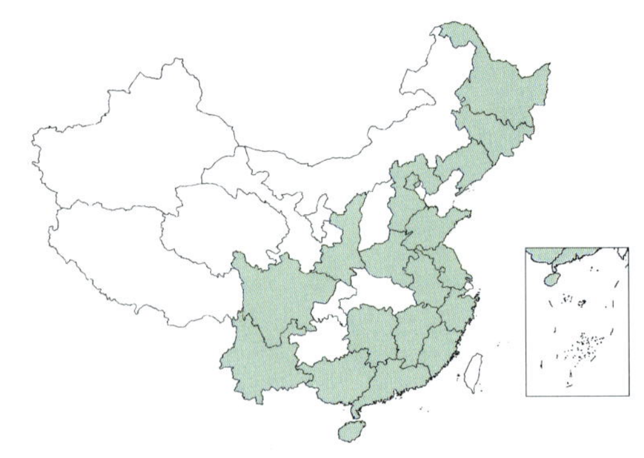

松毛虫狭颊寄蝇

Carcelia matsukarehae Shima,1969

松毛虫狭颊寄蝇雄成虫

形态特征

体长9～10 mm。体底色黑，全身覆灰白色粉被，被黑毛。间额、触角、肩胛、侧颜、翅肩鳞、跗节及股节黑色；复眼被毛，下颚须、小盾片、翅后胛、口上片、前缘基鳞黄色；胫节黄色，两端腹面黑色。胸部盾片背面具5个黑纵条，腹部背中央无明显黑纵条，第3、4背板后缘无黑色横带。下腋瓣白色。腹部两侧具暗黄色斑。后头被白毛，后头上方在眼后鬃后方无黑毛。

雄蝇单眼鬃发达，向前方伸展，内侧额鬃2～3根，颊特窄，远远窄于前额（由触角基部至复眼前缘），腹侧片鬃2～3根，肩鬃3根排成一直线。小盾片具1对心鬃。翅透明，r_{4+5}基部具1～2根小鬃，下腋瓣正常。

雌蝇头部每侧具1对发达的外侧额鬃，外顶鬃发达，与眼后鬃明显相区别，前爪足短于第5分跗节，腹部末端具套管式产卵器，产卵器很长，向前伸展可达头部前方，静止时收于腹内。

生活习性

该寄蝇为卵胎生型，卵为膜质，细长(0.6～0.7 mm)，白色，长为宽的3.5倍。雌蝇产卵于寄主体壁，产后随即孵化，钻入寄主体腔，经3个龄期，待寄主吐丝结茧时将寄主杀死，大量吞食其体内组织迅速发育成熟，入土化蛹。1个寄主体内可有多个蝇蛆同时寄生。

寄主

松毛虫。

分布

黑龙江、吉林、辽宁、北京、河北、山东、河南、陕西、江苏、浙江、安徽、江西、湖南、四川、福建、广东、海南、广西、云南；日本，俄罗斯远东地区。

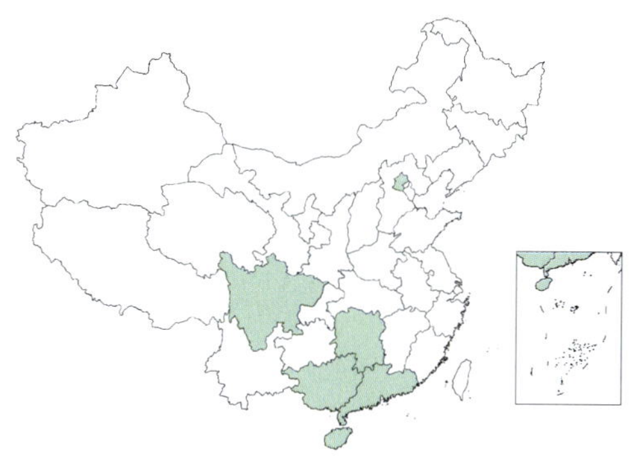

天蛾赘寄蝇

Drino hersei Liang et Chao,1992

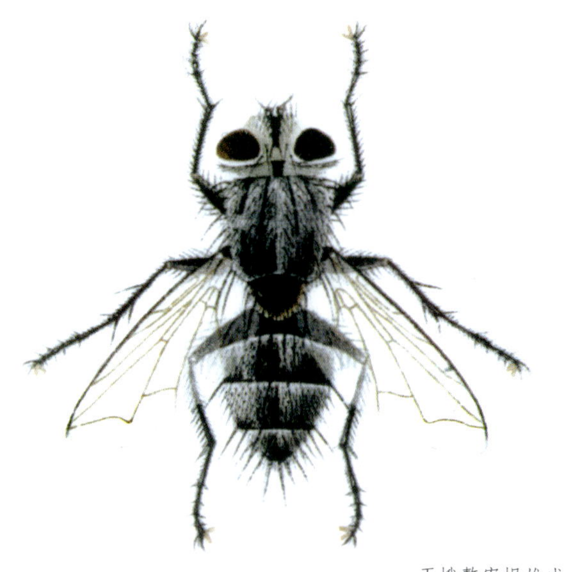

天蛾赘寄蝇雄成虫

形态特征

体长9～11 mm。体底色黑，覆灰白色粉被。下颚须、足、翅肩鳞、前缘基鳞、肩胛黑色；小盾片端部、翅后胛、口上片黄色。中胸盾片具5个黑纵条，中间1条在盾沟前消失，腹部第3、4背板后缘具黑色横带，腹背中央具明显的黑纵条。

雄蝇复眼被毛，外侧额鬃缺如，外顶鬃退化与眼后鬃无区别；触角第3节为第2节长的2.5倍，其宽度明显窄于侧颜中部，触角芒基部约2/3加粗，下颚须筒状。中鬃3+3，背中鬃3+4，翅内鬃1+3，腹侧片鬃2+2，肩鬃5根，其中3根基鬃排成一直线；小盾片具1对心鬃；r_{4+5}脉基部仅具1根小鬃，R_5室在翅缘开放，前缘刺不明显；下腋瓣内缘凹入与小盾片镶贴；前足爪发达，长于第5分跗节，前胫具2根后鬃；中胫具1根前背鬃；后胫具1排整齐的前背鬃。腹部毛倒伏排列，第3背板具1对短的中缘鬃，其长度不超过背板的1/2；第4背板具1排缘鬃；第5背板具不规则的中心鬃；第4、5背板腹面两侧具明显的密毛区。

雌蝇具2对外侧额鬃，外顶鬃发达与眼后鬃明显相区别，前足爪短于第5分跗节，腹部第4背板腹面无密毛斑。

生活习性

该寄蝇为卵胎生型，寄生生物学与前种大同小异，成虫出现于4月初，一直延续到8月下旬，在广东省发生数量很大，是白薯天蛾幼虫的劲敌。

寄主

国外无记载；在我国，已知寄主有白薯天蛾、灰天蛾。

分布

北京、湖南、四川、广东、海南、广西。

金色小寄蝇

Bactromyia aurulenta (Meigen,1824)

形态特征

体长5 mm。雄蝇复眼裸，侧额覆浓厚的黄灰色粉被，额鬃每侧1行4根，侧额被黑毛，内侧额鬃每侧2根，外顶鬃发达与眼后鬃明显区别，后头黑色，凹陷，覆稀薄的灰白色粉被，上半部在眼后鬃的后方具1～2行黑色小鬃，侧颜裸，覆浓厚灰白色粉被，窄于触角第3节的宽度；触角全部黑色，第3节为第2节长的6倍，触角芒基部1/2加粗，第2节延长，下颚须黑色，喙较短，唇瓣中等大小。胸部黑色，覆灰白色粉被，背面具5个黑纵条，中间3条宽，肩鬃4根，后方3根基鬃排成一直线，中鬃3+3，背中鬃3+4，翅内鬃1+3，翅前鬃大于第1根沟后翅内鬃和第1根沟后背中鬃，第3翅上鬃与翅前鬃同等大小，腹侧片鬃2+1；小盾片淡黄色，基部黑色，三角形，小盾心鬃1对；翅淡色透明，翅肩鳞和前缘基鳞均黑色，前缘刺较粗大，R_5室远隔翅尖关闭，r_{4+5}脉基部具3根小鬃；足全部黑色，中胫具1根前背鬃；后胫具1行稀疏的梳状前背鬃，其中1根粗大。腹部长卵圆形，黑色，覆浓厚的灰白色粉被，背面具黑纵条，第2背板基部中央凹陷伸达后缘，具中缘鬃1对，第3～5背板端部1/4具黑色横带，第3背板具中缘鬃1对，第4背板具缘鬃1排，中心鬃1对，第5背板具缘鬃和心鬃各1行。雄蝇侧尾叶短小，淡黄色，肛尾叶领钩状，背腹向弯曲。

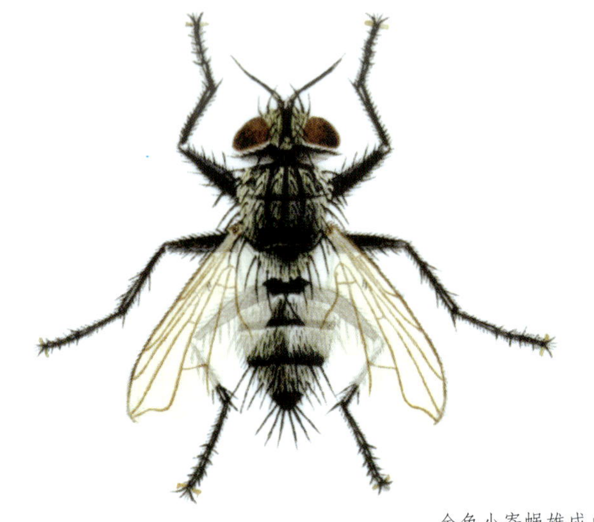

金色小寄蝇雄成虫

分布

黑龙江、吉林、辽宁、北京、西藏；日本，库页岛，外高加索，圣彼得堡，瑞典，英格兰，德国，波兰。

生活习性

该寄蝇个体较小，其寄生生物学尚未经详细研究，仅只为卵胎生型。

寄主

我国仅知寄生苹果巢蛾；国外记载有朴喙蝶、杨天蛾、栎闪斑舟蛾、杨扇舟蛾、桦钩翅蛾、棘翅夜蛾、隐金夜蛾（荨麻褐夜蛾）等。

柞蚕饰腹寄蝇

Blepharipa tibialis (Chao,1963)

柞蚕饰腹寄蝇雌成虫

柞蚕饰腹寄蝇雄成虫

形态特征

体长中型，7～12 mm。雄蝇头部覆金黄或灰黄色具丝光的粉被；侧颜为触角第3节宽的1.5倍；触角第1～2节棕黄色，第3节黑色，第3节较第2节长1倍；下颚须黄色，基部黑褐色，左右略扁，呈新月形向背面弯曲；额鬃15根左右；单眼鬃短而细，毛状；眼后鬃中等长度，相当粗壮。胸部黑色，覆灰色或黄灰色粉被，背面具5个狭窄的黑纵条；中鬃3+3，背中鬃3+4，翅内鬃1+3，腹侧片鬃2+1；小盾片棕黄色，基部黑褐色，具4对缘鬃和1对心鬃，小盾侧鬃每侧1根；翅肩鳞和前缘基鳞黑色，r_{4+5}脉基部具1～3根小鬃；后足胫节前背鬃梳状；腹部第2～4背板两侧棕黄色，粉被灰色或黄灰色，在第2～3背板上较稀薄，在第4～5背板较浓厚，在第4背板上形成一倒三角形粉斑；第2背板无中缘鬃，第3背板具1对中缘鬃，第4背板具1行缘鬃，第5背板具1行缘鬃和2～3行心鬃。

雌性体型较粗，黑灰色，腹部两侧的棕黄色斑不显著，全身覆浓厚的灰色粉被，惟腹部第3～5背片沿后缘1/3部分粉被消失，各形成1条黑色横带；后胫节的前背鬃长短不一，第7腹片如铲状，后缘呈弧形向后突出。

生活习性

该寄蝇为微卵生型，卵特小(0.2～0.3 mm)，卵壳特厚而坚硬，胚胎在母体内发育成熟，但不能自动孵化，卵被产于叶片边缘，被寄主吞食，遇到唾液后方能孵化。初孵幼虫钻出寄主消化道后，随体液游走于寄主体腔，且必须在48小时内钻入寄主的毛原细胞，形成包囊，逾时不达者全部死于寄主体腔。蝇蛆在包囊中发育极慢，直到寄主吐丝结茧时，蝇蛆才钻出包囊，并需在短时间内找到寄主的气门或气管干，并以其尾端靠近，以尾端的微刺将其磨伤并形成呼吸漏斗后，遂将寄主杀死；此后蝇蛆大量吞食寄主体内组织迅速生长，5～6天即发育成熟，入土化蛹。1个寄主体内可有1～40个蝇蛆发育成熟。

该寄蝇1年发生1代，蛹期滞育，一年之内在土壤中度过酷暑和严寒最恶劣的气候条件，在地下潜伏达10个月之久，翌年4、5月间羽化；雌蝇繁殖能力强，平均每只早蝇可产卵1020粒，常对寄主造成毁灭性的影响。天敌为赤色穗状菌 *Spicaria fumerosea* Wize，发病率为3.6%～20.3%，锤角黑蜂寄生率为10.9%～24.7%。

寄主

在我国已知寄主有柞蚕、天幕毛虫、舞毒蛾、松茸毒蛾；国外尚无记载。

分布

黑龙江、吉林、辽宁(凤凰城、四台子，模式产地)。

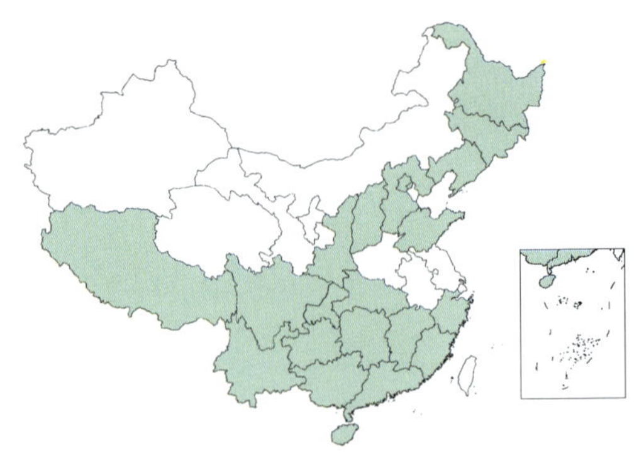

蚕饰腹寄蝇

Blepharipa zebina (Walker,1849)

蚕饰腹寄蝇雄成虫

形态特征

本种与柞蚕饰腹寄蝇除体形为大到中型（10～18 mm）外，主要区别在于：头部覆金黄色粉被，后头被黄色毛，额宽为复眼宽的1/3～2/5；触角第1、2节黄色，第3节长为第2节的2.5倍；小盾侧鬃每侧2～4根，下腋瓣杏黄色。足黑色，后胫的前背鬃较密，长短一致，排列紧密如梳状。腹部两侧及腹面暗黄色，沿背中线及前、后端黑色，第4背板腹面的密毛小区扩大到两侧。

雌蝇额宽为复眼宽的3/5；单眼鬃较发达；后足胫节的前背鬃长短不整。

生活习性

该寄蝇的卵小而硬，属微卵生型，黑色，产于松针上，当松毛虫幼虫取食时，连卵一起吞下，在消化液的作用下孵化，幼蛆钻出寄主消化道进入其体腔，在其内部组织中形成包囊缓慢发育，待松毛虫结茧时幼蛆钻出包囊，在寄主体腔内自由穿行大量取食，经1周左右即可老熟，钻出寄主体腔入土化蛹。一般每个寄主体内可发育成熟蝇蛆1～6头，其个体大小与数量成反比，在自然界该寄蝇个体大小相差悬殊就是这个原因。

寄主

在我国除大量寄生落叶松毛虫、赤松毛虫、油松毛虫、思茅松毛虫、榆黄足毒蛾、松茸毒蛾和板栗天蛾外，也危害家蚕；国外文献记载还有家蚕、茶蚕（茶带蛾）、天蚕蛾、咖啡透翅天蛾、达摩凤蝶、舞毒蛾等。

分布

黑龙江、吉林、辽宁、北京、河北、山东、山西、浙江、江西、湖北、湖南、四川、福建、广东、海南、广西、贵州、云南、西藏、陕西；日本，泰国，尼泊尔，缅甸，斯里兰卡，印度，俄罗斯远东。

彩艳宽额寄蝇

Frontina laeta (Meigen,1824)

彩艳宽额寄蝇雄成虫

形态特征

体长 11～12 mm。复眼裸。雄性体色淡黄，间额、颊、胸部侧面及腹面、腹部腹面基部以及股节均被黄毛；单眼三角较大，覆浓厚的金黄色粉被，内侧额鬃每侧 2 根，外顶鬃发达明显与眼后鬃相区别。后头平，覆灰白色粉被；触角黑色，第 3 节为第 2 节长的 10 倍，基部红黄色；触角芒基部 3/4 长度加粗；下颚须黄色。胸部黑色，覆浓厚的金黄色粉被，前胸腹板被毛，背面具 5 个黑纵条，中间 1 条仅在盾沟后清晰，肩鬃 4 根，3 根基鬃排成一直线，中鬃 3+3，背中鬃 3+4，翅内鬃 1+3，腹侧片鬃 2+1；小盾片淡黄色，覆金黄色粉被，小盾端鬃毛状，小盾侧鬃每侧 1 根；翅淡色，前缘烟褐色透明，翅肩鳞和前缘基鳞黑色，前缘刺短粗，R_5 室开放，r_{4+5} 脉基部具 3 根小鬃，下腋瓣淡黄色，其内缘不向内凹陷，不与小盾片镶贴，平衡棒橘黄色；中足胫节具前背鬃 2 根，后足胫节具梳状前背鬃，其中有 2 根粗大。腹部长卵圆形，淡黄色，第 2 背板具中缘鬃 1 对，第 3 背板具中缘鬃 1 对、中心鬃 3 对，第 4 背板后半部黑色，具缘鬃 1 行，中心鬃 3 对，第 5 背板全黑，具缘鬃 1 行、心鬃 2 行。

生活习性

该寄蝇为微卵生型，每年发生 2～3 代，成虫出现于 5～9 月。

寄主

在我国河南省新郑地区寄生枣步曲（枣尺蠖）；国外记载有蓝目灰天蛾（杨紫目天蛾）、杨大蛾、丁香天蛾（女贞天蛾）等。

分布

吉林、内蒙古、河南、江苏、浙江；日本，俄罗斯，哈萨克斯坦，英格兰，挪威，瑞典，法国，德国。

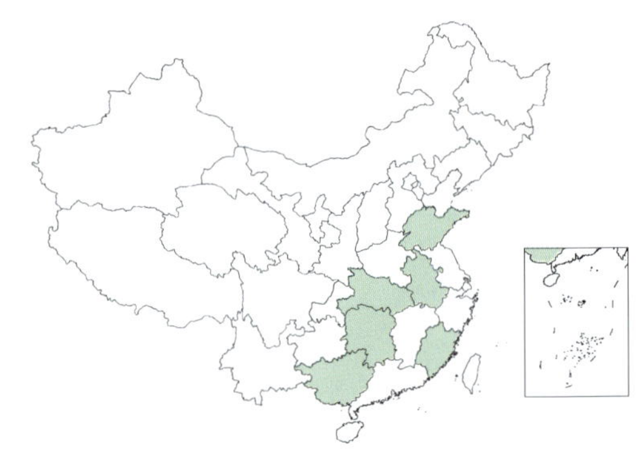

四斑尼尔寄蝇

Nealsomyia rufella (Bezzi,1925)

形态特征

体长6～7 mm。复眼被毛，间额黑色，两侧被细毛，向前方加宽，侧额黑色覆灰白色粉被，侧颜裸，较触角第3节窄；触角黑色，第3节为第2节长的2倍，触角芒长，基部1/3长度加粗，第1节很短，第2节长为其直径的1.3倍；颊被黑毛，外顶鬃毛状，与眼后鬃无区别，后头黑色，扁平，在眼后鬃后方无黑色小鬃，下颚须淡黄色。胸部黑色，覆闪变灰白色粉被，背面具4个黑色窄纵条，中间的2条仅在盾沟前清晰，肩鬃4根，3根基鬃排成一直线，中鬃3+3，背中鬃3+4，翅内鬃1+3，腹侧片鬃2+1；小盾片基部1/3黑色，端部2/3黄褐色，小盾侧鬃每侧1根；翅淡黄色透明，翅肩鳞和前缘基鳞黑色，前缘刺短小，R_5室在翅缘开放，r_{4+5}基部具4～5根小鬃；足黑色，转节黄色，中胫具1根前背鬃，后胫具1行排列整齐的梳状前背鬃，后背鬃2根。腹部黑色，覆灰白色粉被，第2～4背板两侧具红黄色花斑，第1+2、3背板各具中缘鬃1对，第4背板具缘鬃1行，第3、4背板两侧腹面具黑色密毛区，背面中央具黑纵条，第3～5背板后缘1/5具亮黑色横带，第3、4背板后缘沿背纵线两侧具闪变三角形黑斑，第5背板具缘鬃和心鬃各1行。

生活习性

该寄蝇为微卵生型，寄生方式与上述同类型种类相似。据查，雌蝇抱卵量最低164粒，最高519粒，平均328粒。蝇蛆在寄主体内无互相残杀现象，有时最多可达128头之多。该寄蝇寄主范围较窄，仅限于袋蛾科。它是较严格的东洋界物种，我国山东省为其分布的北限，1年发生3～4代。在华东大袋蛾主要发生区即北纬34°～35°为寄蝇的越冬存活临界区，即：在北纬34°以南，在正常年份基本上可以越冬，北纬34°～35°之间，四斑尼尔寄蝇1龄幼虫在寄主体内越冬只有少部分可以存活；北纬35°以北，则不能存活。因此，每年春季寄蝇数量很少，进入8月份，大袋蛾开始老熟或接近老熟，

四斑尼尔寄蝇雄成虫

是寄蝇寄生的最佳时期，但此时自然界寄蝇的数量却极少。将安徽亳州、阜阳（北纬32.8°）一带的四斑尼尔寄蝇助迁过来，释放到高龄期大袋蛾发生的林分中，增加寄蝇在自然界的基数。寄蝇羽化后"如鱼得水"，在大袋蛾种群中连续繁殖2～3代，将寄生率大大提高，有效地压低大袋蛾的虫口密度，使之维持在经济阈值之内。天敌（重寄生）齿腿长尾小蜂 *Monodontomerus minor*、广大腿小蜂 *Brachyneria lasus*。

寄主

我国已知有大袋蛾和茶袋蛾；国外文献记载寄生于袋蛾科幼虫（尚未定名）。

分布

山东、安徽、湖北、湖南、福建、广西；越南，泰国，斯里兰卡，马来西亚，印度，印度尼西亚，伊朗。

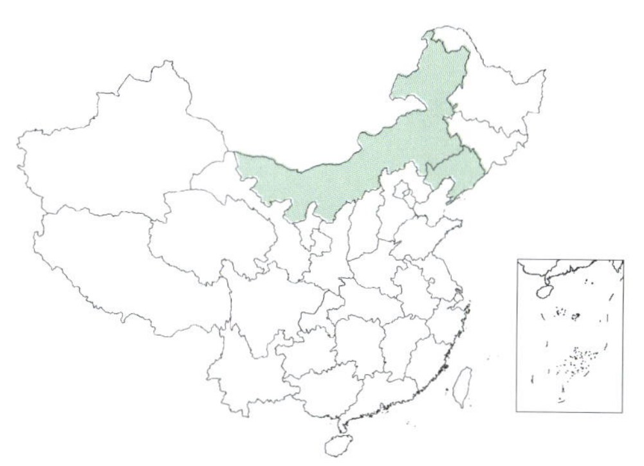

天幕毛虫抱寄蝇

Baumhaueria goniaeformis (Meigen,1824)

形态特征

体长8.4～11.6 mm。复眼裸，间额棕黑色，覆灰白色粉被；侧额黑色，被黑毛，覆浓厚的灰白色粉被，头部每侧均具2根外侧额鬃，内侧额鬃每侧2根，单眼鬃发达，与内侧额鬃同等大小，外顶鬃粗大；后头向后方拱起，在眼后鬃后方无小黑鬃，被黄白色毛；侧颜全部被稀疏黑毛，其宽度为触角第3节宽的3倍；触角第1、2节红黄色，第3节黑色，为第2节长的7～8倍；触角芒全长加粗，颊被黑毛，下颚须筒形，红黄色。胸部黑色，覆灰白色粉被，背面中央具4个黑纵条，中间2条较宽；肩鬃4根，其中3根基鬃排成一直线，中鬃3+3，背中鬃3+4，翅内鬃1+3，腹侧片鬃2+1；小盾片黄褐色，基部黑色，小盾端鬃缺如，但背面具2根翘起的刺，小盾心鬃存在；翅狭长，淡色透明，翅肩鳞黑色，前缘基鳞淡黄色，前缘刺发达，r_{4+5}脉基部具3～5根小鬃；足全黑色，雄蝇前足爪与第5分跗节等长，前胫具2根后鬃，中胫具1根腹鬃，后胫具2根背端鬃，1行稀疏的梳状前背鬃、其中1根较粗大，后背鬃3根，前背鬃2根。腹部圆锥形，覆灰白色粉被，第1+2背板基部中央凹陷不达后缘，背板具中缘鬃2根，第3背板具中心鬃2～3对，中缘鬃1对，第4背板具中心鬃1～2对，缘鬃1行，第5背板覆浓厚的灰黄色粉被，具缘鬃1行和排列不规则的心鬃2行。

天幕毛虫抱寄蝇雄成虫

生活习性

该蝇的寄生生物学特性与柞蚕饰腹寄蝇很相似，二者观察资料可互为参考。为微卵生型，卵长不及0.4 mm，1年发生1代，在辽宁省4月中旬开始羽化，交尾多在羽化当天进行，5月上旬羽化完毕，中旬开始产卵，产卵期延续到6月上旬。雄蝇寿命较短，平均为17天左右（交尾后），有的交尾后当天就死亡；雌蝇平均为32.5天（交尾后）。卵被寄主吞食后，在消化液的作用下，经18分钟到1小时不等，陆续孵化，幼蛆钻出消化道后，侵入寄主背纵肌的肌肉束内，肌肉束因而膨胀变形，在此，幼蛆发育迟缓，直到寄主吐丝结茧时钻出肌肉束，尾端与气管干相接，形成呼吸漏斗，进入第2龄。此后，蝇蛆迅速生长，有的在寄主化蛹之前将其杀死，发育成熟，入土化蛹；也有的要在寄主化蛹后将其杀死，大量取食蛹内组织，成熟后入土化蛹。据查，蝇蛆脱出时间最早是在结茧后第7天，最晚是第21天，平均11.3天。另外一个显著特点是，在一个寄主体内，寄生的蝇蛆数量不一，十几头至几十头不等，但最终只有1头完成寄生的全过程，发育成熟后，脱蛆化蛹，说明有互相残杀现象。

寄主

我国已知寄生天幕毛虫、舞毒蛾；国外文献记载有绒毛橘叶蛾等。

分布

辽宁、内蒙古；以色列，俄罗斯，法国，德国，比利时，丹麦，瑞典。

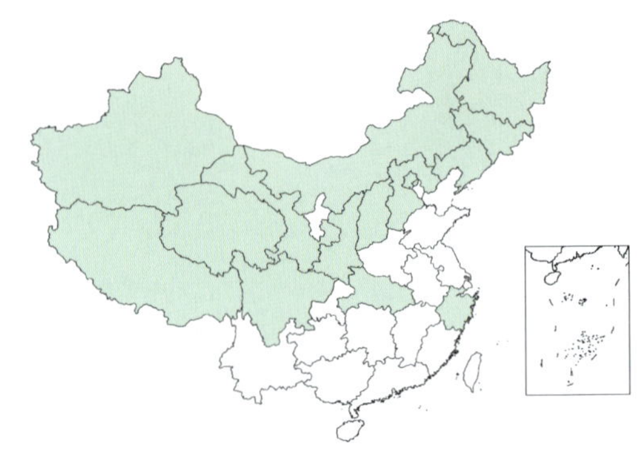

怒寄蝇

Tachina nupta (Rondani,1859)

形态特征

体长9～15 mm。雄蝇口上片、侧颜及下侧颜淡黄色，间额红黄色，侧额及后头黑色，颊灰黄色，中颜板覆淡黄色粉被，触角基部2节红黄色或暗红黄色，第3节黑色，基部红色，触角芒黑褐色，下颚须淡黄色。胸部黑色，两侧及小盾片红黄色，整个胸部覆稀薄的灰色粉被，背面具4个狭窄的黑纵条。腹部黄色，沿背中线具1个黑纵条，由基部向端部变窄，末端终止于第5背板的1/3～2/3，黑纵条在每一背板上基部宽端部窄，呈梯形，有时在第4、5背板上呈三角形，腹部腹面黑色，沿第3背板基部1/3和第4、5背板基部1/2覆灰白色粉被；翅灰色透明，由基部至翅前缘2/3黄色，翅脉黄色或褐黄色，翅肩鳞黑色，前缘基鳞红黄色，腋瓣白色，平衡棒暗红黄色。额每侧具1～2根外侧额鬃，触角第3节长宽大致相等，略长于第2节；触角芒裸，基部5/7加粗，第1节长为宽的2倍，第2节长为宽的4倍；下颚须略长于触角。胸部被黑毛，前胸腹板裸，中鬃3+3，背中鬃4(3)+4(3)，翅内鬃1+3，腹侧片鬃2+1；小盾片具6根缘鬃。腹部第2背板具2～4根中缘鬃，第3背板具2～6根中缘鬃，第4背板具1行缘鬃，第5背板具不规则的2～3行心鬃和1行缘鬃；第2～4腹板各具1～2行排列不规则的缘鬃；肛尾叶长三角形，呈S形略弯曲。翅无前缘刺，前缘脉第2段腹面被毛，且略短于第3段，第4段外缘全长具刺，r_{4+5}脉基部具4～8根长短不等的小鬃；前足爪及爪垫与第5分跗节大致等长，后足基节后面被毛，跗节（至少后足）黄色。

生活习性

此种寄蝇为蛹生型，即胚胎在母体内发育成熟，卵壳为膜质（胎膜），膜外无几丁质卵壳，刚产出时能动而不能“行”，故称蛹，蛹产出后脱去胎膜，即为1龄幼虫。1龄幼虫暗灰色，背腹扁平，平趴在植物上，当有寄主与之接近时，立即抬起身躯做大幅度摆动，一旦与寄主相触，便附着于其体壁上，钻入其体腔，在伤口处形成呼吸漏斗，在漏斗上脱皮2次，在3龄中期脱离呼吸漏斗将寄主杀死，2～5天内发育成熟，钻出寄主体腔，入土化蛹。1年发生2代，以幼蛆在寄主（幼虫或蛹）内越冬。此类型寄蝇在寄主体内有互相残杀现象，故每个寄主体内只能有1头蝇蛆成活。

怒寄蝇1龄幼虫

怒寄蝇雄成虫

寄主

仅在我国已知寄生于麦穗夜蛾幼虫体内和松毛虫。

分布

黑龙江、吉林、辽宁、内蒙古、北京、河北、山西、陕西、甘肃、青海、新疆、浙江、湖北、四川、西藏；蒙古，日本，乌兹别克斯坦，俄罗斯，瑞典，意大利，法国，德国。

饰额短须寄蝇

Linnaemya comta (Fallén,1810)

形态特征

体长9～11mm。雄性侧颜为触角第3节宽的1.4倍，被细毛；触角暗黑色，第3节为第2节长的1.3倍；下颚须特短，褐色，其长度为其直径的2～3倍；头部前表面淡黄色，覆灰白色粉被；颊被黄白色毛；雄、雌头部两侧各具1～2根外侧额鬃，单眼鬃发达。胸部暗黑色，被黄白色与黑色混杂细毛；前胸腹板裸，r_{4+5}脉具6～7根小鬃，占基部脉段的1/3～2/5；足除胫节外，黑色或紫黑色，雄蝇前足爪的长度等于或大于第5分跗节的长度，后足基节后面裸。腹部暗黑色，第3、4背板各具1对中心鬃，第1腹板及与其相邻的第2背板内缘被黄白色毛。

雌蝇触角第2节较雄性者长，最少大于第3节的0.5倍；第3背板上的中心鬃常消失，第6+7合背板裸，橙黄色，沿背中线分裂为两新月形骨片。

饰额短须寄蝇1龄幼虫

生活习性

本寄蝇与前种同为蛐生型，区别在于本种1龄幼虫为深黑色，桶形，呈炮弹状，以其尾端站立在植物上，当有寄主与之接触时，立即附着于其体壁上，从而发生寄生关系，其他特点与前种同。

寄主

在我国已查明有粘虫、小地老虎、松天蛾；国外文献记载的有松天蛾、小地老虎等。

分布

黑龙江、吉林、辽宁、内蒙古、北京、天津、河北、山西、甘肃、青海、新疆、四川、云南、西藏；印度，尼泊尔，蒙古，俄罗斯，瑞典，法国，澳大利亚。

饰额短须寄蝇雄成虫

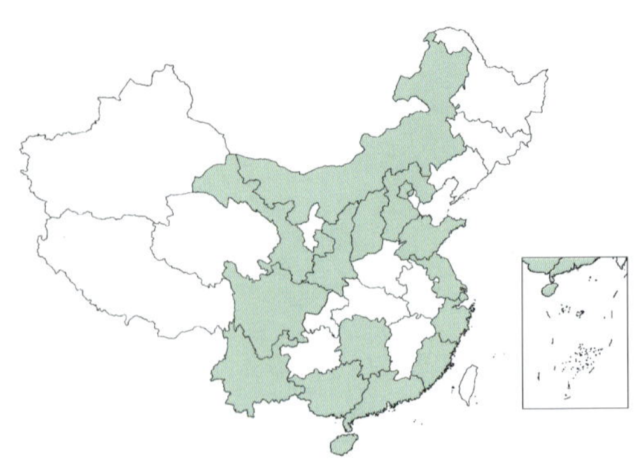

粘虫长须寄蝇

Peleteria varia (Fabricius, 1794)

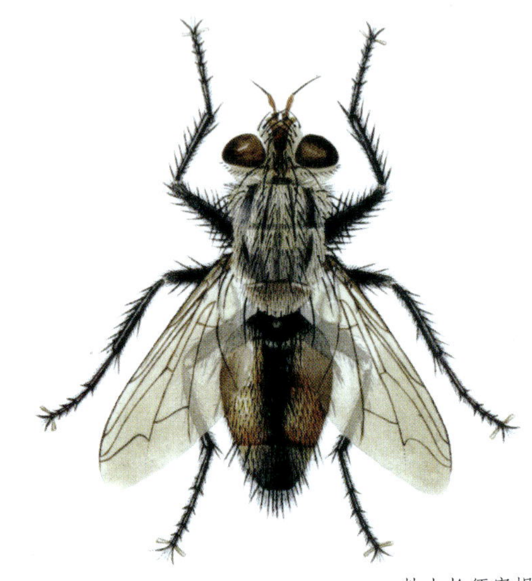
粘虫长须寄蝇雄成虫

形态特征

体长2.5～8.7 mm。雄蝇间额黄色，两侧缘在单眼三角前显著缢缩，侧额覆浓厚的淡金黄或灰黄色粉被，间额前部侧缘和侧额前部被黄毛，两者的后部被黑毛，口上片显著向前突出，侧颜窄于触角第3节或两者等宽，下侧颜淡黄色，均覆浓厚的白色丝光粉被，侧颜及颊被细长的淡黄色毛，有时杂有若干粗大的黑毛，侧颜宽度为触角第3节宽的0.7～0.9倍，额鬃6～8根，外侧额鬃2根，内侧额鬃1根；后头覆浓厚的灰黄色粉被，触角基部2节红黄色，第3节黑色，其长度为第2节的0.9～1.1倍，前缘斜切状，前下角显著向前突出，其长与宽之比为1.2～1.6∶1.0；触角芒黑色，第1节略短于第2节，两节之和为第3节长的2/5～1/2；下颚须退化。胸部黑色，覆浓厚的灰色或黄色粉被，前胸腹板裸，中胸侧片被稀疏的黄白色长毛；中鬃3(2)+3，背中鬃3(4)+4，翅内鬃1+3，腹侧片鬃2+1；小盾片具缘鬃4对，其中小盾端鬃交叉排列；在后部1/3的部位有1行心鬃，小盾片中部有1组竖立的钉状鬃，其中有1对较粗大；翅肩鳞黑色，前缘基鳞淡黄色；r_{4+5}脉基部具3～5根小鬃；前足爪为其第5分跗节长的1.7倍，后足基节后面裸。腹部红黄色，被黑毛，覆闪变性灰黄色粉被，腹部腹面基部（第1腹板和第1+2背板腹面）被黄白色毛，第5腹板光亮，末端2/5纵裂为2个三角形侧叶，侧叶末端为一光亮的小三角向背面钩曲，侧叶外缘平；肛尾叶马蹄形，末端中央光亮具1小三角形缺刻，被交叉排列的细长毛；侧尾叶基部光亮、窄，端部呈钩状弯曲，较宽、末端尖。

雌性前足跗节加宽，第4分跗节长宽相等，前足爪与第5分跗节等长。

生活习性

该寄蝇为蛹生型，多化性，成虫将蛹产于寄主取食植物或活动场所。1龄幼蛆细长，前端尖，深灰色，在我国从南到北各地的发生数量都很大。幼蛆活动机敏，可自动寻找藏身之处，平伏于植物表面，待寄主经过或有所触动时，则立即竖立摆动，一旦触及寄主体表，随即附着于其体壁，继而很快找到适合之处钻进寄主体腔寄生；在北京5～6月，在广东2～4月为成虫大量出现时期；在南方成虫喜欢取食荔枝、两面针等植物花蜜，在北方喜欢伞形科花蜜以补充营养。

寄主

在我国已知寄主有粘虫、小地老虎、油松毛虫；国外文献报道寄生于劳氏粘虫。

分布

内蒙古、北京、河北、山东、山西、陕西、甘肃、江苏、上海、浙江、湖南、四川、福建、广东、海南、广西、云南；哈萨克斯坦，马来西亚，印度尼西亚，菲律宾，尼泊尔，泰国，阿尔及利亚，欧洲从地中海至奥地利中部，乌克兰，俄罗斯，意大利，巴布亚新几内亚（大洋洲）等，广泛分布于热带非洲地区，东洋区，澳洲区北部。

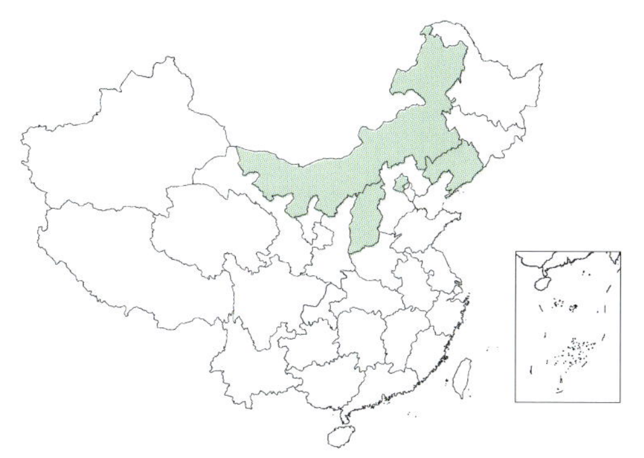

阴叶甲寄蝇

Macquartia tenebricosa (Meigen,1824)

形态特征

体长7 mm。雄蝇头部黑色，覆银白色粉被，复眼被淡黄色密毛，额鬃每侧1行7根，内顶鬃毛状，外顶鬃退化与眼后鬃无区别；后头拱起、黑色、全部被黑毛，触角全部黑色，第3节略长于第2节，触角芒被纤毛，黑色，基部1/6加粗，侧颜上半部被毛，其宽度为触角第3节宽度的1.5倍，颊黑色，全部被黑毛，下颚须黄色，圆筒形。胸部亮黑色，覆稀薄灰白色粉被，前胸腹板裸，肩鬃3根呈一直线排列，肩后鬃1根；中鬃3+3，背中鬃3+3，翅内鬃0+3，腹侧片鬃2+1，翅侧片鬃1根；小盾片亮黑色，小盾端鬃粗大，交叉向后方伸展，侧鬃缺如；翅淡黄色透明，翅肩鳞黑色，前缘基鳞黄色，前缘脉第2段下方被毛，r_{4+5}脉基部具3根小鬃，R_5室开放；足细长，黑色，前足爪短于第4、5分跗节长度之和，前胫具后鬃2根；中胫具前背鬃3根，后鬃2根，腹鬃1根；后胫具背端鬃3根，前背鬃6根，后背鬃5根，腹鬃3根，后足基节后面裸。腹部黑色光亮，覆稀薄的灰白色粉被，第2背板基部凹陷不达后缘，具中缘鬃1对，第3、4背板各具中心鬃1对。

阴叶甲寄蝇雄成虫

生活习性

不详。

寄主

在我国已知寄主有榆紫叶甲；国外文献记载有叶甲属 Chrysomela 的一些种。

分布

辽宁、内蒙古、北京、山西；俄罗斯（西伯利亚、外高加索），苏格兰，拉普兰（瑞典），以色列，法国，瑞典，丹麦，奥地利，意大利。

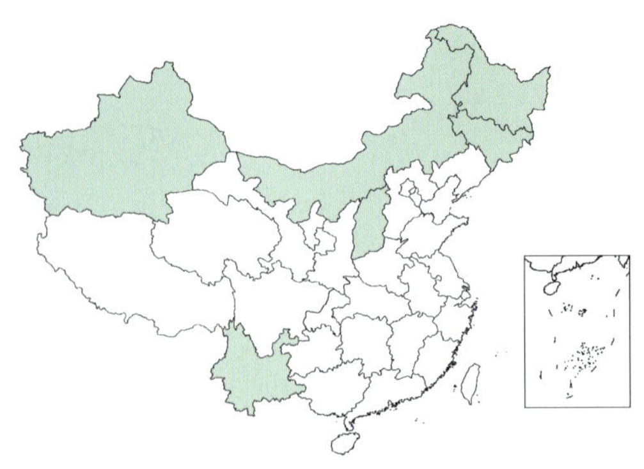

茹蜗寄蝇

Voria ruralis (Fallén,1810)

茹蜗寄蝇雄成虫

形态特征

体长6～11 mm。雄蝇头部黑色，覆浓厚的灰白色粉被，复眼被稀疏短毛；触角黑色，第3节为第2节长的1.2～1.8倍，一般为1.5倍，侧颜被毛，侧颜略窄于触角第3节或二者等宽，下颚须基部黑色，端部暗黄色，棍棒状。胸部黑色，覆灰白色粉被，背面具4个黑纵条，中鬃3+3，背中鬃3+3，翅内鬃1/3，腹侧片鬃2+1，翅侧片鬃细小或缺如；翅肩鳞和前缘基鳞均黑色；小盾片黑色，小盾侧鬃缺如，背面具1对或更多直立的鬃；r_{4+5}脉段上的小鬃达径中横脉，端横脉（m_1）异常倾斜，赘脉（m_2）特长，前足爪长与第4+5分跗节的长度相等，后足胫节末端无后腹鬃。腹部黑色，覆灰白色粉被，第2背板基部凹陷达后缘，中缘鬃缺如，第3、4背板各具中缘鬃1对，第5背板具心鬃一行。

生活习性

该寄蝇为卵胎生型，卵被产出后蜕去胎膜立即孵化，钻入寄主体腔后，如为多数个体寄生，则均匀地分布在寄主（如夜蛾）幼虫腹部背面，以尾端穿孔形成呼吸漏斗固定在寄主体壁上。此种蝇蛆在寄主体内无相互残杀现象，发育成熟后，在寄主残骸中化蛹，其个体大小与在同一寄主体内寄生数量成反比。1年发生2～3代。

寄主

在我国已知寄主有银纹夜蛾；据文献记载有大西洋赤蛱蝶、丫纹夜蛾、金翅夜蛾、紫尘翅夜蛾、甜菜夜蛾、粘虫、豹灯蛾、舞毒蛾等。

分布

黑龙江、吉林、内蒙古、山西、新疆、云南。

蛛形纲 Arachnida

蜘蛛目
Araneae

蜘蛛目 *Araneae*

中华宋纺蛛

Songthela sinensis (Bishop et Crosby,1932)

形态特征

雌蛛体长27.00～27.50 mm。体黄褐色，背甲盾形，前端略呈弧形，后端平直。头部突出，额前缘有一行排列整齐刚毛，其中央有2根相互交叉的斜刺。眼域圆形，后部有2根长毛。8眼集聚成团，着生在头部之黑色隆起上。中眼域位于隆起正中央，侧眼大于中眼。中窝较深，颈沟、放射沟明显。螯肢强大，向前直伸，能上下活动，密生刚毛，前端内侧有多个粗大黑刺。螯爪粗壮，前齿堤无齿而丛生1列褐色长毛；后齿堤有10～11齿，以第7齿为最大，第9、10齿最小。触肢粗壮，呈步足状，几乎与第1步足同大，密生刚毛，多黑刺，跗节腹面有黑刺8对。下唇宽大于长，可动，端部具毛刺。胸板呈橄榄状，褐色，有黑色长刺。腹部梨状，具黑色刚毛，分节明显。背面有12枚背片，其中以第2～6背片为最宽，每个背片后缘有3～4对黑刺，而第7～11背片仅留痕迹。腹面中部具有7个纺器，分前后2列。肛丘具有黑环斑。雄蛛体长15 mm左右。螯肢后齿堤有10齿。

生物学

一种较原始的蜘蛛。不结网，为穴居型的蜘蛛。白天蜘蛛躲藏在洞穴的底部，一般不出洞活动。因此可以捕获体型较大的害虫。该蛛常在山丘的田埂上打洞，而且多在田埂的向阳面。洞口近乎椭圆形。成蛛洞口的横向长15～20 mm，上下径11～16 mm。洞口有一片以蛛丝和细土混合而做成的椭圆形扇门。扇门的上边与堤壁相连，其他3边游离。扇门的大小刚好与洞口等大，这样不但可以防止雨水或土粒进入洞内，也可以防止其他天敌的入侵。从洞口到地下一般为垂直状。洞深大约在20 cm。洞的底部较洞道和洞口宽大，这样就保证该蛛在洞内有一定的活动空间。在长江流域，每年7～10月为产卵高峰期。蜘蛛的卵袋土黄色，圆球形。与其他蜘蛛的卵袋不同，卵袋是由蛛丝和细土混合而成，质地较硬，状如乒乓球。卵袋很大，直径在30～40 mm。每个卵袋含卵量200～300粒。雌蛛有较强护卵习性。幼蛛脱皮次数多，历期长，估计2～3年才能发育一个世代。

中华宋纺蛛雌成虫

猎物

虽然捕食范围很广，但主要捕食地面活动的鞘翅目，如金龟子、叩头虫等和直翅目的蝗虫、蚱蜢等。

分布

河北、山东、河南、湖北。

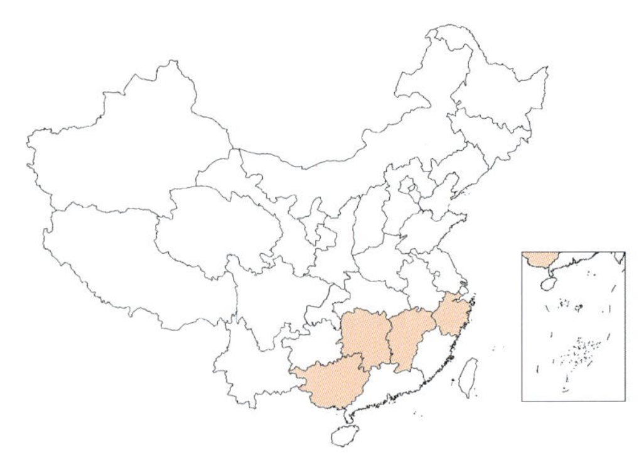

异囊地蛛

Atypus heterothecus Zhang,1985

形态特征

雌蛛体长10.00～12.00 mm。头胸部淡棕褐色，两侧缘黑褐色。8眼2列，均稍后凹。前中眼直径约等于前中眼间距，前中眼大于前侧眼，后侧眼大于后中眼；前中眼间距大于前中、侧眼间距；后中眼间距约为前中眼间距的3倍，后中、侧眼靠近。颈沟明显。胸部平坦。中窝横向，较深，向两侧各发出3条放射沟。在眼区与中窝之间有1条黑褐色细条斑，两侧各有1条细条斑，其前端不达眼区，后端止于中窝。螯肢较头胸部短，螯基背面明显隆起，螯爪红褐色，刷毛白色。齿堤的齿数多为13～14个齿。颚叶发达，近内侧有1列不规则的齿状突，内缘有刷状毛丝。下唇宽大于长。胸板长大于宽，墨绿色，周缘红褐色，其上有4对胸斑。触肢1爪，有6齿。步足粗壮，墨绿色，各节关节处呈现红色。腿节、膝节、胫节上无刺而有棕褐色刚毛；后跗节上有刚毛和短刺；跗节上无刚毛而有短刺；后跗节有1列听毛，胫节背面有2列听毛。3爪，每爪各有5齿。腹部卵圆形。背面前端有1个半圆形黄褐色斑，其他部分有许多近圆形的黄褐色小斑。

生物学

地下穴居的蜘蛛，生活在由蛛丝缀成的长管状巢内。管巢一部分伸入地下，另一部分伸出地面，附着于它物上，主要附着马尾松、金钱松、柳杉、银杏、桂花、樟、麻栗等树干基部。一般每株仅附一个管状巢，最多在直径60.2 cm松树干基部附着9个。巢长为11.00～31.50 cm。管巢地面之上端部开口，主要用于排除食物残渣、排泄物和蜕下来的蛛壳。挖洞作巢，一般5～7天才能完成。丝管的地上部分，一般占丝管总长度的2/3。地蛛平时在管状巢的地下部分生活，当捕食时，到地面以上部分管状巢内等待，当漫游的昆虫或其他小动物爬上巢时，它就能根据昆虫或小动物动态，迅速地运动到适当位置，以其细长的螯爪穿过管壁，插入猎物的体内，注射毒液，毒死猎物。然后把丝管割开一缝，把猎物拖入巢内，吮吸猎物的体液，留下的虫壳、残渣又通过管状巢的顶部开口抛出巢外。以后它又能够修补好捕食时留下的裂口，并盖上一层砂粒。发育成熟的雄蛛，离开管巢寻找配偶。当雄蛛发现雌蛛的管巢时，用步足或触肢在雌蛛的管巢上以特殊的节律进行敲打，等待雌蛛的回音。若雌蛛许诺，雄蛛进入雌蛛的巢内进行交配。交配后的雄蛛可一起生活或立即离开，也可能被雌蛛所食。交配后的雌蛛，产卵于丝巢内。

异囊地蛛雌成虫

猎物

主要捕获白蚁、蚂蚁、金龟子、椿象、纺织娘和马陆等。

分布

浙江、江西、湖南、广西。

虎纹单柄蛛

Haplopelma huwenum (Wang, Peng et Xie,1993)

形态特征

雌蛛体长53.00～85.00 mm。背甲、步足及腹部黑褐色，具黄褐色长毛和短毛。胸板及步足的腿节、转节前侧面和基节腹侧面呈黑色。背甲低，头部稍隆起。眼丘低。中窝深，前凹。8眼集中位于一扁椭圆形低丘上。前眼列强前凹；后眼列几乎平直。前中眼间距大于前侧眼和中侧眼间距；后中眼间距大于后侧眼和中侧眼间距。螯肢内齿堤有21齿；外齿堤无齿。螯肢外侧面有许多毛丛，在其低缘及中部具羽状毛。颚叶的腹侧面有成排的卧式刺。胸板具3对胸斑。跗节具2爪，爪无齿。腹部背面有5条虎皮状花纹，因此而得名。前纺器小，呈小锥状；后纺器大，呈鞭状，由腹侧绕腹部末端弯向背侧。雄蛛体长37.70～44.00 mm。胸斑1对。螯肢侧扁，长大于宽；外侧微隆起，腹侧缘有金褐色粗刚毛组成的浓厚毛丛。外齿堤无齿，内齿堤有16个齿。触肢基节长大于宽。步足黑褐色，粗壮多毛。后跗节的大半部和跗节的整个腹面有天鹅绒似的毛丛。腹部黑褐色，长卵圆形，被浓密的金褐色毛，呈黑色虎纹状。

虎纹单柄蛛雌成虫

生物学

本种为热带雨林内的蜘蛛，是我国发现体型最大的一种蜘蛛。该蛛不结网，穴居于地洞内。多在针叶林带、针阔叶林混交带或高大宽厚的田埂上挖洞而居。洞穴呈现圆形，深50～100 cm，洞口布以蛛丝。蛛丝与杂草或枯叶缠绕和粘连在洞口处，形成一个丝管，长3～6 cm。在冬季，由于气温下降，蜘蛛就以丝网封闭在洞口中央，蜘蛛就在洞内越冬。该蛛夜晚出洞捕食。全天有2个明显活动期，即夜晚8～12时和凌晨2～4时。在广西省2年完成1代。当年的成蛛于6～8月交配、产卵。孵出幼蛛一直到第2年冬季才发育成亚成蛛，第3年的5月发育成熟。交配多在晚上18～24时进行。交配前雄蛛四处寻找雌蛛。当发现雌蛛洞穴，就用触肢和前足敲打洞口的蛛网，并发出吱吱声，雌蛛出洞在洞外进行交配，历时10～15分钟。初产的卵袋内含卵量平均70粒左右，最多82粒左右，第2年产的卵袋内含卵380多粒。胚胎历期8～13天。幼蛛孵出后，群集在母蛛的洞穴中，或在母蛛的背上，由母蛛看护。幼蛛同母蛛共同在一起生活25～52天之后，才离开母蛛营独立生活。幼蛛一般脱皮14～15次，也有少数个体要脱皮16～21次，有17～22个龄期。整个幼蛛期一般需18～20个月。

猎物

捕食范围很广，最嗜食直翅目的蝗虫、蚱蜢和蟋蟀的成虫和若虫。

分布

海南、广西、云南。

注 曾用名虎纹捕鸟蛛 *Ornithoctonus huwena* (Zhu and Song)

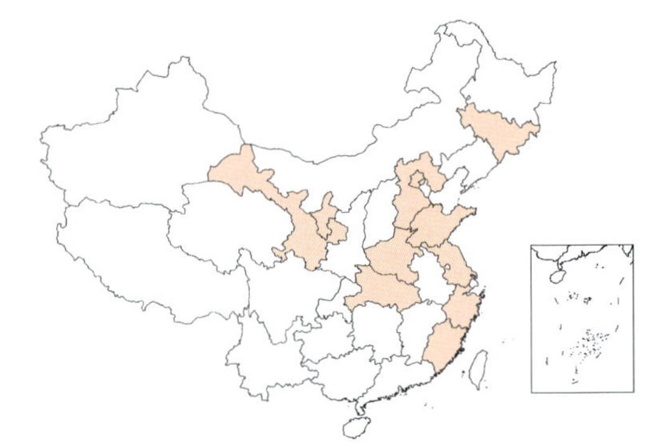

白斑隐蛛

Nurscia albofasciata (Strand,1907)

形态特征

雌蛛体长4.80～5.20 mm，体褐色密被细毛。头区宽圆并隆起，高于胸部，被有长细毛。中窝较浅。颈沟和放射沟黑色。8眼2列，全部黑色。前眼列端平或稍后凹，后眼列微前凹。前侧眼>后侧眼＝后中眼>前中眼。前中眼间距小于前中侧眼间距；后眼列间距约等。中眼域梯形，长大于宽，后边长于前边。螯肢黑色，多毛，有侧结节。前齿堤3齿，中齿最大；后齿堤2齿。下唇黑褐色，长大于宽，前端宽圆并呈白色。步足各后跗节具2对刺。胸板后端尖，插入第4对步足两基节之间。第4步足后跗节有一列栉器。腹部卵圆形，背腹面皆为黑褐色，正前缘有孤形白色横斑，稍后处有4对“八”字形白斑；后端有一短白斑，但色淡，从背方不易看清。有的个体无白斑。纺器黑色。筛器有中隔。雄蛛体长3.50～4.00 mm，体躯较雌蛛略细长，呈棕黑色。腹部背面前有一黄白色横斑，其后有4对淡色横斑，其内端相连而成“山”字形斑纹。触肢黑色。

白斑隐蛛雌成虫

生物学

多在地面的枯枝落叶层、土缝间、石块下或灌木、杂草丛中结不规则小网，但大部分时间过游猎生活。该蛛在长江流域，于11月中、下旬，以成蛛和幼蛛在枯枝落叶层下、土块下、土缝内越冬。翌年3月下旬至4月上旬出蛰活动。在该地区，全年可发育3个世代。各世代的发育历期：第1代雌蛛平均69天，雄蛛67天；第2代雌蛛72天，雄蛛61天；第3代雌蛛76天，雄蛛69天（越冬历期可达200天以上）。成蛛的寿命，一般在70～90天，越冬代成蛛寿命可达200多天。幼蛛共脱皮5次，有6个龄期。雌雄性比1.54～1.80:1。雌蛛交配一次，可终生产受精卵。一般可产4～5个卵袋，最多8个以上。每个卵袋内的含卵量，一般50粒左右，最多可达89粒以上。雌蛛一生产卵总量平均在250粒左右，最多可达350粒以上。产卵的最适温区在20～30℃，超过或低于这个温区，产卵总量就显著减少。该蛛的抗逆能力较强。它可以长时间不吃不喝而不致于死亡。其抗饥与抗干旱能力的大小与温度呈负相关。

猎物

主要捕食地下或地面生活的害虫。

分布

吉林、北京、河北、山东、河南、宁夏、甘肃、江苏、浙江、湖北、福建。

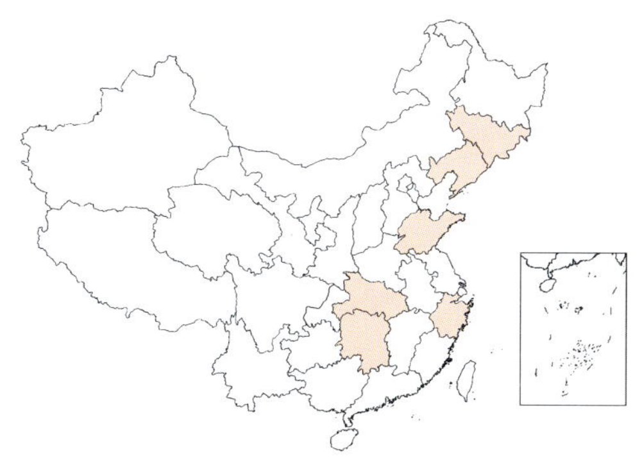

猫卷叶蛛

Dictyna felis Bösenberg et Strand,1906

形态特征

雌蛛体长2.50～3.30 mm。背甲黑褐色，头部隆起，头区有3～5纵行白毛。8眼2列，异型，前中眼黑色，其余白色。前眼列微后凹；后眼列前凹，稍长于前眼列。前中眼最小，前、后侧眼靠近。中窝纵向，由中窝向四周放射出数条黑色斑纹。胸部边缘呈黄色。螯肢黑褐色，前齿堤2齿，第1齿大。触肢、颚叶皆黄褐色，下唇黑色，长大于宽。胸板长椭圆形，褐色或棕色，密被白色细毛，前端钝圆，后端尖圆并插入第4步足基节之间。步足黄褐色，多黑、白色细毛，各腿节尖端黑色，有刺毛。第4步足后跗节外侧具栉器。腹部背面灰黄色，被有白、黑色细毛。腹部背面前方有1对黑褐色斑纹，后部有3个“山”字形黑斑。腹部腹面中央有一灰褐色带，两侧为黄白色。纺器黑褐色。筛器为横椭圆形。雄蛛体长2.00 mm左右。螯肢前齿堤4齿；后齿堤1齿。体上斑纹较雌蛛深。触肢胫节的突窄长，跗节较窄。腹缘凹入。

猫卷叶蛛雌成虫（引自Yaginuma,1986）

生物学

猫卷叶蛛多在灌木枝叶的交叉处结不规则小网，蜘蛛居于网中。由于该蛛自残性不强，故有集中分布的习性。有假死习性，稍有惊动就坠地假死，数分钟后就又开始活动。该蛛在长江流域，于11月中旬以幼蛛在杂草或树木顶端以丝缠绕的枯叶内越冬。翌年3月中旬出蛰活动，4月上旬越冬幼蛛发育成熟，开始交配产卵，4月下旬至5月上旬为产卵盛期。在该地区1年可发育4个世代。第1代发育历期平均66天；第2代40天；第3代47天；越冬代可达200天以上。幼蛛脱皮4次，有5个龄期。一般雄蛛的发育历期比雌蛛短2～8天。成蛛的寿命，一般30天左右，雄蛛比雌蛛短5～10天。雌雄性比接近1:1。交配在网上进行，交配后的雌蛛，在食物不缺乏时，一般不残食雄蛛。交配后的雌蛛3～9天就可产卵。产卵多在夜晚进行。由于该蛛的护卵习性不强，因此产卵间隔时间较短（一般3天左右），形成的卵袋数就多。在正常情况下，大多数个体一生能产10～15个卵袋，最多可达26个以上。由于该蛛的卵袋较小，所以每个卵袋内的含卵量也较少，一般在15粒左右。雌蛛一生的产卵总量平均在150～200粒之间，最多达300粒以上。孵化率在80%～90%之间，受温度的影响较小。

猎物

以网捕食小型鳞翅目、同翅目和双翅目害虫。

分布

吉林、辽宁、山东、浙江、湖北、湖南。

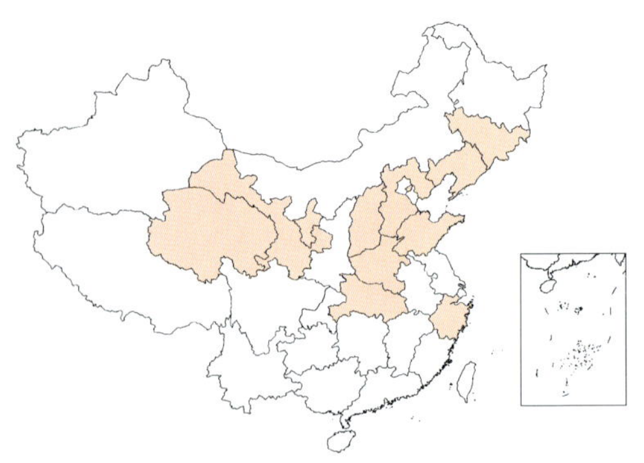

芦苇卷叶蛛

Dictyna arundinacea (Linnaeus,1755)

形态特征

雌蛛体长2.30～3.70 mm。背甲深棕色。头部隆起，色泽较淡，呈黄褐色。自中窝至眼区，被有白色细毛。中窝、颈沟、放射沟明显。8眼2列，前中眼黑色，余白色。中眼域宽大于长，后边长于前边。两眼列均微后凹，后眼列稍长，前后侧眼紧靠。螯肢前齿堤3齿，中齿最大；后齿堤有1小齿。胸板棕褐色具细毛。步足黄褐色，多毛，无轮纹。足式：4123。腹部背面淡棕色，密被灰、黑及褐色细毛，斑纹呈深棕色，前1/2部位之斑纹单一，颇粗，中间部位向内凹陷，后1/2部位为数列横向"山"字形斑，愈向后斑纹愈短，第1横列"山"形斑之两侧各向前侧斜行。腹部腹面中央灰褐色，两侧为黄褐色。纺器、筛器皆为褐色，筛器不横裂。雄蛛体长2.00～2.50 mm左右。

芦苇卷叶蛛雌成虫（引自冯钟琪，1990）

生物学

多在树木枝叶交叉处结不规则小网，蜘蛛居于网中。该蛛遇险后，能迅速从网上落入地面或枯枝落叶层下，呈假死状态。险情过后，大部分还能回到原处。由于该蛛的自残习性不强，多成片发生，即在一个地方，有很多头同时结网。该蛛在黄河流域，于10月下旬以成蛛或亚成蛛在枯枝落叶层下，以蛛丝卷起的枯叶内和石块下越冬。翌年3月下旬到4月上旬出蛰活动，4月中、下旬开始产卵，5月为产卵高峰期。在该地区全年可发生2～3个世代。第1代的历期大约需96天；第2代74天左右；越冬代200天左右。成蛛的寿命，随着发生代次不同而有很大差异。第1代成蛛的寿命大概60天左右；第2代50天左右；越冬代在200天以上。雄蛛寿命比雌蛛少10天左右。雌雄性比大概是1.3：1。雌性的亚成蛛脱皮2～3天后，雄性的亚成蛛脱皮12小时后，就可进行交配。交配在网上进行，多在夜间。交配时间较长，历时4～6小时。雌、雄个体均有多次交配习性。交配后的雌蛛，在第1代一般6天左右、第2代4天左右，即可产卵。产卵多在早晨4～9时期间进行。卵袋制作完毕后的雌蛛，一般就守在卵袋旁进行看护。雌蛛一生可产3～5个卵袋。一般是连续产2～3个卵袋后，暂停产卵，待这些卵袋内的胚胎发育成幼蛛并孵化后，再产以后的卵袋。所以经常看到雌蛛可同时守护2～3个卵袋。每个卵袋内的含卵量，平均10粒左右，最多16粒以上。单雌一生的产卵总量，平均40粒左右。

猎物

以网捕食同翅目、双翅目和小型鳞翅目害虫。

分布

吉林、辽宁、河北、山东、山西、河南、宁夏、甘肃、青海、浙江、湖北。

草间钻头蛛

Hylyphantes graminicola (Sundevall,1829)

形态特征

雌蛛体长2.80～3.20 mm。头胸部赤褐色，具光泽。颈沟、放射沟、中窝色泽较深。8眼2列，前眼列略后凹；后眼列端直，前、后侧眼相连。前、后齿堤均5齿，但前齿堤的齿较大。胸板赤褐色。步足黄褐色。腹部卵圆形，灰褐或紫褐色，密布细毛。腹部中央有4个红棕色凹斑，背中线两侧有时可见灰色斑纹。雄蛛体长2.50～3.50 mm。头胸部赤褐色，但较雌蛛色深。螯肢基节外侧有颗粒状突起形成的摩擦脊，内侧中部有1大齿，齿端具长毛1根。前齿堤5齿，后齿堤4齿。触肢之膝节末端腹面有1个三角形突片。腹部腹面灰褐色，两侧有1排浅色斑点。

草间钻头蛛雌成虫（引自Yaginuma，1986）

生物学

草间钻头蛛为地面或在树上活动的小型蜘蛛。既可在树枝叶上结小型的皿状网。成蛛和幼蛛均有假死习性，受惊后，则迅速逃走或吐丝下垂逃逸或坠落假死。具有飞航习性，每当风和日丽的天气，可以爬到树枝的顶端，放出蛛丝飘于空中，借气流进行飞航扩散。该蛛在长江流域于11月中、下旬，以成蛛和幼蛛在枯枝落叶层下、树洞内、树皮下、石块下、土缝中和杂草根隙内进行越冬。翌年3月上旬当气温稳定在8℃以上时，就出蛰活动。3月下旬至4月上、中旬，越冬成蛛就可产卵。在该地区，全年可发育6～7个世代。各世代的发育历期：第1代72天；第2代37天；第3代31天；第4代28天；第5代42天；第6代41天；越冬代120天以上。雌成蛛的寿命一般50～60天，越冬代成蛛寿命可达163天以上。亚成蛛脱下最后一次皮的当天就可寻找异性进行交配。交配不一定要在网上进行。每次交配时间在10～30分钟。大多数个体是在晚上进行交配。雌雄均有多次交配习性。但雌蛛交配一次，终生可产受精卵。交配后的雌蛛，在25～28℃温区内，经2～13天就可产卵。产卵的场所，随季节的不同也有变化。在低温或高温季节，一般产在树叶背面、树皮下或枯叶内；温度适宜时，可在树叶表面产卵。雌蛛一生平均可产8个卵袋，最多17个以上。每个卵袋的含卵量，平均30粒左右，最多70粒以上。单雌一生的产卵总量，平均300粒左右，最多可达430粒以上。

猎物

以网来捕食小型鳞翅目、双翅目害虫的成虫和同翅目害虫的成虫和若虫，又能四处游猎，捕食鳞翅目害虫的低龄幼虫。

分布

吉林、辽宁、北京、河北、山东、山西、河南、陕西、宁夏、青海、新疆、江苏、浙江、湖北、湖南、四川、重庆、台湾、福建、广东、贵州。

注 曾用名草间小黑蛛 *Erigonidium graminico* (Sundevall)

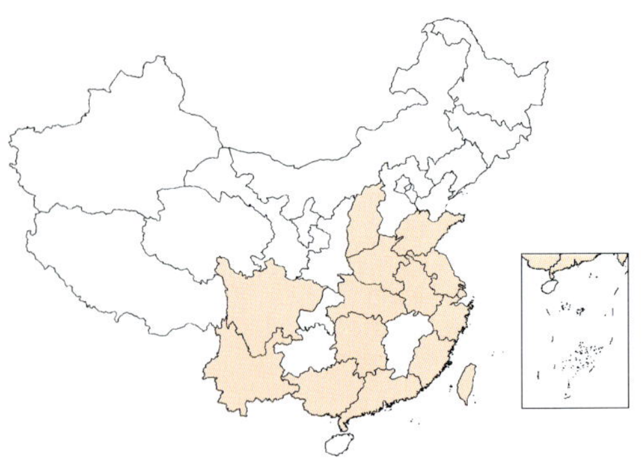

隆背微蛛

Erigone prominens

Bösenberg et Strand,1906

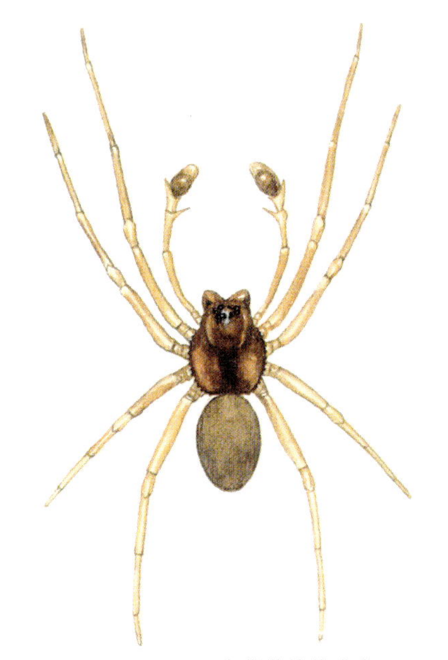

隆背微蛛雄成虫（引自 Yaginuma,1986）

形态特征

雌蛛体长1.70～2.10mm。头部黄褐色稍隆起，沿中线有几根刚毛，排成1列。头胸部椭圆形，黄褐色。前中眼黑色，较其他眼为小。螯肢前外侧面有排列不规则的颗粒，前齿堤5～6齿；后齿堤4～5齿。第1、2、3步足胫节各有2根背刺，第4步足胫节有1根背刺。腹部背面灰色到黑色，腹面黑色。雄蛛体长1.40～2.00mm。头部较雌蛛更加隆起，背甲两则缘各有1行锯齿，齿数约20个。螯肢前侧缘有6～8个向下弯曲的齿，排成1列。颚叶上有多数颗粒，每一颗粒上着生毛1根。

生物学

为林木中体型较小的蜘蛛。该蛛既可在树叶、枝叉间或枯叶内结皿状小网，又可在地面和树枝上游猎生活。捕虫时，蜘蛛一般停留在网旁进行等候，也可离网，在树枝上或树叶上游猎捕食。该蛛是早春出蛰活动较早的一种蜘蛛。在长江流域，一般于11月下旬，以成蛛和幼蛛在枯枝落叶层下、树洞内，石缝中进行越冬。翌年3月上、中旬出蛰活动。3月下旬，越冬成蛛即可产卵。在该地区，全年可发育7个世代。各代出现的时间大致是：第1代3月下旬至5月下旬；第2代5月上旬至8月下旬；第3代6月上旬至9月下旬；第4代7月上旬至11月下旬；第5代8月上旬至11月下旬；第6代9月上旬至越冬；第7代10月上旬至越冬。有世代重叠。幼蛛共脱皮4次，有5个龄期。5龄幼蛛（亚成蛛）脱完最后一次皮，当天雄蛛就能寻找异性，进行求婚、交配。雌雄性比接近1：1。交配后的雌蛛，一般2～5天就可产卵。早春因气温较低，雌蛛将卵产在树洞内、石块下或枯叶中；夏季亦可将卵产在叶面上。卵袋粉红色，呈圆形，外面覆盖的蛛丝致密，紧贴于卵块上，侧看似笠状，直径5mm左右。每个卵袋内含卵6～15粒。雌蛛虽有护卵习性，但很少伏在卵袋上，一般守在卵袋旁。由于雌蛛产卵间隔较短，一般在3～4天，所以一头雌蛛往往要守2～3个卵袋。雌蛛一生平均可产10个卵袋，最多18个以上。单雌一生的产卵总量，一般在100～150粒。

猎物

皿网可捕食小型鳞翅目和双翅目的成虫以及同翅目的成虫和若虫。

分布

山东、山西、河南、江苏、上海、浙江、安徽、湖北、湖南、四川、台湾、福建、广东、广西、云南。

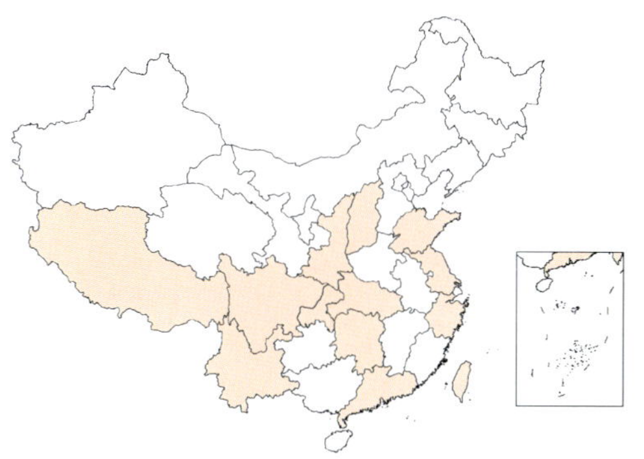

八斑鞘腹蛛

Coleosoma octomaculatum

(Bösenberg et Strand,1906)

形态特征

雌蛛体长1.80～3.00 mm。体色多变，有淡绿、白色、黄色等。头胸部小，自后眼列至后端有一较宽的黄褐色或黑色纵斑。8眼2列，前中眼黑色，其余白色。前眼列微后凹；后眼列前凹，故两侧眼基部相接。各眼周围有较大黑圈。中窝圆形。后眼列至中窝之间有1～2行毛。胸板末端尖并插入第4步足基节之间。触肢、步足皆淡黄色，以第1对步足为最长，步足膝节有刺2根，第1、2、3对步足胫节有刺2根，第4对步足胫节有刺1根。腹部呈球形，背面白色或淡绿色，中央两侧有4对略斜小黑斑，呈纵向排列，有些个体在第4对黑斑后侧有1～2对小黑点。腹部腹面白色。雄蛛体长2.00～2.30 mm。头胸部及腹部背面的色泽较浓，头胸部背面的黑色纵带延伸至整个眼区。螯肢基部背面有1个较大的齿突。腹部椭圆形，背面灰褐色，4对黑斑多变异：有2对黑斑者；有后端呈黑色者。腹面在书肺部位有倒三角形黑斑。纺器周围淡黑色。

生物学

八斑鞘腹蛛可在树叶上或枝叉间结不规则小网。在长江流域以第6代的成蛛、亚成蛛和第7代的幼蛛于11月中、下旬在树洞内、树皮下、枯枝落叶下和杂草内越冬。翌年3月中旬出蛰活动，4月上旬即可产卵。在该地区全年发育6～7个世代。完成一个世代所经历的平均历期是：第1代48天左右；第2代35天；第3代39天；第4代28天；第5代27天；第6代45天；越冬代180天以上。幼蛛共脱皮3次，有4个龄期。成蛛寿命在4～6月雌蛛可活60天左右，雄蛛50天左右，越冬代可达150天以上。雌雄性比，一般1.42∶1。当亚成蛛脱下最后一次皮，当天就可寻找雌蛛进行交配。交配多在网上进行。交配后的雌蛛一般5～8天就可产卵。卵袋白色、圆球形，直径在2.00～2.70 mm。雌蛛护卵习性极强，卵袋做成后，雌蛛就以1只第4步足将卵袋抱在腹部的下方，随身携带进行看护。雌蛛一生平均可产3～4个卵袋，最多8个。每个卵袋内平均含卵20粒左右。一生平均产卵 70粒左右，最多200多粒。

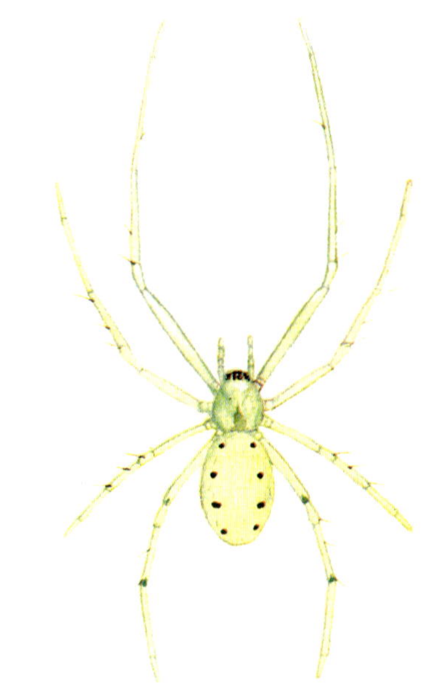

八斑鞘腹蛛雌成虫（引自 Yaginuma，1986）

猎物

以网捕食双翅目、小型鳞翅目和同翅目等的成虫，又可四处游猎捕食这些害虫的幼虫。

分布

山东、山西、陕西、江苏、浙江、湖北、湖南、四川、重庆、台湾、广东、云南、西藏。

注 曾用名八斑球腹蛛 *Theridion octomaculatum* Bösenberg et Strand

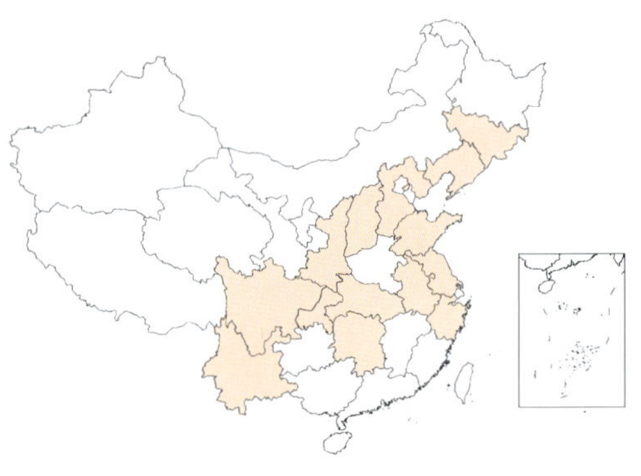

叉斑齿螯蛛

Enoplognatha caricis (Fickert,1876)

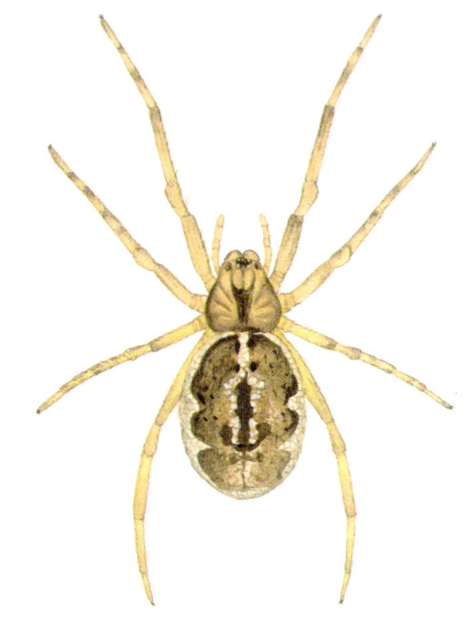

叉斑齿螯蛛雌成虫（引自 Yaginuma,1986）

形态特征

雌蛛体长6.50～7.00 mm。背甲灰褐色或黄色。颈沟与放射沟黄褐色。在中窝前有1块黑褐色斑，该斑之前又有1个褐色三叉形斑，因此而得名。中窝深，呈黑褐色。8眼2列，前眼列后凹，后眼列稍后凹，前、后侧眼基部相连。中眼域方形。8眼几乎同大。各眼基部均围有黑棕色环。颚叶、下唇和胸板均呈黑褐色。螯肢棕色，呈柱状。前齿堤3齿，第2、3齿基部相连；后齿堤1齿。步足黄褐色，或橙黄色，无明显环纹。足式：1423。腹部卵圆形，背面白色，被有大型黑褐色叶状斑，斑的边缘呈黑色，正中央有一黑色锚形斑。腹部腹面黑色，中央外侧各有一白色纵条斑。纺器周围黑色。左右各有2个不明显的白点。雄蛛体长4.00～6.20 mm。体色较淡，背甲黄褐色，中窝黑色，颈沟、放射沟褐色。头部前端三叉形斑明显。螯肢强大，前齿堤1齿，后齿堤2齿，3个齿均着生在位于后齿堤的一个大齿基上。触肢胫节有5根听毛。

生物学

多生活在灌木林内，在枝叶间或枯叶内结不规则的小网。其网丝不易折断，不需每天结网。白天多伏在网上，夜晚活动。该蛛在长江流域于11月中、下旬以成蛛或高龄幼蛛在杂草或枯枝落叶层下越冬。翌年3月下旬出蛰活动，4月上、中旬开始产卵。在该地区，全年发育4个世代。各代发育的历期分别是：第1代75天；第2代49天；第3代46天；第4代66天。幼蛛共脱皮5次，有6个龄期。雌雄性比为1.26：1。交配大多数在夜间进行。雌雄个体都有多次交配的习性，但雌蛛交配一次，终生可产受精卵。交配后的雌蛛有残食雄蛛的习性，但亦有雌雄共同在一个网上生活的现象。交配后的雌蛛，一般7天左右开始产卵。未交配的个体，一般在发育成熟后14天左右亦可产卵，但不能孵化。卵袋呈圆球形，系在网上。卵袋外面蛛丝较疏松呈现丝绒状，刚做卵袋呈白色，以后逐渐变成浅黄色，最后变成深棕色。雌蛛一生平均可产6个卵袋。产卵间隔一般3～5天，因此，在一个网上可以看到一头雌蛛守护多个卵袋。每个卵袋内含卵量平均134粒左右，最多270粒以上。一般先产的卵袋内含卵粒数多，后产的少。雌蛛一生产卵总量，平均900粒左右，最多达1260粒以上。

猎物

以网捕食双翅目、同翅目、膜翅目和中小型鳞翅目害虫的成虫。

分布

吉林、辽宁、河北、山东、山西、陕西、江苏、浙江、安徽、湖北、湖南、四川、重庆、云南。

注　曾用名叉斑巨齿蛛 *Enoplognatha japonica* Bösenberg et Strand

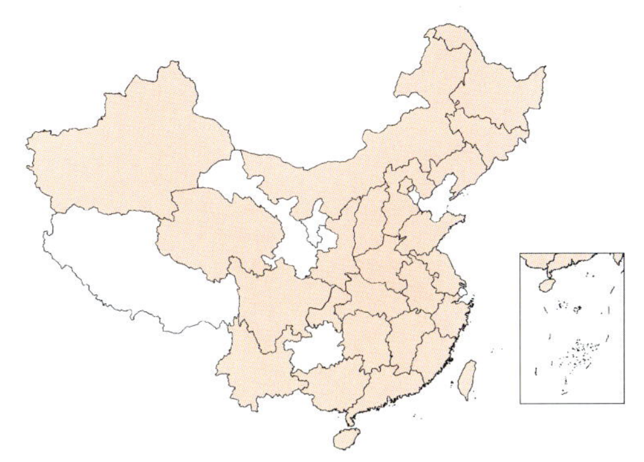

大腹园蛛

Araneus ventricosus (L. Koch,1877)

形态特征

雌蛛体长17.00～30.00 mm。体黑褐色或黑色。背甲扁平。前后中眼位于头端正中圆丘状的突起上，前中眼间距大于后中眼间距，前中眼大于后中眼，前后侧眼分别在头部两侧的小隆丘上，靠近，但离中眼甚远，大小与后中眼相仿。中窝横向，颈沟和放射沟均明显。螯肢黑褐色、粗壮，前齿堤3大齿1小齿；后齿堤3齿。胸板中央有黄斑，周缘呈黑褐色。步足粗壮为黄褐色，具黑褐色轮纹。腹部背面肩部微隆起。心斑黄褐色，其两侧各有2个黑色肌斑，呈梯形排列，腹背后侧直达腹部末端有一黑褐色叶状斑。外雌器垂体黑褐色，弯曲部柔软，黄白色，有环纹，末部褐色，坚硬，边缘卷起。雄蛛体长12.00～18.00 mm。中窝横凹呈坑状。步足较雌蛛长。第2步足胫节末端较粗，下方内侧角有一粗刺，后跗节基半部有一弧形弯曲。

大腹园蛛雌成虫

生物学

结大型圆网，以网捕食害虫。栖息生境多种多样，屋檐下、庭院篱笆上、树上、农田植株之间都有分布。结垂直完全圆网，网上约有15～20条辐射线，10～15条螺旋线。多傍晚17～19时出来结网，网可连续用数日，如有破损和污物则加以清理和修补。网的黏性很强，几乎能网罗一切触网的害虫。食量很大，在一连捕食4头金龟子后，仍然继续守猎。经常发现，在一个网上有数百头昆虫。白天大多数个体隐蔽在树皮下或枯叶内，夜晚捕食。有时白天也发现有少数个体伏在网上。在长江、黄河流域，7～8月性成熟，8月底到10月下旬产卵。在该地区，该蛛就以1龄幼蛛在卵袋内进行越冬。卵袋仅仅是一团乱丝包着卵块，从外面可以看到内面的卵块。卵袋内面的丝棕白色，较细；外面的丝深棕色，较粗。在山林中，卵袋常在树皮下，岩石间或枯枝落叶层下。卵袋呈球形且较大，每个卵袋内含卵平均800粒左右，最多1100粒以上。

猎物

能捕食林区的中大型蛾类、蝗虫、金龟子、蜣螂等。

分布

黑龙江、吉林、辽宁、内蒙古、北京、河北、山西、河南、陕西、青海、新疆、江苏、浙江、安徽、江西、湖北、湖南、四川、重庆、台湾、福建、广东、海南、广西、山东、云南。

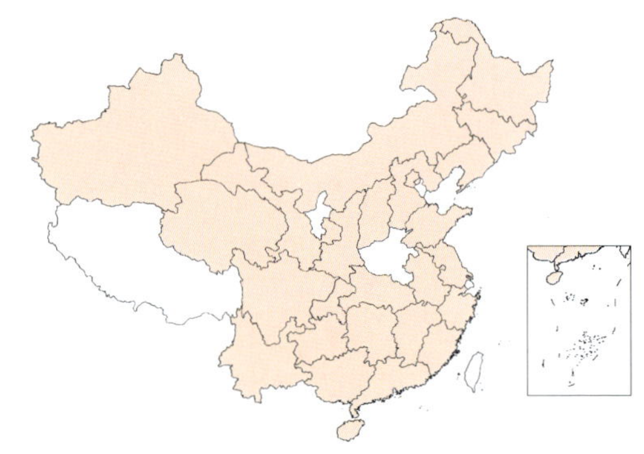

角类肥蛛

Larinioides cornutus (Clerck,1757)

形态特征

雌蛛体长9.00～10.00 mm。背甲棕黄色，头部中央背甲边缘黑褐色，头部和颈沟处密生白毛。后中眼与中窝之间有2条深棕色平行细纹。螯肢棕色，螯爪黑褐色。触肢黄色，胸板棕褐色，前端中央有一黄色条斑。步足黄褐色，具深褐色轮纹。腹部卵圆形，腹部基色黄白，斑纹棕黑色，心脏斑前半段显露，其两侧有弧形斑，中后有3～4块斑，两侧边缘呈波纹状。腹部腹面中央黑色，两侧为黄白色鳞状条斑，其后端在纺器前端愈合。雄蛛体长5.00～6.00 mm。体形与雌蛛同，体色较浅，背甲杏黄色。腹部周缘灰色，斑纹红褐，斑纹之间白色。

生物学

在林区内结中型与地面呈斜形垂直圆网，网的直径在30～50 cm，以网捕食害虫。蜘蛛于清晨、夜晚伏在网的中心，等待害虫的自投落网。从网缘有一根丝引到隐蔽处。在此有一个用蛛丝将树叶卷曲而成的隐蔽室。这个隐蔽室还有一个出入口。白天蜘蛛就躲藏在隐蔽室内。待产卵时，雌蛛也将卵产在内面。隐蔽室的大小、随蜘蛛个体的大小，龄期的不同而异。该蛛在长江流域于11月中、下旬，以初孵幼蛛在卵袋内进行越冬。越冬的场所有：枯枝落叶层下、树洞内、石块下、杂草间等。越冬幼蛛于翌年3月下旬至4月下旬出蛰活动。5月下旬至6月为第1代产卵高峰期；第2代的产卵高峰期在8月；10月为第3代的产卵高峰期。在该地区，全年可发育3个世代。性发育成熟的雄蛛四处寻找雌蛛进行交配。有时雄蛛也钻到雌蛛的隐蔽室内，同雌蛛生活在一起，但很少交配。交配大多在网上进行，而且多在傍晚和早晨。交配后的雌蛛就在隐蔽室内产卵和看护。在护卵期间亦可离室到网上捕食。卵袋圆形。每个卵袋内的含卵量，一般在80～120粒。幼蛛脱皮6次，有7个龄期。成蛛的寿命，在25℃左右温度下，可活30天。雄蛛寿命比雌蛛短2～3天。

角类肥蛛雌成虫

猎物

主要捕食中型鳞翅目、双翅目和同翅目的成虫，有时也见到捕食小型蝗虫或若虫。

分布

黑龙江、辽宁、吉林、内蒙古、北京、河北、山东、山西、陕西、甘肃、青海、浙江、江西、湖北、湖南、四川、重庆、贵州、云南、新疆、安徽、江苏、福建、广东、广西、海南。

注 曾用名角园蛛 *Araneus cornutus* Clerck

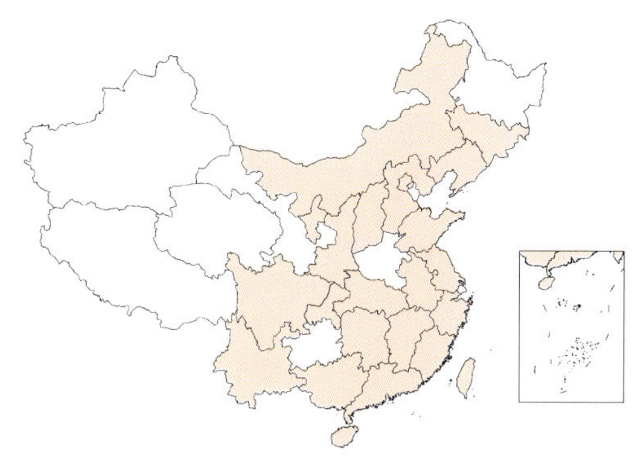

霍氏新园蛛

Neoscona holmi (Schenkel,1953)

形态特征

雌蛛体长6.20～8.70 mm。体黄色，头胸部色泽较深为黄褐色，中央及两侧均有黑色纵纹。8眼2列。中眼域呈倒梯形，前边大于后边，宽大于长。前后侧眼接近，中眼大于侧眼。眼周围有黑圈。螯肢黄白色，螯爪短小，为黑褐色，螯肢有侧结节。前齿堤4齿，其中第1齿大，第2齿小，第3齿长，第4齿小；后齿堤3齿，第3齿较大。胸板黑色有忽粗忽细的浅褐色线纹。步足黄白色或淡黄色，多刺，但膝节、胫节末端有褐斑。足式：1423。腹部卵圆形，背面有横纹。腹面黑褐色，两侧各有1条较宽的黄白色纵纹。纺器附近有1对黄白色圆斑。雄蛛体长3.70～5.00 mm，体较瘦小，斑纹和光泽与雌蛛同。

霍氏新园蛛雌成虫

生物学

在林间结几乎与地面垂直的大型圆网，蜘蛛居于网心。该蛛白天隐蔽在树叶背面或树下。一般于下午16时以后才爬出结网。网的大小，随着发育阶段不同而有很大的差异，网的直径，2龄幼蛛为60 mm左右；3龄幼蛛为90 mm；4龄幼蛛为130 mm；亚成蛛为200 mm；成蛛最大的网可达450 mm以上。该蛛在长江流域，一般于11月中旬，以1龄幼蛛在卵袋内越冬。此时的卵袋多产在枯叶下、树皮下、树洞中和杂草下面。翌年3月中、下旬，越冬幼蛛在卵袋内脱一次皮后，以2龄幼蛛爬出卵袋进行活动，5月上、中旬越冬幼蛛发育成熟进行交配，6月为产卵高峰。在该地区，全年可发育3个世代。各世代的发育历期是：第1代为45天左右；第2代为34天左右；第3代（越冬代）可达240天。幼蛛共脱皮6次，有7个龄期。雌成蛛的寿命为50天左右；雄成蛛30天左右。雌雄性比约为1.30∶1。交配时雄性表现主动，交配在网上进行，交配时间大多数在傍晚或夜间进行。雌蛛交配一次，终生可产受精卵。平均每头雌蛛一生可产6个卵袋，最多9个以上。每个卵袋的间隔时间一般7天左右。每个卵袋内的含卵量，平均80～90粒，最多可达220粒以上。雌蛛一生的产卵总量，平均为475粒左右，最多可达870粒以上。

猎物

捕食鳞翅目、双翅目、直翅目、同翅目等的成虫。

分布

吉林、辽宁、内蒙古、北京、河北、山东、山西、陕西、宁夏、江苏、浙江、安徽、江西、湖北、湖南、四川、重庆、台湾、福建、广东、海南、广西、云南。

注 曾用名黄褐新园蛛 *Neoscona doenitzi* (Bösenberg et Strand)

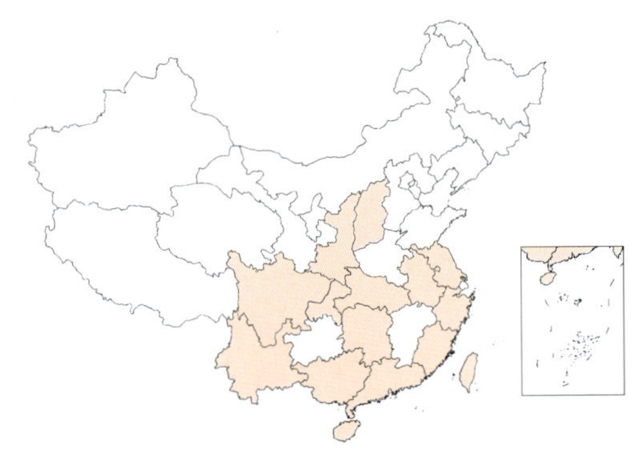

悦目金蛛

Argiope amoena L. Koch,1878

形态特征

雌蛛体长19.00～25.00 mm。背甲低平，黑褐色，密被银白色细毛。8眼2列。前眼列端直；后眼列前曲。中眼域梯形。前后侧眼接近。触肢黄色，有黑色刚毛，在膝节、胫节的远端具有黑色轮纹。中窝横向，自中窝处向前至后中眼处有2条深色细纹。螯肢黑褐色。颚叶和下唇先端淡黄色，基部为深黑色。胸板两侧黑褐色，中央有黄色宽条纹。步足各节基部淡黄色，其余为黑褐色。腹部前端截形，肩部稍隆起，后端圆钝。腹部背面有黄色横纹和褐色横纹各3条，相间排列，第1条褐色横纹最窄，第3条最宽。整个身体布有白色和黑色斑纹，体色鲜艳，故有美丽金蛛之称。腹部腹面黑褐色，两侧各有1条不连续的淡黄色纵斑，外雌器前方也为黄色。纺器围有红斑。雄蛛体长5.00～8.00 mm。黑褐色。

生物学

在林间结大型圆网，其网的直径，一般在90～100cm。圆网的辐射丝多，一般在45根左右，最多可超过60根；经丝直到网的中心处；网的后方或一边常布有一些粗丝；从网的中部对称地向4个方向伸出4条"Z"字形白色的丝带。蜘蛛平时就伏在网的中心。在停息时，8只步足伸出，其中左、右侧的前2对和后2对步足各自双双靠拢斜向伸出，刚好与网上的4条白色丝带相接，组成了一幅美的图案。结网的时间，一般是早晨4～5时。发育成熟的雄蛛，四处寻找还处于亚成蛛阶段的雌蛛进行求婚和交配。经常发现在一个雌蛛居中的网的周缘有多头雄蛛在等待亚成蛛脱皮。雌性亚成蛛脱皮后，24小时之内即可与雄蛛交配。交配后的雄蛛常被雌蛛刺死，但很少吮吸。求婚与交配都在网上进行。在长江流域的6～9月期间，都可以发现该蛛的卵袋。卵袋白色，不规则或多角形。卵袋由2片组成，其中一片呈碟状，中间凹陷，装卵之用；另一片刚好将其盖上。每个卵袋内平均含卵2000粒左右，最多可达3700粒以上。

悦目金蛛雌成虫

猎物

在林区内，该蛛以网捕食中、大型鳞翅目、鞘翅目、膜翅目、双翅目等的成虫和直翅目、同翅目害虫的成虫和若虫。

分布

江苏、浙江、安徽、湖北、湖南、四川、重庆、台湾、福建、广东、海南、广西、云南、山西、陕西。

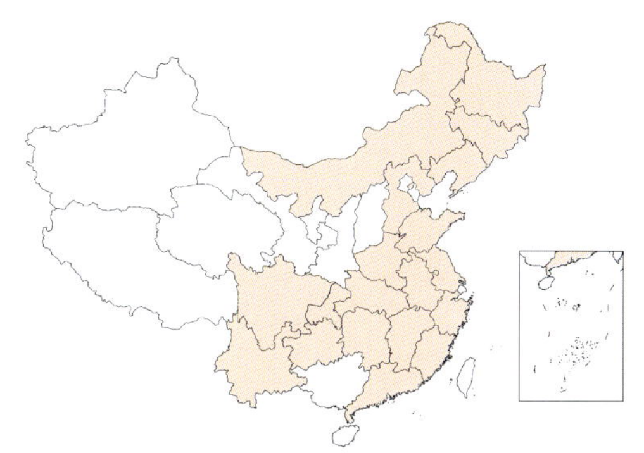

横纹金蛛

Argiope bruennichii (Scopoli,1772)

形态特征

雌蛛体长18.00～20.00 mm。头胸部呈卵圆形，背甲灰黄色，密被银白色毛。螯肢基节、触基、颚叶和下唇皆黄色，两侧黑色。中窝纵向。颈沟、放射沟均为深灰色。胸板中央条斑黄色，边缘黑色。步足黄色，上有黑色斑块和黑刺，自膝节至后跗节各节都有黑色环纹。腹部呈长椭圆形，肩部稍隆起，背面黄色，自前向后共有10～12条黑色横纹，故名横纹金蛛。腹部腹面有一黑色纵带，上有3对黄色圆点，两侧各有一淡黄色纵斑。纺器呈棕红色。雄蛛体长5.50 mm左右。体色不如雌蛛鲜艳，呈灰黄色，无明显横纹。头胸部及步足皆呈黄色。腹部背面密布白色鳞斑，两侧各有6～7个黑色点斑，在第3～7对点斑之间亦有数个黑色点斑成横向排列。腹部腹面两侧各有1个白色条斑。

横纹金蛛雌成虫

生物学

在森林内结大型并与地面几乎呈垂直状圆网，直径一般在70 cm以上。平时蜘蛛就伏在网的中心，等待大型猎物的自投落网。据观察，4头成蛛在7天内捕食害虫共计963头，平均每天每头蜘蛛捕食昆虫34.4头，全成蛛期共捕2405头。在黄河和长江流域均以1龄幼蛛在卵袋内越冬。长江流域于翌年4月下旬，黄河流域于翌年5月上旬，越冬幼蛛在卵袋内脱皮一次后，以2龄幼蛛爬出卵袋，开始活动。幼蛛共脱皮5次，一般于7月下旬发育成熟。8月中旬进行交配，9月上旬为产卵盛期。在这两个地区，全年发育1个世代。卵期大约30天。1龄幼蛛期（越冬）最长，平均为246天，2龄为20天，3龄14天，4龄11天，5龄10天，6龄9天。雌雄性比大约为4∶1。亚成蛛脱最后一次后2～3天就可交配。交配多在中午12时左右，在网上进行。交配后的雄蛛，常被雌蛛吃掉。雌蛛交配后3～14天就可产卵。产卵多在夜晚24时至凌晨2时进行。产卵前雌蛛必须将树叶或枯叶卷曲做成一个灯泡状产卵室，然后将卵产在其中。雌蛛在产卵室旁守候2～3天后就离开产卵室，不再继续看护。雌蛛一生可产3～5个卵袋。每个卵袋内含卵1000粒以上。雌蛛一生可产卵5000粒以上。

猎物

金龟子、地老虎、洋槐小皱蝽、大青叶蝉、隐翅虫、蝗虫、杨卷叶蛾、粘虫、刺蛾、叶甲、臭椿皮蛾、瓢虫、草蛉和蜻蜓等。

分布

黑龙江、吉林、辽宁、内蒙古、河北、山东、河南、江苏、浙江、安徽、江西、湖北、湖南、四川、重庆、福建、广东、贵州、云南。

八突艾蛛

Cyclosa octotuberculata Karsch,1879

形态特征

雌蛛体长10.00～14.00 mm。头胸部暗褐色，密被白色细毛。颈沟深。头部中央隆起。8眼2列，前后眼列皆后凹，前后侧眼位于隆起上，两后中眼几乎接近。胸板黑褐色，并有橘黄色斑纹。步足灰黄色，有褐色轮纹。第1、2对步足较长。腹部长，黑褐色，背面有2个突起，后端有6个突起，故名八突艾蛛。腹部背面除"X"状黄白斑外，还有褐色、橘黄色交织的复杂斑纹。个体间色彩变异很大，从全体褐色至黑色都有。腹面深褐色，有银白色斑点。纺器位于腹末的中央。雄蛛体长7.00～8.00 mm。体色似雌蛛。

生物学

在山林间结中型与地面垂直圆网。网的直径随着蜘蛛发育龄期不同差异很大，其成蛛网的直径大概在20 cm左右，网丝韧度较差，故不能网罗大型猎物。该蛛把吃剩的昆虫尸骸连同一些落网的枯叶、蛛壳、鸟类的羽毛甚至灰尘等杂物都收集在网的中央，而蜘蛛就静静地伏在这一长串杂物的中间。蜘蛛的体色同杂物的颜色几乎一致，是很好的伪装。只有捕食时，才离开这些杂物。该蛛对振动非常灵敏，只要轻轻触动蛛网，蜘蛛很快离开蛛网落入地下，在杂草中潜伏不动，作假死状。它虽然暂时蜷伏不动，但腹部末端总有一根丝与网相连。受惊过后，蜘蛛可以顺丝再爬上原来蛛网；有时也另结新网。作新网时，蜘蛛还可以把旧网上的杂物搬到新网中去。在长江流域，一般5～6月开始产卵。该蛛可连续产多个卵块，一般是5～6个卵块分别包在一个长形的卵袋内，状如人们吃的豇豆角。卵袋由两片组成，上层呈弯窿形，褐色；下面较平，色较淡。蜘蛛又常在卵袋上面再附一些尸骸。将长长的卵袋安置在网中心一长串的尸骸中间，雌蛛就伏在卵袋上进行看护。

猎物

以网捕食鞘翅目、双翅目、鳞翅目、同翅目、直翅目、膜翅目等的成虫。

八突艾蛛雌成虫

分布

吉林、辽宁、山东、河南、陕西、甘肃、上海、浙江、安徽、湖北、湖南、台湾、广东、贵州、云南、江苏、四川、重庆。

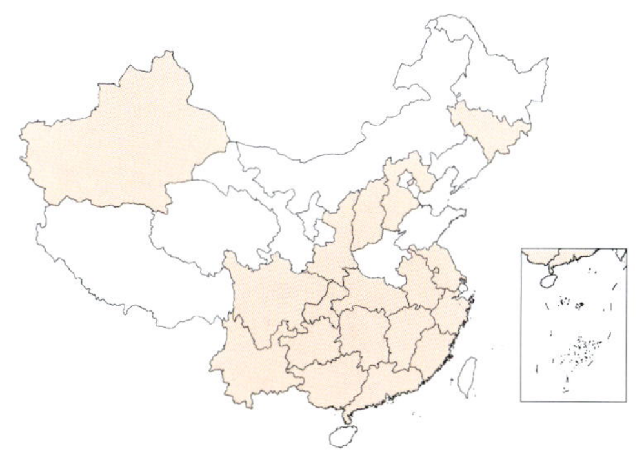

圆尾肖蛸

Tetragnatha vermiformis Emerton,1884

形态特征

雌蛛体长8.00～9.30 mm。头胸部淡黄色或褐色，中窝前方有时可见一“V”字形暗色纹，中窝两侧黑褐缘。8眼2列，前眼列微前凹，且长于后眼列并占据了整个头部前缘。前侧眼小，距前中眼远。后眼列显著后凹。中眼域梯形，两侧眼远离。螯肢粗短，略大于头胸部长度的一半。前齿堤在近爪基处有1齿，隔开一段距离有一齿列，齿数5～6个；后齿堤近爪基处有1齿，稍间隔有齿6个排成1列，最后1齿位于前齿堤倒数2～3齿之间。步足黄褐色，有浓褐色短刺。腹部长卵形，后端卵圆，因此而得名。腹部呈黄绿色，密布银白色斑纹和短毛，有的个体在背中央有1条棕色带，背中线有黑褐色纹，并向两侧分支。腹部腹面中央黑灰色，两侧有1条粗褐色带纹直达纺器之前。纺器前方附近有一大一小长椭圆形银斑。雄蛛体长6.00～8.10 mm。螯肢与头胸部几乎等长。螯爪较长，近基部的一端背面外侧有一刺突，顶端不分叉，端部钝圆或有一浅的凹陷，背面另有2齿，近端一齿的基部较宽，长度与另一齿相等或稍短。前齿堤有5齿，排成一列；后齿堤在爪基有一隆起及2个三角形齿，另有5～6个齿成一列。

生物学

在林间结大型水平状圆网。该蛛在长江流域，于11月中、下旬以幼蛛在杂草、枯枝落叶下越冬。翌年3月下旬，越冬幼蛛出蛰活动，4月中、下旬开始产卵。在该地区全年可发育3个世代。幼蛛大多数脱皮6次有7个龄期，亦有6或8个龄期。在湖北省第1代平均历期均在52天左右；第2代50天左右；第3代45天左右；越冬代在200天左右。雄蛛发育历期比雌蛛少5～9天。交配在网上进行，交配时间多在傍晚。雌、雄个体均有多次交配习性，但雌蛛交配一次，终生可产受精卵。产卵在夜晚进行，以凌晨为最多。雌蛛有较强护卵习性。护卵时，有时伏在卵袋上或守在卵袋旁。在护卵期间仍可继续产卵。因此，可以看到一只雌蛛守2～3个卵袋。

圆尾肖蛸雌成虫

大多数雌蛛一生可产2～4个卵袋，最多6个以上。温度和食物可影响产卵袋的数量，以29℃左右产卵袋数为最多。每个卵袋内的一般含卵 70～80粒，最多可达170粒以上。雌蛛一生产卵总量，一般在200粒左右，最高达630粒以上。

猎物

以网捕食鳞翅目、双翅目和同翅目等的成虫。

分布

吉林、河北、新疆、江苏、浙江、安徽、江西、湖北、湖南、四川、重庆、福建、广东、广西、山西、陕西、贵州、云南。

注 曾用名圆尾肖蛸 *Tetragnatha shikokiana* Yaginuma

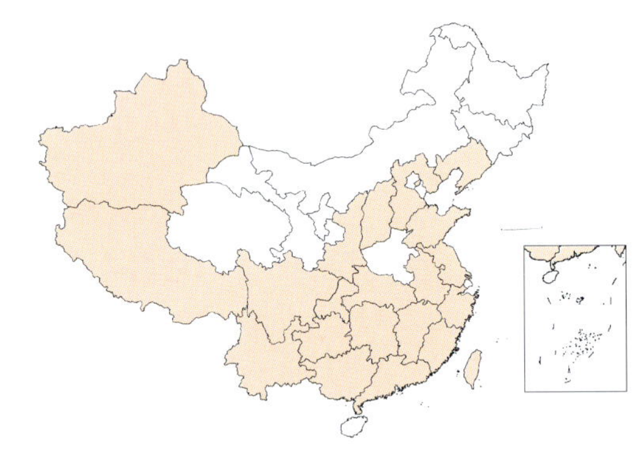

前齿肖蛸

Tetragnatha praedonia L. Koch,1878

形态特征

雌蛛体长9.00～15.00 mm。全体黑褐色，背甲窄长低平。中窝横向。8眼2列，前眼列后曲；后眼列端直，前后侧眼基部相连。螯肢短于头胸部，但超过头胸部长度的一半，螯爪基部背方有1个明显的尖锐突起。前齿堤有9齿；后齿堤有10齿。胸板黑褐色。步足黄褐色具刺。腹部前端钝圆，后端较尖，密布银色鳞斑。腹背中央有1对黑色纵行条斑，上有一块淡橘红色斑纹和2对小圆点，另外有4对"人"字形斜纹与中央条纹相连，其中第1对斜纹直伸纺器之前缘。腹末背侧有2对半月形或条纹黑斑。腹部腹面中央有1条宽黑带，两侧有1条黑色线纹直至体末端汇合。纺器的两侧有2对圆斑。雄蛛体长9.00～12.00 mm。螯肢较头胸部长，螯爪基部无突起。前齿堤近螯爪基部的一端有1个分叉的针刺和内侧似齿的突起，前齿堤有9齿，离螯爪基部不远的地方有1个乳突状齿，隔一段距离有2齿，前面1齿特别大，再隔一段距离有5～6齿；后齿堤有7齿，近爪基部的一端有2齿，隔一段距离有1个乳突状齿，再隔一段距离有1个小齿，又隔一段距离有4～6齿。在前、后齿堤之间有3～4齿，为本种的主要特征。

生物学

前齿肖蛸在林间结大型水平圆网。傍晚结网，夜间捕食，白天隐蔽。捕食范围很广，捕食量也很大。该蛛在长江流域多以幼蛛在枯枝落叶层下、杂草根隙或树皮下越冬。翌年3月中、下旬越冬幼蛛开始活动，4月下旬越冬幼蛛发育成熟，在该地区全年可发育4个世代。幼蛛一般脱皮5～6次，有6～7个龄期。全世代的历期，在20℃时为74天，23℃为65天，26℃为45天，32℃为41天，35℃为38天。雄蛛的发育历期较雌蛛少3～5天。发育成熟的雌雄个体，多于傍晚或夜晚在网上进行交配。交配后的雌蛛3～5天就可寻找隐蔽的场所产卵。卵多产在树叶背面或树木枝条上。卵袋呈椭圆形，灰白色或暗黄色。雌蛛大多伏在卵袋上进行看护。

前齿肖蛸雌成虫

雌蛛一生可产2～4个卵袋。每个卵袋内的含卵量一般在55粒左右，最多80粒以上。雌蛛一生的产卵总量，平均在200粒左右，最多300粒以上。以29℃的产卵量为最高，平均278粒。在20～35℃温区内，孵化率均在90%以上。种群增长指数：20℃为21，23℃为36，26℃为40，29℃为74，32℃为45，35℃为32。

猎物

以网捕食鳞翅目、双翅目、膜翅目、同翅目和直翅目等的成虫。

分布

辽宁、山东、陕西、浙江、安徽、江西、湖北、湖南、四川、重庆、台湾、福建、山西、河北、新疆、江苏、广东、广西、贵州、云南、西藏。

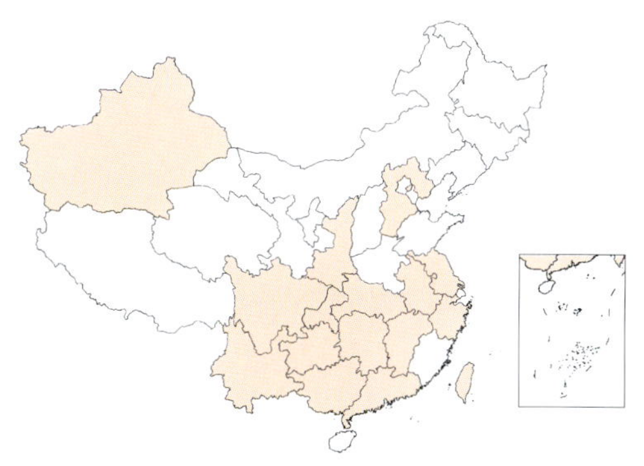

华丽肖蛸

Tetragnatha nitens (Audouin,1826)

形态特征

雌蛛体长9.50～10.20 mm。8眼2列，前眼列稍后凹，略长于后眼列，前侧眼小，离前中眼较远；后眼列基本上成一横列，各眼间距相等。中眼域的前边大于后边。前、后侧眼的色素区成水滴状，其尖端前后相等。该种的显著特征是雌蛛螯爪基的腹侧有一刺状隆起。前齿堤8齿，前2个齿相距较远；后齿堤在爪基有1个齿，沿爪沟腹缘共10个齿，第1齿在爪基近旁，较大，第2齿小。雄蛛体长5.70～9.00 mm。螯肢背侧远端的刺突末端分叉（个别分叉不明显），其近端内侧有2个长度相仿的锐齿。前齿堤7～8齿，第1、2两齿间隔较远，第1齿向后弯曲；后齿堤8～10齿，第1齿最大，另在爪基有一较钝齿。

华丽肖蛸雌成虫

生物学

在林间结水平状圆网。没有利用旧网习性，每天需结新网。昼伏夜出，每天傍晚出来活动的第一件事就是结网。网多结在树枝之间。网织成后，蜘蛛就伏在网的中心，等待虫子触网。清晨7～8时左右，蜘蛛就离开蛛网，到树叶下或树枝上隐蔽不动。该蛛在长江流域于11月中、下旬以成蛛和幼蛛在枯枝落叶层下、树皮下、树洞内越冬。翌年3月中、下旬，越冬蜘蛛出蛰活动。全年可发育4～5代。大多数幼蛛脱皮6次，有7个龄期，有少数的个体，脱皮5次有6个龄期。雌雄性比为1.20：1。发育成熟的个体寻找异性进行交配，一般都是雄性个体寻找雌性的网，在雌蛛的网上进行交配。交配后的雄蛛，如不迅速逃离蛛网，就有被雌蛛残食的危险。交配后的雌蛛大多数在树叶的背面产卵并作成卵袋。卵袋制作完毕的雌蛛，就伏在卵袋旁或卵袋上进行看护。每个卵袋内平均含卵70粒左右。但随着代次的不同，卵袋内含卵量也表现出差异：第1代平均58.50粒，最多98粒；第2代平均92.41粒，最多144粒；第3代平均85.63粒，最多151粒；第4代平均74.32粒，最多142粒；第5代平均62.20粒，最多153粒。以第2代的卵袋内含卵量为最多。一只雌蛛一生平均产5～7个卵袋，最多10个以上。单雌一生的产卵总量，平均450粒左右，最多达700粒以上。该蛛有较强的抗饥饿和抗干旱的能力。在供水断食的情况下，雌蛛可活20天左右，雄蛛15天左右。雌蛛在断水供食的情况下，仅靠食物内的水分，可存活50天左右，并仍可产卵。

猎物

以网捕食鳞翅目、双翅目的成虫，以及同翅目的成虫和若虫。

分布

浙江、江西、湖北、湖南、台湾、广东、河北、陕西、安徽、江苏、广西、四川、重庆、贵州、新疆、云南。

棒络新妇

Nephila clavata L. Koch,1878

形态特征

雌蛛体长13.00～18.00 mm。头胸部黄褐色，密被白色细绒毛，稍隆起，颈沟深。中窝横向，头前端色颇深，后端以颈沟内侧为界，呈黄褐色。胸部两侧各有1条宽棕褐色带，边缘显现黄色。中眼域方形。前后侧眼在同一眼丘上。螯肢墨褐色，前后齿堤各有3齿。触肢端部黑色，其余各节黄色，着生长黑刺。颚叶除端部黄棕色外，大部分黑褐色。下唇长大于宽，中央有一深黄色的纵条斑。胸板心脏形，被灰色长毛，中央也有黄色条斑。步足底色为黄色，腿节中部和端部、膝节、胫节两端、后跗节大部分及跗节全部皆为黑色。腹部呈圆筒状，背面前端为黄色，其后方有3条蓝绿色宽横带与2条黄色带纹相间排列，侧面有黄色与黑色斜纹相间。纺器周围有鲜红色大斑，艳丽夺目。腹部腹面外雌器无垂体，生殖沟的后方两侧各有一黄色纵纹。纺器棕黑色。雄蛛体长5.00～8.00 mm，远较雌蛛小，体色甚淡，仅胸部两侧的纵纹较深。腹部背面黄白色，中央有褐色条纹，其他特征与雌蛛近似。

生物学

多在林间或灌木丛中结复杂的3重网，网与地面垂直的大马蹄形圆网。在低龄幼蛛时，结的网为正常圆网，蜘蛛就停留在网的中心。随着幼蛛龄期的增加，就在主网的前后还结有不规网，最后逐渐发展成3重网。这时蜘蛛的位置向上移动，最后几乎接近于上部的边缘。网丝除白色外，大部分是黄丝。捕食量很大。发育成熟的雄蛛3～4天后就四处寻找雌蛛进行求婚、交配。在秋末季节，经常会看到雌蛛网的边缘，有体型特小的雄蛛在向雌蛛求婚。求婚的方式是雄蛛以特殊的节律弹动网丝，以网丝向雌蛛发出求婚的信号。如果雌蛛许诺，就在雌蛛网上进行交配。交配后的雄蛛爬到雌蛛网旁停留3～4日后，才离去，再找其他雌蛛进行交配。交配后的雌蛛40天左右开始产卵。卵袋呈圆球形或长扁圆形，表面粗糙，呈茧状，附于树枝或树叶上的向阳面。

棒络新妇雌成虫

雌蛛一生产1～2个卵袋。每次产卵到卵袋制作完毕，大概需1小时左右。雌蛛的护卵习性不强，大多数雌蛛在卵袋守护9小时左右个别守3天就离开卵袋。单雌总产卵量，平均1300粒左右。该蛛在山东省以卵袋在树皮下、枯枝落叶层下越冬。翌年4月下旬，幼蛛爬出卵袋，经7次脱皮后，于8月中旬发育成熟，9月产卵越冬。在该地区，全年发育1个世代。

猎物

以网捕食中、大型鳞翅目、鞘翅目和同翅目的成虫、半翅目和直翅目的成虫或若虫。

分布

辽宁、北京、山东、浙江、湖北、湖南、四川、台湾、贵州、云南、河北、河南、山西、陕西、安徽、广西、海南。

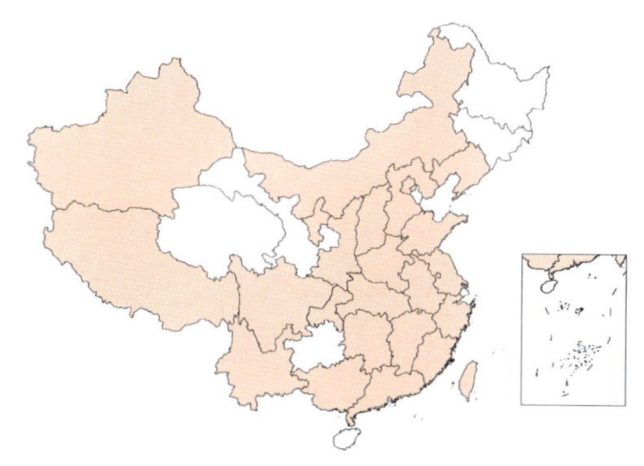

迷宫漏斗蛛

Agelena labyrinthica (Clerck,1758)

形态特征

雌蛛体长12.00～15.00 mm。背甲浅褐色，中部两侧各有1条深褐色条斑纵贯前后，条斑前端狭窄，向后逐渐变宽。颈沟、放射沟及中窝明显。8眼2列，前眼列平直；后眼列强前凹。以前中眼最大，前、后侧眼靠近。中眼域长大于宽，前后边相等呈长方形。螯肢褐色，前、后齿堤各3齿。步足黄褐色，各节末端稍暗，有许多刺和毛，跗节的黑色听毛愈近后跗节愈长。胫节和跗节上有宽环纹。腹部为灰绿到紫褐色，腹部背面正中有7～8对“人”字形斑纹。腹部腹面和侧面具黄白色鳞斑。后纺器末节长。雄蛛体长10.00～11.00 mm。体色较雌蛛浓，呈黑褐色。步足相对较雌蛛长。腹部窄小，其宽度明显窄于头胸部。后纺器末端长。

迷宫漏斗蛛雌成虫

生物学

低龄幼蛛在林间结不规则平网，随着龄期的增加至5龄时，其网渐呈漏斗状，成蛛的网很复杂，像迷宫一样。平时，蜘蛛躲藏在漏斗的管口处，猎物落在平网上，蜘蛛就从管口迅速跑出，在平网上进行取食。受惊后，蜘蛛可从漏斗网的下端开口迅速逃走。离网逃走的蜘蛛，有一些还可返回原网，有时就寻找合适的地方另结新网。雌蛛残食雄蛛的现象较为普通；有时雄蛛也残食雌蛛。该蛛在长江流域于11月中、下旬，以卵袋在枯枝落叶层下、树皮下、树洞内、石块下等地方进行越冬。翌年3月下旬至4月下旬开始孵化。初孵幼蛛在卵袋内停留20天左右，脱第1次皮后，2龄幼蛛爬出卵袋，随即扩散。幼蛛经7～9次脱皮，有8～10龄期。于8～9月大部分幼蛛发育成熟，10月中旬至11月中旬产卵，以卵越冬。产卵后的成蛛，在冬季死亡。在该地区全年只发育一个世代。雌雄性比一般为1.63∶1。雄蛛脱皮的次数，往往比雄蛛少一次，较雌蛛先发育成熟。发育成熟的雄蛛四处寻找还未发育成熟的雌性蜘蛛，在雌性亚成蛛的网上等待雌性的发育成熟。当雌性亚成蛛脱完最后一次皮后，雄蛛就与之交配。交配在网上进行。交配后7天左右开始产卵。产卵在夜晚进行。该蛛的卵袋圆形、扁平状。卵袋表面有厚厚一层疏松蛛丝，呈黄白色，卵袋的直径在1.10～1.90 mm。卵袋内面的卵粒橘红色。每个卵袋内的卵粒数，一般80粒左右，最多可达120粒以上。雌蛛一生可产1～3个卵袋。产单个卵袋的个体，一生的产卵总量在80粒左右；产多个卵袋的个体，一生产卵总量平均在150粒左右，最多可达244粒以上。

猎物

在林间可捕食中、大型蛾类、蝗虫和金龟子等。

分布

内蒙古、北京、河北、山东、山西、河南、陕西、宁夏、新疆、江苏、浙江、安徽、江西、湖北、湖南、福建、广东、广西、云南、西藏、辽宁、四川、重庆、台湾。

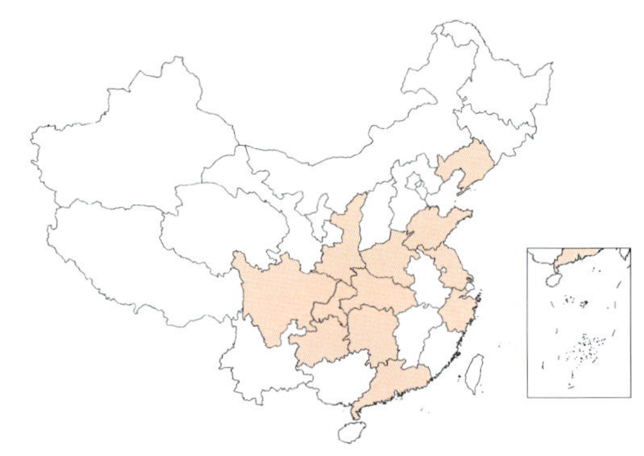

机敏异漏斗蛛

Allagelena difficilis (Fox,1936)

形态特征

雌蛛体长7.10～10.00 mm。头胸部棕褐色。头部较窄而隆起。8眼2列，两列眼均强烈前凹；前后侧眼紧接。在颈沟和颈沟后方的3个放射沟处有三角形的咖啡色斑纹。螯肢棕褐色，前齿堤3齿；后齿堤4齿。胸板棕色。步足淡黄色，有一些褐色斑纹。腹部背面褐色，前中线两侧各有2条灰色短纵纹，中后部有4对“八”字形灰白斑，在后方还可见到1对小斑，此斑有些个体不明显。腹部腹面正中在外雌器的后方有1条褐色宽纹，一直伸到纺器。后纺器长，其末节约为基节长的2倍。雄蛛体长6.10～7.80 mm。头胸部较宽，淡褐色。螯肢后齿堤4齿。腹部背面黑褐色。触肢膝节外侧在末缘上有2个末端尖锐的齿状突起。胫节稍长于膝节，其外侧末端突起呈鞭状。

机敏异漏斗蛛雌成虫

生物学

机敏异漏斗蛛为结网的蜘蛛，网为漏斗状。漏斗网多结于叶丛间，把几片树叶以蛛丝拉拢而成。如系长形叶子，即沿着长叶的纵轴结个漏斗网。网口较大，后端开口处较小，网长5～7 cm，略弯曲。结成这部分网，约需10小时，然后从漏斗网向其他树枝、树叶拉许多乱丝，构成一个大体上呈平面的网。整个网结成的时间约需38～48小时。平时蜘蛛就停留在漏斗口内。等待虫子的自投落网。取食时，蜘蛛一般把猎物拖在网内取食。如若多头虫子闯入网上，蜘蛛就先咬死其中的一头，并将猎物拖入漏斗网，很快从漏斗网中跑出，再将第二头猎物咬死拖入网内。但也有先逐个咬死，再一一拖入。在网内将猎物吮吸后的残骸进行清理，集成一团后，推出漏斗网外。蜘蛛捕食量的多少与温度呈正相关。该蛛在长江流域，于11月进行越冬，翌年3月出蛰活动，4月初开始产卵，5～6月为产卵盛期。1年可发育1个世代。产卵多在夜晚进行。产卵多在树木或其他植物的叶片或枯叶内。产卵时，同其他蜘蛛一样，先在叶片上分泌一些蛛丝做成一个圆形的产卵褥，而后产出卵，再以蛛丝将卵粒包裹起来，做成一个卵袋。该蛛的卵袋呈椭圆形，隆起似馒头。卵袋长20～22 mm，宽17～21 mm。卵袋表面有疏松褐色蛛丝。卵袋内面的卵粒呈淡黄色。每个卵袋内含卵粒数，一般是30～45粒。一只雌蛛一生可产6～9个卵袋。单雌一生的产卵总量，平均在250粒左右。雌蛛在卵袋旁进行看护，一直到幼蛛爬出卵袋分散营独立生活。

猎物

捕食范围很广。在林间，在网上经常发现有负蝗、蝗虫、地老虎、尺蛾、蓑蛾、刺蛾、白蚁、叶蝉、卷叶螟、蚊、蝇等。

分布

辽宁、山东、河南、陕西、江苏、浙江、湖北、湖南、四川、重庆、广东、贵州。

白跗狡蛛

Dolomedes saganus Bösenberg et Strand,1906

形态特征

雌蛛体长13.00～13.50 mm。背甲的两侧缘暗褐色。体背中央、两侧各有1条浅色纵带，从头部直延伸到腹部后端。中窝明显，头部较平。两眼列均后凹，后列眼强后凹，形成3行。中眼域呈宽梯形，宽大于长，前中眼大于前侧眼。额短于前眼列。螯肢前齿堤3齿；后齿堤4个大齿。胸板长、宽大致相当，呈圆形，胸板的两侧和中间各有3条黑斑纹，另从中心部位有一斜向后方的“八”形斑纹。腹部圆锥形，背面有7对黑褐色斑纹。腹部腹面色浅。雄蛛体长9.60～14.70 mm。背甲和腹背被短而密的毛。腹部腹面色较雌蛛暗。触肢胫节叉刺的主刺近末端处稍膨大，末角有一簇毛，另在外侧亦有1排毛。

生物学

不结网，为大型游猎性蜘蛛，既可在地面上游猎，又可在树上逐枝搜索猎物。既可爬行，又能跳跃，性情非常凶猛。该蛛在长江流域，以高龄幼蛛在枯枝落叶层下、杂草根隙、冬播作物田内越冬。越冬一般是在11月中旬左右。越冬幼蛛于翌年3月中、下旬出蛰活动。一般于5～6月，越冬幼蛛发育成熟进行交配。6～7月为产卵的高峰朝。孵出的幼蛛到11月已成高龄幼虫，进行越冬。在该地区，全年发育1个世代。亚成蛛脱完最后一次皮1～2天就寻找异性进行交配。在寻找异性期间，尤其是雄蛛活动频繁，四处奔跑。当发现雌蛛后，经过一段时间求婚，若雌蛛许诺，雄蛛才敢接近雌蛛进行交配。交配后的雄蛛，会迅速逃离雌蛛，免遭雌蛛的残食。雌蛛交配后经过7天左右开始产卵。产卵多在夜晚进行。从产卵到卵袋制作完毕，大概需要2～3小时。卵袋呈白色，椭圆形，似小鸽蛋，卵袋长径可达15 mm左右。每个卵袋内含卵100多粒至数百粒。母蛛以螯肢和触肢将卵袋安置在胸板下面，随身携带，四处游猎。虽然卵袋很大，但母蛛能活动自如。当遇到猎物时，母蛛就把卵袋放下，捕食猎物之后，再把卵袋衔上，继续进行寻猎。遇到敌害时，也不会把卵袋放下逃跑。若人为将卵袋摘下，母蛛就表现不安，四处寻找。待幼蛛将要爬出卵袋时，母蛛会寻找合适的场所，将卵袋放置在树枝的顶端，然后母蛛在卵袋附近隐蔽并头向卵袋进行看护。待数百头幼蛛一个个爬出卵袋，泌丝下垂，并分散营独立生活后，雌蛛才离去。

白跗狡蛛雌成虫

猎物

鳞翅目的大型蛾类的成虫和幼虫，鞘翅目的金龟子、天牛，直翅目蝗虫的成虫或若虫等均可作为猎物进行捕食。

分布

河南、江苏、上海、浙江、湖北。

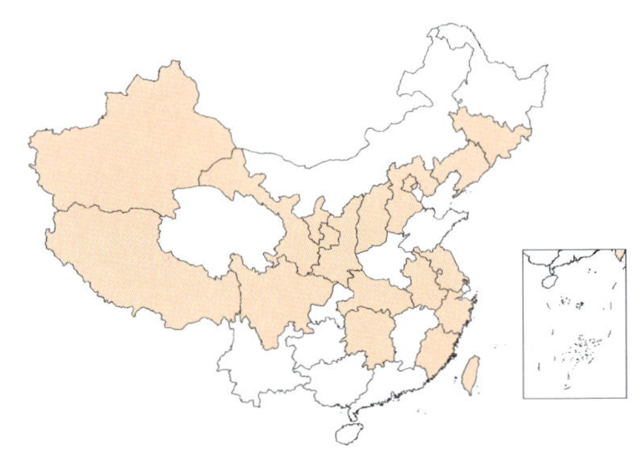

星豹蛛

Pardosa astrigera L. Koch,1878

形态特征

雌蛛体长5.10～7.70 mm。面部上下几乎等宽，所以两侧缘垂直。头胸部背面有一“T”形中斑，两侧缘有明显缺刻。正中斑两侧的背甲上各有1条褐色纵带，背甲边缘黄褐色。中窝纵向，放射沟黑褐色。眼区黑色，后眼列强后曲，致使8眼排成3行。眼域呈梯形。前眼列短于后眼列，后中眼大于后侧眼。胸板中央有一棒状黑斑。步足多刺具深褐色轮纹，以第4对步足为最长，其胫节背面基部的刺与该步足膝节之长度相等。第1步足胫节有3刺，第4步足后跗节略长于膝、胫节长度之和。腹部背面黑褐色，心脏斑黄色，后方有黑褐色细线纹分割为数对黄褐色斑纹，其中各有一黑点，形似“小”字形。腹部腹面黄褐色，正中央淡黄色，有的个体可见一个大“V”形斑。雄蛛体长4.90～7.30 mm。全体呈暗褐或黑褐色。背甲及腹部背面的色泽及斑纹与雌蛛相似。胸板褐色或黑褐色，大部分个体胸板中央具棒状黄斑。第1步足胫节、后跗节多刚毛，而这些刚毛由上述2节的基部直至端部，依次由长而变短。

星豹蛛雌成虫

生物学

不结网，为游猎性蜘蛛。该蛛在长江流域，以成蛛和高龄幼蛛在杂草、枯枝落叶下、石隙间和土洞内越冬。翌年3月下旬出蛰活动，4月上中旬交配产卵。全年可发育2个世代。幼蛛共脱皮6～7次，有7～8个龄期。32℃左右的温度是个体发育的最适温度。雌成蛛的寿命平均130天左右，最长者可达223天以上，越冬代雌蛛可生活250天以上。雄蛛的寿命一般在100～120天之间。雄性亚成蛛脱完最后一次皮1～5天就可寻找异性进行交配。交配时间平均25分钟左右。雌蛛交配一次，可终生产受精卵。交配后的雌蛛，非常凶猛，拒绝另外雄蛛的求偶。雄蛛在交配后如不被雌蛛吃掉，还会与另外雌蛛进行交配。交配后的雌蛛一般6～10天就可产卵。产卵在夜间进行。卵袋扁圆球形，直径3.90～4.30 mm；厚3.10～3.30 mm。初产时灰绿色，渐次转为灰色、深灰色，孵化前呈米黄色。雌蛛把卵袋粘附在纺器的前方，随身携带。孵出的幼蛛全部爬在母蛛的体上，5天左右之后才分散营独立生活。由于狼蛛有较强的护卵和护仔习性，因此产卵袋数较少，平均2个，最多4个。以29℃左右条件下，产的卵袋数最多。每个卵袋含卵量一般50粒左右，最多达100粒以上。雌蛛一生的产卵总量，平均100粒左右，最多150粒以上。

猎物

主要捕食地下和地面上活动的昆虫。

分布

吉林、辽宁、北京、河北、山西、陕西、宁夏、甘肃、新疆、江苏、浙江、安徽、湖北、湖南、四川、台湾、福建、西藏。

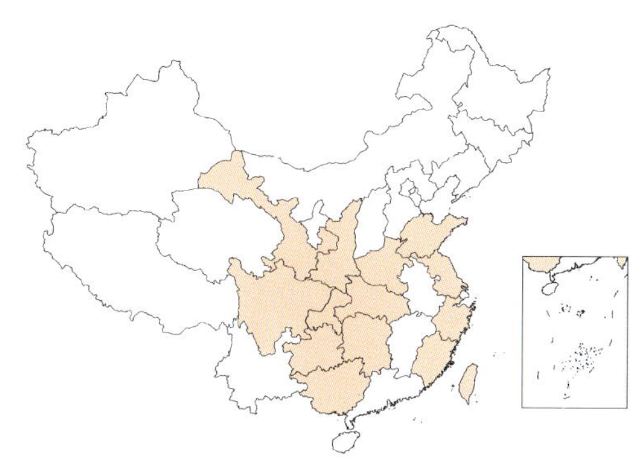

沟渠豹蛛

Pardosa laura Karsch,1879

沟渠豹蛛雌成虫（引自 Yaginuma,1986）

形态特征

雌蛛体长5.10～6.50 mm。背甲黑色，正中斑黄橙色，其窄长部位两侧缘的缺刻不像星豹蛛那样明显。前额颇圆，后端略细，并生有白色细毛。正中斑两侧有深褐色侧斑。放射沟明显。8眼3列，第1眼列同大并略短于第2眼列；第2眼列位于额缘下；第3眼列位于头顶部之弯曲面上。螯肢前齿堤2齿；后齿堤3齿。胸板周缘为黑褐色，中央有一个"V"字形黑斑。有的个体胸板几乎全部呈黑色，仅在中部显示有长椭圆形的淡黄色区。步足淡黄色，具深褐色轮纹。第1步足跗节背面基部有1根长毛，以第4对步足为最长，其胫节背面有刺。腹部背中央黄褐色，两侧为深褐色，心脏斑的前端具1对小黑点，两侧及后端各有2对黑色斑点及许多小黑点。腹部腹面黄褐色。雄蛛体长3.80～4.80 mm。体形似雌蛛，色泽较暗。触肢上密生黑毛。

生物学

不结网，在地面上游猎生活。在长江流域，以成蛛和高龄幼蛛于11月下旬在枯枝落叶层下、杂草根隙、土缝中、土洞内越冬。翌年4月下旬出蛰活动，5月为产卵盛期，全年可发育2个世代。雌性幼蛛脱皮6～7次，雄幼蛛脱皮5～6次，也有脱皮4次的个体。在正常情况下，蜘蛛各龄期的发育历期均以2龄期为最长。越冬代幼蛛的发育历期就显著延长。雄性亚成蛛脱完最后一次皮，当天就可寻找雌蛛进行交配。当雌雄相遇时，雄蛛就以其独特的舞蹈向雌蛛求婚，如遭拒绝，则马上逃离。交配时间，一般在20分钟左右，最长可达50分钟以上。雄蛛有多次交配习性。雌蛛一般只交配一次，终生可产受精卵。交配后的雌蛛，在第1代因气温较低12天左右便可产卵；第2代因气温较高，只需5天左右就可产卵。雌蛛产卵大多在夜晚进行。卵袋呈扁圆球状，直径约3.9 mm，厚3.2 mm。卵袋最初灰绿色，后逐渐变成灰色、深灰色、白色。雌蛛用步足和纺器将卵袋粘在纺器的前方，随身携带四处游猎。孵化后的幼蛛很快爬到雌蛛的体背上，由母蛛携带2～8天后，才分散营独立生活。雌蛛一生一般可产2～3个卵袋，最多6个以上。每个卵袋内的含卵量平均50粒左右，最多达106粒以上。雌蛛一生的产卵总量，平均在130粒左右，最多达180粒以上。

猎物

主要捕食地下和地面上活动的昆虫。

分布

山东、河南、陕西、甘肃、江苏、浙江、湖北、湖南、四川、重庆、台湾、福建、贵州、广西。

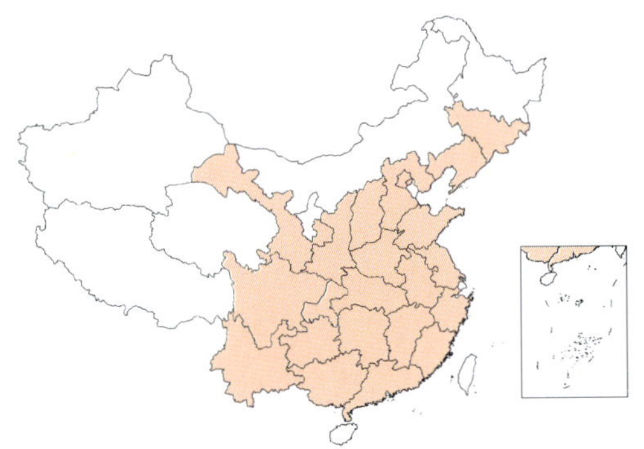

拟环纹豹蛛

Pardosa pseudoannulata
(Bösenberg et Strand,1906)

形态特征

雌蛛体长7.20～10.50 mm。全体灰褐色，有灰色和白色毛。头胸部背面正中斑呈黄褐色，前宽后窄。正中斑前方具1对色泽较深的棒状斑。中窝粗长呈赤褐色。背甲两侧的侧纵带呈暗色。前眼列平直，后眼列强烈后凹，故8眼呈3行排列，第2行眼大。额高为前中眼的2倍。胸板黄色，在步足基节间的部位各有1对黑褐色斑点，但这3对斑点，有些个体不明显，甚至完全消失。步足褐色，具淡色轮纹，各胫节有2根背刺。腹部背面心脏斑呈枪矛状，其两侧有数对黄色椭圆形斑，前2对呈“八”字形排列，其余数对左右相连，每个斑中各有1个小黑点。雄蛛体长7.00～8.50 mm。体色较暗。

生物学

不结网，为游猎性蜘蛛，主要在地面活动。对小型的猎物，如叶蝉等，用螯肢直接插入体内，吸取其体液；大型的猎物如蛾类、蝗虫等，它先以螯肢在猎物胸部背面注入毒液，待猎物麻醉后，再用螯肢划破猎物的体壁，注入消化液待内脏消化后，再吮吸之。在长江流域，于11月中、下旬以成蛛和幼蛛在枯枝落叶层下、石块下、杂草根隙内越冬。翌年3月上、中旬，越冬蜘蛛出蛰活动，4月中、下旬开始产卵。全年可发育3个世代。各世代的发育历期分别是：第1代平均61天左右；第2代76天左右；第3代（越冬代）在150天以上。幼蛛脱皮7次，有8个龄期。发育历期的长短，在20～32℃温区内，随温度升高而缩短。成蛛寿命在25～32℃的平均寿命80天左右，越冬代最长达346天以上。雄蛛的亚成蛛脱完最后一次皮3～7天，就可寻找异性进行求婚交配。大多数雌蛛一生只交配一次，少数多次，但一经产卵就不再交配。交配后的雌蛛，一般10天左右就可产卵。雌蛛以纺器携带卵袋进行看护。初孵幼蛛也要在母蛛体上停留5天左右，才分散营独立生活。卵袋呈扁圆形，灰白色。每个卵袋内平均含卵量在

拟环纹豹蛛雌成虫（引自Yaginuma,1986）

100粒左右，最多在200粒以上。雌蛛一生产卵袋数，在28～32℃温区内大部分为5个，少数6个。单雌一生的产卵总量，一般400粒左右。

猎物

捕食范围广，捕食小型猎物如叶蝉，大型猎物如蛾类、蝗虫等。

分布

吉林、辽宁、北京、河北、山东、山西、河南、陕西、甘肃、江苏、浙江、安徽、江西、湖北、湖南、福建、广东、广西、贵州、四川、重庆、云南。

注 曾用名拟环纹狼蛛 *Pardosa pseudoterricola* (Schenkel)

穴居狼蛛

Lycosa singoriensis (Laxmann,1770)

形态特征

雌蛛体长30.00～36.00 mm。全体密被白色细毛及黑褐色长毛。头胸部呈长梨形，棕褐色。颈沟明显。背甲两侧缘具黄色窄边。前列眼平直并长于第2眼列，前中眼大于前侧眼，前中眼间距大于前中侧眼间距，第2、3行眼等大。整个眼区及头部前侧丛生黑色长刚毛并向前直伸。额部下缘密布黄色长绒毛。螯肢粗壮而垂直，黑色，多黑色长毛及短毛。螯爪呈枣红色，前齿堤3齿，距爪基较远，第1、2齿紧靠，第2、3齿间较大，以第2齿为最大；后齿堤3齿，距爪基较近，各齿间距约等长，以第3齿为最大，并与前齿堤之第2齿并列。触肢黄褐色，其跗节为黑色，具黑刺，末端有1爪。胸板黑色，前端平直，后端狭窄并稍稍插入第4基节之间，整个胸板密被黑色长毛。步足粗壮，淡褐色多黑刺。第1、2胫节腹面各有2对黑刺。后跗节腹面之近基端及中段各有1对黑刺，其离体端各有5根短刺。各后跗节、跗节腹面布有黑色步足毛束。腹部椭圆形，背面灰褐色，并密生黑色小点斑，心斑黑褐色。自心斑之后半段直至尾端，有6对黄色肌斑。腹部腹面黑色，丛生黑色短毛，其中央部位由黄色小点斑形成的4条纵行浅纹较为醒目。雄蛛体长19.00～20.00 mm。

生物学

穴居狼蛛是一种大型、有剧毒的蜘蛛。不结网、营穴居生活。洞穴多建造在农田周围的沟渠、畦沟、村落的旧墙、山坡的向阳面、小路旁以及牧区苜蓿地、草原地下水位高的湿润土壤中。洞口椭圆形，直径2～2.5 cm，不高出地面，洞口附近丛生杂草，洞体垂直或在出口处稍有弯曲，深度可达30～60 cm。雄蛛过游荡生活。繁殖期在7～8月间，雄蛛寻找洞穴中的雌蛛进行交配和产卵。雌蛛产出的卵包被在白色丝质的卵囊中，卵囊直径约32 mm，卵囊内含卵可达695粒。卵径1.4～1.9 mm。孵出的幼蛛，常群集于雌蛛背上，甚至攀附于步足上，一同离开洞穴，随母蛛在外活动。雌蛛先把幼蛛带到水边，然后再带到潮湿的草地，在这里雌蛛一边暂时过着游荡生活，一边随时在适宜的地点用其后面的步足不时将幼蛛扫下，使其独立生活。幼蛛经过短暂的游荡生活和偶尔隐蔽生活后，开始掘洞而营独居生活，在洞内脱皮、休眠和成长。白天藏伏于洞中，夜间在洞口附近捕捉甲虫或其他昆虫在洞内进食。母蛛在幼蛛离开后或是死去，或重新掘洞继续繁衍后代。

穴居狼蛛雌成虫（引自《人与自然》，2004）

猎物

主要捕食地面或地下活动的昆虫。

分布

新疆。

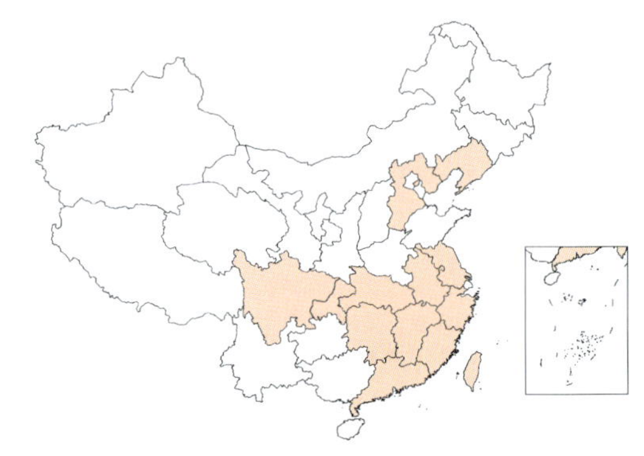

斜纹猫蛛

Oxyopes sertatus L. Koch,1877

形态特征

雌蛛体长7.40～9.00 mm。全体呈黄绿色或黄褐色。体呈纺锤形。头部隆起，前缘垂直。8眼着生在头部隆起部分的顶上和前方，前眼强烈后凹，后眼列强烈前凹，因此8眼排成4行。前中眼为最小，后3对眼较大。眼域有白毛和数根黑色长毛，向前方伸出。背甲长大于宽，中央有2条黑纵纹，两侧缘放射沟范围有3对褐色斜纹。额高而直，并具长而直立的毛。以前中眼延伸至螯肢背面有1对褐色纵向斑纹。螯肢细长，基部外侧缘的侧结节明显，前齿堤2齿；后齿堤1齿。触肢黄褐色，多黑刺，末端具爪。胸板心形，周缘棕黑色。步足各腿节腹面显有黑纹1条，胫节基部内、外两侧各有1个黑斑。各腿节、膝节、胫节和后跗节上均有黑色长刺，跗节末端具3爪。腹部长椭圆形，末端尖细。心脏斑菱形，外侧有黄、白色条纹，后部中央有纵斑，两侧有4对黄、白色斜形斑纹。雄蛛体长6.30～7.40 mm。触肢胫节突呈现出2个分离的大齿，外侧突长而大，侧面具有几条横行的隆起；内侧突顶端有一向内弯曲的大齿突。

斜纹猫蛛雄成虫

生物学

不结网，过着游猎生活的蜘蛛。捕食蛾类和蝗虫时，当看准目标，就采用跳跃的方式进行捕捉。根据室内测定，亚成蛛和成蛛对尺蛾2龄幼虫日捕食量均有19头左右。该蛛在长江流域和黄河流域，于11月中、下旬以亚成蛛在枯枝落叶层下或杂草的根隙内越冬。翌年4月上旬越冬的亚成蛛开始活动，5月亚成蛛发育成熟，5月下旬至6月下旬为产卵高峰期，1年发育1个世代。发育成熟后的个体，就寻找异性进行交配。交配一般在树叶片上进行。交配时间多在9～13时。雌蛛交配一次可终生产受精卵。交配后的雌蛛大约7～10天开始产卵。雌蛛所作的卵袋呈白色，扁圆形。卵袋直径大约5 mm。每个卵袋内的含卵量一般50～70粒，多者可达100多粒。雌蛛一生可产1～2个卵袋。单雌平均产卵总量120粒左右。雌蛛有很强的护卵习性，卵袋作成后，雌蛛就伏在卵袋上进行看护。斜纹猫蛛有较强的抗逆能力。其抗逆能力在幼蛛期随着龄期的增长而加强。如在断食、喂水的情况下，5龄幼蛛平均寿命为33天；6龄幼蛛35天。若断食又同时断水，5龄幼蛛平均寿命为12天；6龄幼蛛13天；7龄幼蛛17天；成蛛11天。

猎物

捕食猎物较为广泛。

分布

辽宁、河北、江苏、浙江、安徽、江西、湖北、湖南、四川、重庆、台湾、福建、广东。

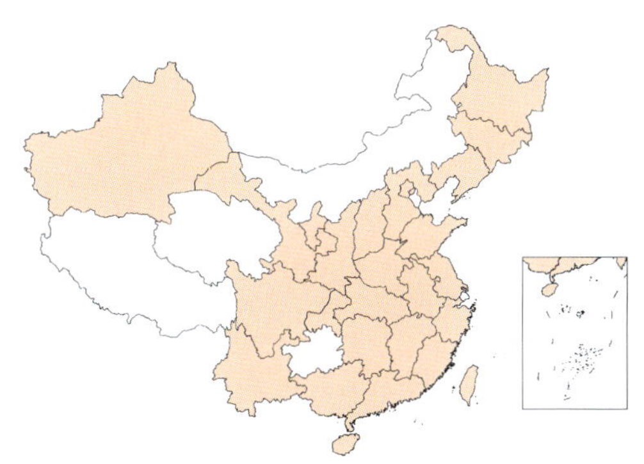

三突爱蛛

Ebrechtella tricuspidata (Fabricius,1775)

形态特征

雌蛛体长4.60～5.70 mm。体色多变，有绿、黄、白色，最常见的个体头胸部呈绿色，眼丘及眼区黄白色。8眼2列，两列眼均后曲，前列眼各眼大致等距离排列。两侧眼丘隆起，基部相连，前侧眼及其眼丘最大。中眼域梯形，后边大于前边。前2对步足显著长于后2对。步足基节、转节、腿节通常绿色，膝节以下黄橙色或带一些棕色环。腹部梨形，前窄后宽，腹部背斑纹变化较大，我国常见有3种基本类型：无斑型、少斑型和多斑型。雄蛛体长2.70～4.00 mm。头胸部红褐色。前2对步足的膝节、胫节、后跗节、跗节上有深棕色环纹。腹部后端不像雌蛛那样加宽。腹部背面为黄白色鳞状斑纹，正中有一枝叉状黄橙色斑纹。腹部后缘上有些个体也有红棕条纹。

生物学

不结网，为游猎型蜘蛛。在森林内，活动在树干、枝、叶之间。在我国长江流域，于11月中旬以成蛛、亚成蛛或幼蛛在枯枝落叶下、树洞内或树根隙等越冬。翌年3月中、下旬出蛰活动，4月下旬越冬成蛛开始产卵，全年可发育2～3个世代。成蛛的寿命在28℃情况下，雌蛛一般在50天左右。雌雄性比大致在1.50∶1。雌性亚成蛛脱下最后一次皮后，当天就可与雄蛛交配，交配后的雌蛛有残食雄蛛习性。雌蛛交配一次，可终生产受精卵。雌蛛有较强护卵习性，伏在卵上，一直到孵化幼蛛分散后，才去寻找猎物。在适宜的条件下，雌蛛一生可产3个卵袋，最多4个，以28℃条件下产卵袋数最多。每个卵袋内的卵粒数差别很大，最少50粒，最多180粒，平均在120粒左右。单雌一生的产卵总量，在250粒左右。产卵袋数与产卵总量呈正相关。孵化率一般在90%左右，但超过35℃不能孵化。种群增长指数，在不同恒温条件下以25℃最高，为34.84。依次是28.70（30℃）＞20.90（20℃）＞18.49（32℃）＞5.57（15℃）。抗逆能力较强，如在30℃恒温条件下只供水不供食，雌蛛的平均寿命27天，雄蛛16天。

三突爱蛛雌成虫

猎物

捕食林木多种害虫，主要捕食鳞翅目的幼虫。

分布

黑龙江、吉林、辽宁、北京、河北、山东、山西、河南、陕西、宁夏、甘肃、新疆、江苏、安徽、江西、湖北、湖南、四川、重庆、台湾、福建、广东、海南、广西、云南、浙江。

注 曾用三突花蛛 *Misumenops tricuspidatus* (F.)

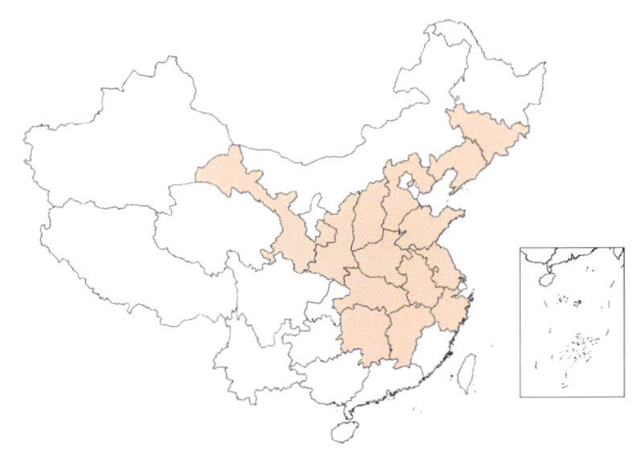

鞍形花蟹蛛

Xysticus ephippiatus Simon,1880

形态特征

雌蛛体长5.80～6.50 mm。体淡黄褐色。背甲两侧有红棕色的纵行宽纹。头胸部的长与宽相近。眼的周围，尤其是侧眼丘部位呈白色，两前侧眼间有1条白色横带，穿过中眼域。8眼2列，两眼列均后凹，中眼小于侧眼，两侧眼丘愈合。前中眼间距大于前中侧眼距，后列诸眼间距约相等。中眼域呈方形，但前边略长于后边。额缘有8根长毛排成1列。无颈沟及放射沟。下唇长大于宽。胸板盾形，前缘宽且略后凹，后端尖。第1、2步足长而粗壮，色泽较深，有黄白色斑点。第1步足腿节前侧面有3或4根粗刺。腹部长大于宽，后半部较宽，末端圆形。腹背有黄白色条纹及红棕色斑纹。雄蛛体长4.60～5.30 mm。背甲深红棕色。第1、2步足远较细长，腿节和膝节呈深棕色。腹部背面有红棕色斑纹。胸板、各足基节、腹部腹面亦为红棕色。

生物学

不结网，为游猎性蜘蛛。在森林内，经常活动在树干、枝、叶之间。在东北地区，以成蛛、亚成蛛或幼蛛于10月下旬在枯枝落叶下、树洞内或树根隙等场所越冬。越冬蜘蛛于翌年5月下旬出蛰活动，6、7月为产卵盛期，全年发育1个世代。该蛛雌性幼蛛共脱皮6次，全幼蛛期平均133天；雄性幼蛛脱皮5次，全幼蛛期平均111天。雌成蛛的寿命平均60天左右，雄蛛30天左右，越冬代成蛛的寿命可达270天以上。交配后的雄蛛迅速离开雌蛛。雌蛛交配后约20天就可产卵。卵袋产在树叶面上、叶片间或树皮下。产卵后的雌蛛具有较强护卵习性。雌蛛日夜伏在卵袋上，不食不动，对卵袋进行看护。当有其他昆虫或蜘蛛接近时，就奋力躯赶或捕食之。雌蛛一生大多数只产1个卵袋，少数产2个卵袋。产2个卵袋的个体，以第1个卵袋内的卵粒数为最多，可达125粒左右；第2个卵袋内只有50粒左右。两次产卵的间隔时间为46～53天。单雌一生的总产卵量，平均150粒左右，最多可达240粒以上。孵化率一般在95%左右，最高可达100%。

鞍形花蟹蛛雄成虫

猎物

可捕食林木多种害虫，主要捕食鳞翅目成虫和幼虫。

分布

吉林、辽宁、河北、山东、山西、河南、陕西、甘肃、江苏、浙江、安徽、江西、湖北、湖南。

粽管巢蛛

Clubiona japonicola

Bösenberg et Strand,1906

形态特征

雌蛛体长5.50～8.70 mm。背甲橙黄色，头部色较红，并生有稀疏的红棕色长毛。中窝纵向，红棕色。8眼2列，前眼列端直或后凹；后眼列较长稍前凹。各眼大小均等。后中眼间距大于后中侧眼间距。中眼域梯形，后边显著大于前边。螯肢赤褐色。颚叶和下唇赤黄色。胸板、步足皆为黄色。第1、2对步足腿节背面有刺4根；第3、4对步足腿节背面有刺5根；第4对步足最长。腹部背、腹面均黄褐色，无斑纹，被有稀疏的棕色长毛，以腹背前缘的毛较密。雄蛛体长5.50～6.60 mm。头胸部比雌蛛相对要长。腹部窄于头胸部。触肢胫节略短于膝节，胫节末端背面有2个突起，色较深，背缘有一隆起，内缘有2个不等长的锯齿；下突起较细，色较淡，其上缘有2个锯齿。

粽管巢蛛雌成虫（引自 Yaginuma,1986）

生物学

不结网，过着既定居又游猎的生活。以蛛丝在树干或树叶上结两头开孔的管状丝巢。蜘蛛白天躲在巢内，夜晚出巢寻找猎物。行动非常敏捷，遇到敌害可迅速泌丝下垂逃跑。在长江流域于11月中旬以第2代成蛛和第3代幼蛛在树皮、枯枝落叶下、树洞内和杂草根隙内越冬。翌年3月中旬出蛰活动，4月中旬产卵。全年发育3个世代。成蛛寿命在28℃时为50天左右，越冬代成蛛可活200天以上。雌蛛寿命长于雄蛛。幼蛛脱皮6次。其发育历期随着代次和龄期的不同差异很大。胚胎期在第1代为12天；第2代7天；第3代8天。幼蛛期第1代为61.70天，第2代38.90天，第3代为越冬代可达212天。雌雄性比为1.80：1。成熟的雄蛛当天就可寻找未发育成熟雌性亚成蛛，并在其丝巢旁作一巢，躲在其中。待雌性亚成蛛脱下最后一次皮后，雄蛛咬开雌蛛丝巢，进行交配。交配后的雄蛛迅速逃离，以免被雌蛛残食。雌蛛交配一次终生可产受精卵。产卵场所多在树叶或禾本科植物的叶片上，先将植物的叶尖以丝卷呈粽状产卵室。雌蛛将卵产在产卵室内作成卵袋，并伏在卵袋上日夜进行看护。交配后的雌蛛7～10天就可产卵。大多数雌蛛一生产4个卵袋，最多6个。正常卵袋内含卵量为120粒左右，最多167粒以上。单雌总产卵量平均在300粒左右，最多达400粒以上。

猎物

能捕食林木多种昆虫的成虫和幼虫，主要捕食鳞翅目的成虫和幼虫。

分布

辽宁、北京、河北、山东、山西、河南、陕西、江苏、上海、浙江、安徽、江西、湖北、湖南、四川、重庆、台湾、福建、广东、广西、贵州、云南。

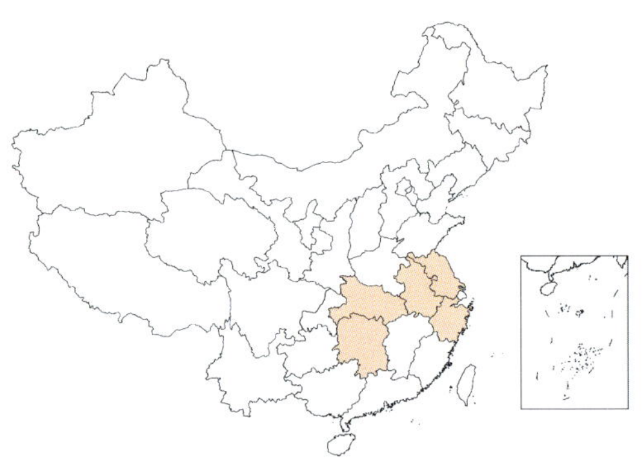

斑管巢蛛

Clubiona deletrix O.P.-Cambridge,1885

形态特征

雌蛛体长4.90～6.20 mm。头胸部黄橙色或红色，头端红色。8眼2列，两眼列均平直，后眼列长于前眼列，前眼列各眼间距基本相等，后中眼间距大于后中侧眼间距。中眼域梯形，后边长于前边。中窝显著。螯肢棕红色。前齿堤4齿，第3齿最大，其余3个小；后齿堤2小齿。下唇窄长，前缘凹陷。胸板黄褐色，近似椭圆形，前缘横截，微后凹，后端较尖；两侧缘在对着相邻第2、3、4步足基节微突出，红色。步足橙色。第1、2对步足腿节背面有刺4根；第3、4步足腿节背面有刺5根。腹部黄橙色，背面中央及两侧有红棕色斑纹，后半部的斑纹自前向后依次排成"八"字形，有的个体不明显。腹部腹面无斑纹。雄蛛体长6.00～7.10 mm。触肢的膝节略长于胫节，胫节的外末角有一小突起，末端尖锐而弯曲。

斑管巢蛛雌成虫（引自Yaginuma,1986）

生物学

不结网，过着既定居又游猎的生活。该蛛多在树木枯叶内，有时亦在叶片上纺丝作成2～3层蛛丝的管状巢。巢的两端各有一精巧的小圆孔，蜘蛛就隐居在巢内，两端小孔就作为出入的门户。网巢的周围布满了信号丝，借以传递外界的信息。白天蜘蛛伏在巢内，夜晚出巢寻食。在捕食时可沿着树枝和叶片逐个搜索，既可爬行又可跳跃。遇到敌害时有吐丝下垂的习性。该蛛在长江流域，于11月中、下旬以第2代成蛛和第3代幼蛛在树洞、树皮下、枯枝落叶、杂草等地方越冬。翌年3月中、下旬出蛰活动，4月下旬至5月上旬开始产卵。在该地区全年发育2～3代。雌成蛛的平均寿命在90天左右，最长可达120天以上。雄成蛛比雌蛛短20天左右。完成1代所需的时间：在22℃恒温条件下为149天左右；25℃为105天；28℃为90天；31℃为65天；33℃为63天。雌雄性比为1.89∶1。雌雄都有多次交配习性。交配后的雌蛛未见残食雄蛛。雌蛛将卵产在管巢内，并伏在卵袋上进行日夜看护，直至幼蛛孵化并分散后，雌蛛才离开丝巢。一生可产4个卵袋，最多6个。每个卵袋含卵量，一般在80～100粒，最多150粒以上。单雌一生的产卵总量289～436粒。该蛛抗逆能力较强，成蛛在无食无水条件下，平均存活43天。

猎物

在林内能捕食多种昆虫，主要捕食鳞翅目的幼虫。

分布

江苏、浙江、安徽、湖北、湖南。

注 曾用名*Clubiona reichlini* Schenkel；*C.maculata* Song and Chen

蓝翠蛛

Siler cupreus Simon,1889

形态特征

雌蛛体长4.00～7.40 mm。头胸部中部隆起，棕褐色，眼区黑褐色，被有蓝白色细毛，前边毛多而粗，并向前方伸出。生活时头胸部闪金属光泽。由于后列眼强后凹，故形成3列。眼区约占头胸部1/2。螯肢前齿堤2齿；后齿堤有1大板齿，其基部一侧呈锯齿状。螯肢外具刚毛刺。第1步足腿节黑褐色，其他步足黄褐色，具褐色条斑。腹部背面翠绿色，有金色闪光。前、后端1/3处各有1条黄褐色横向括弧斑。腹部腹面中央黄褐色，两侧1对黑色斜斑，是前面后部背斑的延伸。雄蛛体长4.00～5.60 mm。体色较深，金属光泽也较强。背甲外缘黑色细边，沿此缘有1条狭窄的蓝白斑带，侧纵带深色。第1步足粗壮，灰褐色，膝、胫节上、下缘均密被蓝黑色的毛；第2步足灰黄褐色；第3、4对步足黄色。腹部背面光泽夺目，在中、后段各有1条蓝色闪光横带。

生物学

不结网，游猎性蜘蛛。经常出没于各种林木上。不善于跳跃，行动时第1对步足和触角不断颤动，速度很快，同时腹部还不时上举，像是某些蜂类。一般白天活动，夜晚多隐蔽在简陋的丝巢内，巢可见于树皮下、树洞中、树叶间。巢的两端有半圆形或椭圆形的“门”，门可向上掀起，蜘蛛由此进出，进去后把门拉下，并在里面加一些丝使之紧闭。在窝内脱皮，并把脱下的皮推出巢外。脱下的皮褐色，头胸部有红、绿、古铜色的金属光泽，可以辨认。在捕食时，一般不是跳过去直接咬着猎物，而是尾随在猎物的后面，先把毒液注入猎物体内，待猎物逐渐麻痹，失去抵抗能力时，再去进行吸食。性成熟的雄蛛在雌蛛面前作求偶“舞蹈”。交配历时30分钟左右。雌、雄蛛均有多次交配习性。雌蛛在产卵前建造产卵室（或就把窝加以扩大充实而成）。产卵室多建在枯叶内，形似居住的巢，但壁厚而结实，体积较大。一般产卵室长9 mm，宽7 mm，高4 mm左右。卵袋简单，只是分泌少量蛛丝将卵粒粘起来，雌蛛在卵袋上进行护卵。护卵期间雌蛛很少外出寻食。雌蛛可产多个卵袋。有时造多个产卵室，有时就在同一个产卵室内产卵。因此同一个产卵室内，既有刚产的卵袋，又有已经孵化出的幼蛛。雌蛛一生大多数产4个卵袋，最多5个。每个卵袋内含卵量，平均20粒左右，最多31粒以上。单雌一生的产卵总量，一般在70～80粒。幼蛛在产卵室内要完成2次脱皮之后，再离室营独立生活。

蓝翠蛛雌成虫

猎物

能捕食多种昆虫，但好像特别喜嗜蚁类。

分布

山东、陕西、江苏、浙江、安徽、湖北、湖南、福建、贵州、上海、江西、云南。

参考文献

中　国　林　木　害　虫　天　敌　昆　虫

半翅目

Hoffman W E.1935.The bionomics and morphology of *Isyndus reticulatus* Stål (Hemiptera: Reduviidae).Lingnan Sci.J., 14(1):145–153.

Hoffman W E.1934.Biology of *Sycanus croceovittatus* Dohrn(Hemiptera: Reduviidae).Lingnan Sci. J.13(3):505–515.

Inoue H.1985.Group predatory behaviour by the assassin bug, *Agriosphodrus dohrni* Signoret (Hemiptera: Reduviidae).Researches on Population Ecology, 27:255–264.

Inoue H.1988.Food availability and reproductive performance in the predator, *Agriosphodrus dohrni* Signoret (Hemiptera: Reduviidae): Is its population food–limited in the field? Researches on Population Ecology, 30(1):95–105.

Yano K.1990.A host record of *Isyndus obscurus* (Dallas) (Hemiptera, Reduviidae).Jpn.J.Ent., 58(1):204.

刁朝阳.1997.环斑猛猎蝽对烟蚜的捕食作用.贵州农学院学报,16(增刊):24–28.

范广华, 等.1988.华姬蝽的研究.山东农业大学学报, 19(3):1–8.

胡胜昌,杨明旭.1988.齿缘刺猎蝽和环斑猛猎蝽的初步观察.江西农业大学学报, 10(2):73–76.

湖北省农科院植保所害虫研究室.1980.捕食性天敌——小花蝽的研究.昆虫天敌, 1:37–43.

华中农学院棉虫天敌研究组.1978.棉田害虫捕食性天敌——小花蝽的初步研究.昆虫知识, 15(5):140–144.

黄增和.1991.黄带犀猎蝽的生物学及应用研究.林业科学研究,4(1):57–64.

罗志义.1980.小花蝽的幼期观察.昆虫知识, 17(4):155–157.

杨俊庭.1978.蠋敌的研究初报.昆虫知识, 15(5):144–145.

姚德富, 刘后平, 严静君.1993.环斑猛猎蝽生物学特性的研究.林业科学研究, 6(5):517–521.

姚德富, 严静君, 李广武, 等.1995.暴猎蝽生物学特性的研究.林业科学研究, 8(4):442–446.

姚德富, 严静君, 刘后平.1993.褐菱猎蝽生物学特性的研究.林业科学, 29(6):497–501.

章士美, 胡梅操.1993.中国半翅目昆虫生物学.南昌: 江西高校出版社, 59–60, 140–141, 191–192.

郑发科.1988.毒隐翅虫研究进展(1.名称、分类与生物学).南充师范学报 (自然科学版), 9 (4): 302–305.

中村慎吾,进藤真基,森繁光晴.1991.广岛县比和田丁のヨコヅナサシガメ.比和科学博物馆研究报告, 29:43–46.

鞘翅目

Hava J. & Jelinek J.1999.A new species of the genus *Laricobius* (Coleoptera: Derodontidae) from China.Folia Heyrovskyana,7(2):115–118.

Zilahi–Balogh GMG, Humble L M, Lamb A B, et al.2003.Seasonal abundance and synchrony between *Laricobius nigrinus* (Coleoptera: Derodontidae) and its prey,the hemlock woolly adelgid (Hemiptera: Adelgidae).Canadian Entomologist, 135(1):103–115.

陈德友, 雷扦清.1983.油茶刺绵蚧天敌——中华显盾瓢虫的初步研究.昆虫天敌, 5 (3): 142–145.

陈方洁.1934.两种红瓢虫.昆虫与植病, 2(8):142–148.

陈方洁.1962.四川利用大红瓢虫防治吹绵蚧的经验.植物保护学报,1(2):33–38.

陈祝安.1984.中华显盾瓢虫的研究.林业科学, 20 (3): 336–339.

戴志一.1990.黄斑盘瓢虫发生规律和捕食效应的研究.生物防治通报, 6 (3): 113–115.

黄邦侃,罗肖南.1956.福州移放大红瓢虫除治吹绵介壳虫初报.昆虫知识, 2(1):23–25.

黄邦侃,张可池,黄勤清,陈进旺.1991.小红瓢虫生物学及其利用的评价.29–33.见黄邦侃主编.全国瓢虫学术讨论会论文集.上海:上海科学技术出版社, 247.

江洪.1980.草履蚧的重要天敌——红环瓢虫的初步研究.昆虫天敌, (1): 17–23.

姜廷荣,张立本,魏新田.1982.深点食螨瓢虫的生物学及其利用.昆虫天敌, 4(4): 34–36.

李丽英.1993.我国孟氏隐唇瓢虫的研究及应用展望.昆虫天敌, 15 (3): 142–150.

林锦枫.1977.赤杨金花虫的天敌——奇变瓢虫生活习性及生活史的初

步观察.辽宁.
刘珍,苗连河.1995.黑缘红瓢虫生物学特性及其对桃球坚蚧的控制能力.昆虫知识，32（3）：159—160.
吕永贤，张武军，裴强，等.1983.龟纹瓢虫生物学及饲养初步试验.昆虫天敌，5（1）：33—38.
欧铁彦.1959.泸州大红瓢虫的饲养管理经验.昆虫知识,5(10):317.
孙源正，任宝珍.2000.山东农业害虫天敌.北京：中国农业出版社，231.
王代武,黄良炉,张炳权.1984.矢尖蚧的重要天敌——日本方头甲生物学特性研究.植物保护学报，11（1）：23—28.
夏宝池,张英,沈百炎.1985.红点唇瓢虫生物学及其对防治介壳虫的应用.昆虫学报，28（4）：454—455.
严静君，沈崇华，李广武，等.1989.林木害虫天敌昆虫.北京：中国林业出版社，300页+32图版
杨源.1983.六斑异瓢虫研究.昆虫天敌，5（3）：137—141.
姚善锦,陶家驹.1972.蚜虫之天敌.省立博物馆科学年刊(台湾),15:25—72.
虞国跃.2002.瓢虫、瓢虫.台北石佩妮，204.
张格成,黄良炉.1963.利用澳洲瓢虫防治吹绵蚧的初步研究。昆虫学报，12（5—6）：688—700.
张可池,魏远斌,黄邦侃.1991.双带盘瓢虫的生物学和人工饲料的初步研究.121—127.见黄邦侃主编.全国瓢虫学术讨论会论文集.247页。上海:上海科学技术出版社.
章士美,江永成,沈荣武.1980.六斑月瓢虫研究简报.昆虫天敌,(4):13—16.
赵养昌.1976.捕食蜡蚧的一种新蚧象.昆虫学报，19(3)：339—341.
朱海清，孙桂华，赵利敏.1980.日本方头甲的初步观察.昆虫知识，17（4）：167—168.

膜翅目

敖贤斌,张守友,张昌辉,等.1980.我国栗瘿蜂及其天敌的研究.果树科技通讯,(4):17—29.
陈守坚.1962.世界上最古老的生物防治——黄柑蚁 *Oecophylla smaragdina* Fabr.在柑橘园中的放饲及其利用的价值.昆虫学报,11(4):401—408.
陈树椿等.1987.陆马蜂的生物学特性及其对油松毛虫控制作用的初步研究.林业科学昆虫专辑:18—25.
陈泰鲁,童新旺.1980.寄生于油茶枯叶蛾卵的黑卵蜂一新种(膜翅目:缘腹细蜂科).动物分类学报,5(3):310—311.
广东省林科所.1978.应用矛茧蜂防治双条杉天牛试验.广东林业科技通讯,(4):28—30.
广东省林科所.1980.两色茧蜂观察简报.昆虫知识,17(4):172.
何俊华,陈汉林.1986.重寄生于缀叶丛螟的黄盾纹钩腹蜂(膜翅目).浙江农业大学学报,12(2):231.
何俊华,马云.1982.常见寄生于天牛的两种刺足茧蜂.昆虫天敌,4(1):18—19.
何俊华.1982.我国常见的四种悬茧蜂.昆虫知识,19(4):31—34.
何俊华等编.2004.浙江蜂类志,1373页,43图版.北京:科学出版社.
贺建国.张素梅.1984.亚非马蜂的生活习性.昆虫知识,21(1):22—24.
李参,王铁伟,董秀仁.1975.黄唇蜾蠃蜂及其利用的初步研究.昆虫学报,18(2):151—155.
李铁生,贺建国.1980.利用马蜂防治棉花害虫.农业科技通讯,(6):32.
李铁生.1985.中国经济昆虫志第三十册膜翅目:胡蜂总科.北京:科学出版社.
郦子华.1982.酱色齿足茧蜂的生物学研究.昆虫知识,19(3):28—30.
廖定熹,李学骝,庞雄飞,等.1987.中国经济昆虫志.第三十四册.膜翅目:小蜂总科(一).i—x+1—241,图版24,图187.北京,科学出版社.
林乃铨.1994.中国赤眼蜂分类(膜翅目:小蜂总科).福建科学技术出版社,1—362页.
林斯超,马文春,何维勤,等.1980.樟子松球果象甲曲姬蜂的生物学特性观察.昆虫知识,17(6):266—267.
刘崇乐,蔡剑萍,王金言.1963.白虫小茧蜂 *Bracon greeni* Ashmead 的生物学研究和林间寄主诱集试验结果.昆虫学报,12(5—6):523—537.
刘政.1982.广腹螳螂初步研究.昆虫知识,19(4):20—22.
娄慎修，等.1990.叉突节腹泥蜂的初步观察.森林病虫通讯,(4):8.
娄慎修,等.1991.象虫成虫天敌—叉突节腹泥蜂初步观察.生物防治通报,(2):94.
罗维德.1983.栗瘿长尾小蜂生物学特性及寄生效能观察.植物保护学报,10(2):126.
骆有庆.1985.栗瘿蜂的天敌(综述).北京林学院学报,2:82—92.
骆有庆,等.1987.中华长尾小蜂分布区系及生物学特性的研究.北京林业大学学报,(1):47—57.
马万炎,等.1989.黑侧沟姬蜂的生物学及种群消长规律研究.生态学报,9(1):27—34.
南漳县林业科.1973.应用松梢螟赤茧蜂防治松梢螟.湖北林业科技,(4):31.
倪乐湘,童新旺.1985.杨扇舟蛾黑卵蜂生物学特性初步观察.湖南林业科技,(2):6—7.
庞辉,赵石峰.1985.青杨天牛蛀姬蜂繁殖与应用技术的研究.森林病虫通讯,(3):1—4.
庞雄飞,陈泰鲁.1974.中国的赤眼蜂属*Trichogramma*记述.昆虫学报,17(4):441—454.
庞雄飞,陈泰鲁.1980.我国赤眼蜂属种名的商榷.昆虫天敌,(1):33—36.
钱范俊.1987.黑足凹眼姬蜂生物学特性的研究.南京林业大学学报,(4):32—38.
秦维亮.1979.松毛虫脊茧蜂的保护与利用.河北林业科技,(1):47—50.
陕西省林业科学研究所,湖南省林业科学研究所.1990.林虫寄生蜂图志.206页,141彩图.陕西杨陵:天则出版社.
盛金坤.1984.江西省栗瘿蜂寄生性天敌的调查(初报).江西农业大学学报,(4):69—72.
孙学义,于义模,邵连柱.1982.朝鲜紫姬蜂的初步观察.辽宁林业科技.(1):46—48.
孙渔稼,张仲信,赵方桂,等.1966.广腹螳螂生活习性的初步观察.昆虫知识,10(2):97—98.
童新旺,劳先闵,彭南昆.1979.油茶毛虫黑卵蜂初步研究.湖南林业科技,(1):22—28.
童新旺,劳先闵.1982.油茶枯叶蛾黑卵蜂生物学特性观察.昆虫天敌,

4(2):13—17.
童新旺，倪乐湘.1986.松毛虫大腿小蜂初步观察.生物防治通报,2(4):165—166.
童新旺，倪乐湘.1989.白跗平腹小蜂的生物学特性及其利用.昆虫学报,32(4):451—458.
王金言.1978.大斑土蜂*Scolia clypeatus* Sickman生物学初步观察.昆虫学报,21(3):343—345.
王问学.1980.茶毒蛾黑卵蜂生物学及林间寄生习性.湖南林业科技.(2):32—37.
王问学.1981.茶毒蛾黑卵蜂的生物学.昆虫学报,24(4):384—389.
吴猛耐，谭林.1984.松毛虫内茧蜂生物学特性的观察.森林病虫通讯,(3):1—2.
吴猛耐等.1984.松毛虫内茧蜂生物学特性的观察.森林病虫通讯,(3):1—2.
吴燕如，陈泰勇.1980.中国黑卵蜂属*Aholcus*亚属记述(膜翅目:缘腹细蜂科).动物分类学报,5(1):79—84.
萧刚柔，吴坚.1983.防治天牛的有效天敌——管氏肿腿蜂.林业科学(昆虫专辑):81—84.
萧刚柔.1985.中国森林害虫生物防治研究利用近况.生物防治通讯,1(1):2—7.
萧刚柔主编.1992.中国森林昆虫(第二版).北京:中国林业出版社.1362页.
徐公天.1982.青杨天牛姬蜂初步观察.昆虫知识,19(4):17—18.
严静君，徐崇华，李广武，等.1989.林木害虫天敌昆虫.300页,32图版.北京:中国林业出版社.
严静君，徐崇华，姚德富.1981.六种螳螂生物学特性的研究.昆虫天敌,3(3):24—30.
杨沛.1984.黄猄蚁群体生长和发育.昆虫天敌,6(4):240—243.
詹仲才.1984.两色刺足茧蜂初步研究.昆虫天敌,6(1):53—56.
张连芹，宋世涵，范军祥，等.1986.杉天牛陡盾茧蜂的繁殖和利用.昆虫天敌,8(4):232—237.
张连芹.1984.管氏肿腿蜂应用技术简介.森林病虫通讯,(1):27—29.
张连芹，宋世涵，范军祥，等.1984.杉天牛斑头陡盾茧蜂的繁蜂寄主及林间放蜂初步研究.林业科技通讯,(3):28—29.
张耀章.1983.刺蛾紫姬蜂观察初报.森林病虫通讯,(1):21—23.
张耀章.1983.黄刺蛾的天敌——上海青蜂的观察与保护.森林病虫通讯,(4):28—29.
赵锦年，陈胜.1990.两种松梢斑螟的重要天敌——长距茧蜂.昆虫天敌,12(4):164—166.
赵瑞良，李凤耀，石如玉等. 1984. 青杨天牛蛀姬蜂繁殖利用的研究. 山西林业科技，(1): 19—26.
中国科学院动物研究所，浙江农业大学等编.1978.天敌昆虫图册,北京:科学出版社.
中国林业科学研究院主编.1983.中国森林昆虫.中国林业出版社.
周嘉熹，鲁新政，逯玉中.1985.引进花绒坚甲防治黄斑星天牛试验报告.昆虫知识,22(2):8486.
祝汝佐.1934.桑螟守子蜂生活之考查纪要.浙江省昆虫局年刊,3:193—202.
祝汝佐.1937.中国松毛虫寄生蜂志.昆虫与植病，5:56—103.

蜘蛛部分

《自然与人》编辑部，自然与人（蜘蛛专辑）.2004年11月号增刊，上海：主人印刷厂.
陈樟福，张贞华.1991.浙江动物志（蜘蛛类）.杭州：浙江科学技术出版社.
冯钟琪.1990.中国蜘蛛原色图鉴.长沙：湖南科学技术出版社.
胡金林，吴文贵.1989.新疆农区蜘蛛.济南：山东大学出版社.
胡金林.1984.中国农林蜘蛛.天津：天津科学技术出版社.
李廷辉.2002.毒蜘蛛无冬眠快速养殖——特种养殖点金术.南宁：广西科学技术出版.
陆东林.1999.蜘蛛的生活和行为(蛛形纲动物论文集).乌鲁木齐：新疆人民出版社.
宋大祥.1987.中国农区蜘蛛.北京：农业出版社.
王昌贵，尹衍民，王翠珍，等.1995.棒络新妇生物学特性研究初报.动物学杂志,30(2):8—9.
赵敬钊.1995.中国棉虫天敌.武汉：武汉出版社.
Dippenaar—Schoeman A S,R Jocqu é .1997.African Spiders,An Identification Manual.ARC —Plant Prorection Researth Institute, Ultra Litho, Heriotdale, Johannesburg, 392pp.
Gertsch W J,N I Platnick.1980.A revision of the American spiders of the family Atypidae (Araneae, Mygalomorphae). Amer. Mus. Novitates, 2704: 1—39.
Platnick N I, W C Sedgwick.1984.A revision of the spider genus *Liphistius* (Araneae, Mesothelae).Amer.Mus.Novitates, 2781:1—31.
Song D X, M S Zhu, J Chen.1999.The Spiders of China.Hebei Science and Technoogy Publishing House, Shijiazhuang, 640pp.
Yaginuma T.1986.Spidersof Japan in Color (new edition).Hoikusha Publication Co., Osaka.

附 录

中 国 林 木 害 虫 天 敌 昆 虫

寄主名录 I

A

阿波罗绢蝶 *Parnassius apollo*

埃及吹绵蚧 *Icerya aegyptiacea*

B

八点灰灯蛾 *Creatonotus transiens*

八星粉天牛 *Olenecamptus octopusitulatus*

八字地老虎 *Agrotis c-nigrum*

白齿茸毒蛾 *Dasychira olga*

白带窝天牛 *Desisa subfasciata*

白蜡蚧 *Ercerus pela*

白薯天蛾 *Herse convolvuli*

白纹铜花金龟 *Liocola brevitarsis*

白杨透翅蛾 *Parathrene tabaniformis*

白蚁

柏大蚜 *Cinara tujafilina*

柏木肤小蠹 *Phloeosinus armatus*

斑衣蜡蝉 *Lycorma delicatula*

板栗天蛾

半翅目 Hemiptera

豹灯蛾 *Arctia caja*

本地白虫 *Eublemma rificulata*

蓖麻蚕 *Philosamia cynthia ricina*

碧眼冬夜蛾

蝙蝠蛾 Hepialidae

扁刺蛾 *Thosea sinensis*

扁角树蜂 *Tremex*

扁平球坚蚧 *Parthenolecanium corni*

薄翅绢蝶 *Parnassius glacialis*

薄荷野螟 *Pyrausta aurata*

C

菜蛾科 Plutellidae

菜粉蝶 *Pieris rapae*

菜青虫→菜粉蝶

菜园夜蛾 *Polia oleraceae*

草地螟→甜菜网野螟

草履蚧 *Drosicha contrahens*

草原毛虫→黄斑草毒蛾

侧柏毒蛾→刺柏毒蛾

茶蚕 *Andraca bipunctata*

茶带蛾→茶蚕

茶袋蛾 *Cryptothelea minuscula*

茶谷蛾

茶毛虫 *Euproctis pseudoconspera*

茶青带毒蛾→沁茸毒蛾

茶茸毒蛾 *Dasychira pudibunda*

茶梢蛾

茶小袋蛾→茶小蓑蛾

茶小蓑蛾 *Acanthopsyche* sp.

长蠹 *Calophagus pekinensis*

长角深点天牛 *Metipocregyes rondoni*

长尾粉蚧 *Pseudococcus longispinus*

长吻蛱蝶 *Vanessa antiopa*

车前灯蛾 *Parasemia plantaginis*

尺蛾（尺蛾科 Geometridae）

尺蠖→尺蛾

赤松毛虫 *Dendrolimus spectabilis*

赤纹毒蛾→角斑古毒蛾

赤杨叶甲 *Agelastica coerulea*

稠李巢蛾 *Yponomeuta evonymella*

臭椿皮蛾 *Eligma narcissus*

樗蚕 *Samia cynthia cynthia*

吹绵蚧 *Icerya purchasi*

椿象（半翅目 Hemiptera）

刺柏毒蛾 *Parocneria furva*

刺蛾（刺蛾科 Limacodidae）

刺角天牛 *Trirachys orientalis*

粗鞘双条杉天牛 *Semanotus sinoauster*

醋栗尺蠖 *Abraxas grossulariata*

醋栗褐卷蛾 *Pandemis cerasana*

D

达摩凤蝶 *Papilio demoleus*

大菜粉蝶 *Pieris brassicae*

大袋蛾→大蓑蛾

大豆造桥虫

大灰象 *Sympiezomias velatus*

大螟 *Sesamia inferens*

大青叶蝉 *Cicadella viridis*

大球胸象 *Piazomias validus*

大树蜂 *Urocerus gigas*

大蓑蛾 *Cryptothelea variegate*

大天蚕蛾 *Saturnia pyrioschiss*

大西洋赤蛱蝶 *Vanessa atalanta*

袋蛾科 Psychidae

稻苞虫 *Parnara guttata*

稻毛虫 *Arsilonche albovenosa*

稻螟蛉 *Naranga aenescens*

稻显纹纵卷水螟 *Susumia exigua*

稻眼蝶 *Mycalesis gotama*

稻纵卷叶螟 *Cnaphalocrocis medinalis*

德昌松毛虫 *Dendrolimus punctatus tehchangensis*

灯蛾科 Arctiidae
等翅目 Isoptera
地老虎
丁香天蛾 *Sphinx liffustri*
顶羽菊夜蛾 *Mamestra persicariae*
鼎点金刚钻 *Earias cupreoviridis*
东方粉蝶 *Pieris canidia*
豆荚螟 *Etiella zinckenella*
豆卷叶野螟 *Sylepta ruralis*
毒蛾（毒蛾科 Lymantriidae）
多点粉蝶→东方粉蝶

E

二斑叶螨 *Tetranychus urticae*
二点螟 *Chilo infuscatellus*
二化螟 *Chilo suppressalis*

F

防风草织蛾 *Depressaria pastinacella*
纺织娘
飞虱（飞虱科 Delphacidae）
粉蝶科 Pieridae
粉蚧（粉蚧科 Pseudococcidae）
粉虱（粉虱科 Aleyrodidae）
凤蝶科 Papilionidae
凤梨灰粉蚧
负蝗 *Atractomorpha* sp.
覆盆子卷蛾

G

甘蓝夜蛾 *Barathra brassicae*
甘薯茎螟 *Omphisa illisalis*
甘蔗嫡粉蚧 *Dysmicoccus boninsis*
甘蔗绵蚜 *Ceratovacuna lanigera*
甘蔗小卷蛾 *Argyroploce schistaceana*
柑橘长卷蛾 *Adoxophyes fasciata*
柑橘凤蝶 *Papilio xuthus*
柑橘褐带卷蛾 *Adoxophyes cyrtosema*
柑橘褐黄卷蛾 *Archipes eucrosa*
柑橘红蜘蛛→柑橘全爪螨
柑橘木虱 *Diaphorinia citri*
柑橘全爪螨 *Panonychus citri*
高粱条螟 *Proceras venosatus*
缟裳夜蛾 *Catocala fraxinii*
根瘤蚜科 Phylloxeridae
古毒蛾 *Orgyia antiqua*
瓜绢野螟 *Diaphania indica*
灌木巢斑螟
光肩星天牛 *Anoplophora glabripennis*
国槐截形叶螨
果树小蠹 *Scolytus japonicus*

H

禾灰翅夜蛾 *Spodoptera mauritia*
合欢双条天牛 *Xystrocera globosa*
核桃扁叶甲 *Gastrolina depressa*
核桃球蚧 *Eulecanium juglandis*
褐边绿刺蛾 *Parasa consocia*
褐卷蛾 *Pandenis* sp.
黑虫 *Holcocera pulverea*
黑肩蓑蛾 *Eurukuttarus nigloplaga*
黑莓小卷蛾
黑足树蜂 *Sirex juvencus imperialis*
横坑切梢小蠹 *Tomicus minor*
红腹树蜂 *Sirex rufabdominis*
红铃虫→棉红铃虫
红胸天牛 *Dere* sp.
红蜘蛛 *Tetyanychus urticae*
槲毒蛾 *Lymantria mathura*
花棒毒蛾→灰斑古毒蛾
花椒虎天牛 *Clytus validus*
华山松大小蠹 *Dendroctonus armandi*
华竹毒蛾 *Pantana sinica*
桦枯叶蛾 *Eriogaster lanestris*
桦钩翅蛾
桦小眼尺蠖
槐绿虎天牛 *Chlorophorus diadema*
黄斑草毒蛾 *Gynaephora alpherakii*
黄斑长翅卷蛾 *Acleris fimbriana*
黄斑星天牛 *Anoplophora nobilis*
黄刺蛾 *Cnidocampa flavescens*
黄地老虎 *Agrotis segetum*
黄褐天幕毛虫 *Malacosoma neustria testacea*
黄胸木蜂 *Xylocopa appendiculata*
黄愈腹茧蜂 *Phanerotoma flava*
蝗虫（蝗总科 Acridoidea）
茴香凤蝶→金凤蝶
灰斑古毒蛾 *Orgyia ericae*
灰天蛾 *Acosmerycoides leucocraspis*

J

吉丁甲（吉丁总科 Buprestidae）
棘翅夜蛾 *Scoliopteryx libatrix*
蓟马（缨翅目 Thysanoptera）
家蚕 *Bombyx mori*
家茸天牛 *Trichoferus campestris*
假丝角叶蜂→柳叶蜂
角胸小蠹 *Scolytus butovitschi*
蚧虫（介壳虫，蚧科 Coccidae）
金凤蝶 *Papilio machaon*
金龟子（金龟总科 Scarabaeoidea）
金翅夜蛾
橘二叉蚜 *Toxoptera aurantii*
橘褐天牛 *Nadezhdella cantori*
橘黄绿凤蝶 *Papilio memnon*
橘蚜→橘二叉蚜
具条冬夜蛾
卷蛾科 Tortricidae
卷叶蛾科→卷蛾科
绢粉蝶 *Aporia crataegi*

K

咖啡透翅天蛾 *Cephonodes hylas*
可可梭粉蚧 *Criniticoccus tectus*
孔雀红蛱蝶 *Vanessa io*
叩头虫
枯叶蛾科 Lasiocampidae
宽纹巢斑螟 *Acrobasis consociella*
款冬螟 *Ostrinia varialis*

L

劳氏粘虫 *Leucania loreyi*
冷杉银卷蛾 *Archips pulchra*
梨二叉蚜 *Schizaphis piricola*
梨剑纹夜蛾 *Acronycta rumicis*
梨瘤华蛾 *Sinitinea pyrigalla*
梨小食心虫 *Grapholitha molesta*
梨星毛虫 *Illiberis pruni*
梨叶斑蛾→梨星毛虫
梨笠圆盾蚧 *Quadraspidiotus perniciosus*
梨圆盾蚧→梨笠圆盾蚧
梨云翅斑螟 *Nephopteryx pirivorella*
李枯叶蛾 *Gastropacha quercifolia*
丽绿刺蛾 *Parasa lepida*
栎黄掌舟蛾 *Phalera assimilis*
栎枯叶蛾 *Lasiocampa quercus*
栎绿卷蛾 *Tortrix viridana*
栎闪斑舟蛾 *Notodonta trepida*
荔枝瘿蚊 *Mayetiola* sp.
栗瘿蜂 *Dryocosmus kuriphilus*
鳞翅目 Lepidoptera
柳大蚕蛾 *Actias selene*
柳黑扁足树蜂
柳毒蛾 *Stilpnotia salicis*
柳蚜 *Aphis farinosa*
柳叶蜂 *Amauronematus fallax*
六齿小蠹 *Ips acuminatus*
六星吉丁 *Chrysobothris succudanea*
蝼蛄（蝼蛄科 Gryllotaepidae）
芦苇枯叶蛾 *Cosmotriche potatoria*
绿尾大蚕蛾 *Actias selene ningpoana*
绿小卷蛾→云雾广翅小卷蛾 *Hedya nubiferana*
落叶松卷蛾 *Ptycholomoides aeriferanus*
落叶松毛虫 *Dendrolimus superans*

落叶松鞘蛾 *Coleophora laricella*
落叶松球果蛀蛾 *Petrova perangustatna*
落叶松球蚜 *Adelges laricis*

M

马陆
马尾松毛虫 *Dendrolimus punctatus*
蚂蚁→蚁
蚂蚱→蝗虫
麦穗夜蛾 *Parastichtis basilinea*
螨（螨目 Acarina）
盲蝽（盲蝽科 Miridae）
美国白蛾 *Hyphantria cunea*
美西栎尺蛾 *Lambdina fiscellaria somniaroa*
棉大卷叶螟→棉卷叶野螟
棉古毒蛾 *Orgyia postica*
棉红铃虫 *Pechinophora gossypiella*
棉卷叶野螟 *Sylepta derogate*
棉铃虫 *Helicoverpa armigera*
棉小造桥虫 *Anomis flava*
棉蚜 *Aphis gossypii*
螟蛾科 Pyralidae
模毒蛾 *Lymantria monacha*
膜翅目 Hymenoptera
茉莉螟蛾 *Neusince geomatralis*
茉莉叶螟 *Nausinoe geometralis*
木虱（木虱科 Psyllidae）
牧草枯叶蛾 *Cosmotriche potatoria*

N

弄蝶科 Hesperiidae
女贞天蛾→丁香天蛾

O

欧洲赤松叶蜂 *Diprion pini*
欧洲方喙象 *Cleonus piger*
欧洲松毛虫 *Dendrolimus pini*
欧洲松梢小卷蛾 *Rhyacionia buoliana*
欧洲玉米螟 *Ostrinia nubilalis*

P

枇杷黄毛虫→细皮夜蛾
苹毒蛾
苹果巢蛾 *Yponomeuta padella*
苹果蠹蛾 *Laspeyresia pomonella*
苹果黄蚜 *Aphis citricola*
苹果小卷蛾→苹果蠹蛾
苹果蚜 *Aphis pomi*
苹褐卷蛾 *Pandemis heparana*
苹黑痣小卷蛾 *Rhopobota naevana*
苹全爪螨
葡萄长须卷蛾 *Sparganothis pilleriana*
葡萄脊虎天牛 *Xylotrechus pyryhoderus*
葡萄小卷蛾 *Polychrosis botrana*
朴喙蝶 *Libythea celtis*
朴树树蜂 *Tremex longicollis*
朴绵叶蚜 *Shivaphis celti*

Q

漆树叶甲
脐腹小蠹 *Scolytus schevyrewi*
荨麻褐夜蛾→隐金夜蛾
荨麻蛱蝶 *Vanessa urticae*
蔷微卷叶蛾→蔷薇黄卷蛾
蔷薇黄卷蛾 *Archips rosama*
鞘翅目 Coleoptera
沁茸毒蛾 *Dasychira mendosa*
青柳小卷蛾 *Gypsonoma sociana*
青杨天牛 *Saperda populnea*
蜻蜓尺蛾→蜓豹尺蠖
球蚜（球蚜科 Adelgidae）
雀茸毒蛾 *Dasychira melli*

R

人纹污灯蛾 *Spilarctia subcarnea*
日本长白蚧 *Lopholeucaspis japonica*
日本龟蜡蚧 *Ceroplastes floridensis*
日本尖角盾蚧 *Fiorinia japonica*
日本卷毛蚧 *Metaceronema japonica*
日本树蜂 *Sirex japonica*
日本松干蚧 *Matsucoccus matsumurae*
肉食黄叶蛾
乳黄卷叶蛾

S

伞形花织蛾
桑白盾蚧 *Pseudaulacaspis pentagona*
桑白蚧→桑白盾蚧
桑毒蛾 *Porthesia* (*Euproctis*) *similis*
桑褐刺蛾 *Thosea postornata*
桑蟥 *Rondotia menciana*
桑剑纹夜蛾 *Acronycta major*
桑绢野螟 *Diaphania pyloalis*
桑毛虫→桑毒蛾
桑螟→桑绢野螟
桑天牛 *Apriona germari*
桑透翅蛾 *Panadoxecia pieli*
桑小卷蛾 *Exartema morivora*
山楂粉蝶→绢粉蝶
山楂叶螨 *Tetranychus viennensis*
杉梢小卷蛾 *Polychrosis cunninghamicola*
杉小毛虫 *Cosmotriche lunigera*
杉棕天牛 *Callidium villosulum*
湿地松粉蚧 *Oracella acuta*
十斑吉丁虫 *Melanophila decastigma*
食果巢蛾
食蚜蝇科（食蚜蝇）Syrphidae
矢尖蚧 *Unaspis yanonensis*
柿绒粉蚧 *Eriococcus kaki*
柿绒蚧→柿绒粉蚧
树蜂（树蜂科 Siricidae）
树莓枯叶蛾 *Macrothylacia rubi*
树莓毛虫→树莓枯叶蛾
双翅目 Diptera
双条杉天牛 *Semanotus bifasciatus*
水芹织蛾 *Depressaria nervosa*
水曲柳巢蛾 *Prays alpha*
丝棉木巢蛾 *Yponomeuta minuellus*
丝棉木金星尺蠖 *Calospilos suspecta*
思茅松毛虫 *Dendrolimus kikuchii*
四点象天牛 *Mesosa myops*
四星尺蠖 *Ophthalmodes irrorataria*
松阿扁叶蜂 *Acantholyda posticalis*
松大蚜 *Eulachus brevipilosus*
松顶小卷蛾 *Blastesthia turionella*
松毒蛾
松古毒蛾 *Orgyia australis*
松褐天牛→松墨天牛
松毛虫 *Dendrolimus* spp.
松毛虫黑胸姬蜂 *Hyposoter takagii*
松墨天牛 *Monochamus alternatus*
松皮小蠹蛾 *Laspeyresia grunertiana*
松茸毒蛾 *Dasychira axutha*
松梢斑螟 *Dioryctria splendidella*
松梢螟→松梢斑螟
松梢小卷蛾 *Rhyacionia pinicolana*
松天蛾 *Hyloicus pinastri*
松突圆蚧 *Hemiberlesia pitysophila*
松突小卷蛾→松小卷蛾
松线小卷蛾 *Zeiraphera diniana*
松小卷蛾 *Petrova cristata*
松蚜 *Cinara pinea*
松叶蜂→欧洲赤松叶蜂
素毒蛾 *Laelia caenosa*
粟穗螟 *Mampava bipunctella*
蓑蛾→袋蛾
蓑蛾科→袋蛾科

T

泰加大树蜂 *Urocerus gigas taiganus*
桃粉大尾蚜 *Hyalopterus arundinis*
桃球坚蚧 *Parthenolecanium persicae*
桃蚜 *Myzus persicae*

寄主名录 II

A

Abraxas grossulariata 醋栗尺蠖
Abrostola triplasia 隐金夜蛾（荨麻褐夜蛾）
Acantholyda posticalis 松阿扁叶蜂
Acanthopsyche sp. 茶小蓑蛾（茶小袋蛾）
Acarina 螨目
Acleris fimbriana 黄斑长翅卷蛾
Acosmerycoides leucocraspis 灰天蛾
Acridoidea 蝗总科
Acrobasis consociella 宽纹巢斑螟
Acronycta major 桑剑纹夜蛾
Acronycta rumicis 梨剑纹夜蛾
Actias selene 柳大蚕蛾
Actias selene ningpoana 绿尾大蚕蛾
Adelges laricis 落叶松球蚜
Adelgidae 球蚜科
Adoxophyes cyrtosema 柑橘褐带卷蛾
Adoxophyes fasciata 柑橘长卷蛾
Adris tyrannus 枯叶夜蛾
Agelastica coerulea 赤杨叶甲
Agrotis c-nigrum 八字地老虎
Agrotis segetum 黄地老虎
Agrotis ypsilon 小地老虎
Aiolomorphus rhopaloides 竹瘿广肩小蜂
Aleyrodidae 粉虱科
Algedonia coclesalis 竹织叶野螟
Amauronematus fallax 柳叶蜂（假丝角叶蜂）
Ambrostoma quabriimpressum 榆紫叶甲
Ancylis sativa 枣镰翅小卷蛾
Andraca bipunctata 茶蚕
Anomis flava 棉小造桥虫
Anoplophora chinensis 星天牛
Anoplophora glabripennis 光肩星天牛
Anoplophora nobilis 黄斑星天牛
Antheraea pernyi 柞蚕
Aphidoidea 蚜总科
Aphis citricola 苹果黄蚜
Aphis farinosa 柳蚜
Aphis gossypii 棉蚜
Aphis pomi 苹果蚜
Aphrastasia funitecta 铁杉球蚜
Aporia crataegi 绢粉蝶（山楂粉蝶）
Apriona germari 桑天牛
Apriona swainsoni 锈色粒肩天牛
Archipes eucrosa 柑橘褐黄卷蛾
Archips oporana 云杉黄卷蛾
Archips podana 亚麻黄卷蛾
Archips pulchra 冷杉银卷蛾
Archips rosama 蔷薇黄卷蛾
Arctia caja 豹灯蛾
Arctiidae 灯蛾科
Argyroploce schistaceana 甘蔗小卷蛾
Arsilonche albovenosa 稻毛虫
Artona funeralis 竹小斑蛾
Aspidiotus destructor 椰圆盾蚧（椰圆蚧）
Athalia rosae 油菜叶蜂（菜叶蜂）
Atractomorpha sp. 负蝗

B

Barathra brassicae 甘蓝夜蛾
Batocera horsfieldi 云斑天牛（云斑白条天牛）
Blastesthia turionella 松顶小卷蛾
Blastipetrova keteleeriacola 油杉球果小卷蛾
Bombyx mori 家蚕
Bostrychopsis parallel 竹长蠹
Buprestidae 吉丁总科

C

Callidium villosulum 杉棕天牛
Calophagus pekinensis 长蠹
Calospilos suspecta 丝棉木金星尺蠖
Canephora asiatica 亚洲蓑蛾
Catocala fraxinii 缟裳夜蛾
Cephonodes hylas 咖啡透翅天蛾
Cerambycidae 天牛科
Ceratovacuna lanigera 甘蔗绵蚜
Ceresium sinicum 中华蜡天牛
Ceroplastes floridensis 日本龟蜡蚧
Cerura menciana 杨二尾舟蛾
Chaitophorus spp. 杨蚜
Chilo infuscatellus 二点螟
Chilo suppressalis 二化螟
Chlorophorus annularis 竹绿虎天牛
Chlorophorus diadema 槐绿虎天牛
Choristoneura murinana 紫色卷蛾
Chrysobothris succudanea 六星吉丁
Chrysomela populi 杨叶甲
Chrysomelidae 叶甲科
Cicadella viridis 大青叶蝉
Cicadellidae 叶蝉科
Cinara pinea 松蚜
Cinara tujafilina 柏大蚜
Cleonus piger 欧洲方喙象
Clostera anachoreta 杨扇舟蛾
Clytus validus 花椒虎天牛
Cnaphalocrocis medinalis 稻纵卷叶螟
Cnidocampa flavescens 黄刺蛾
Coccidae 蚧科
Cocytodes caerulea 苎麻夜蛾
Coleophora laricella 落叶松鞘蛾
Coleoptera 鞘翅目
Cosmotriche potatoria 芦苇枯叶蛾（牧草枯叶蛾）
Cosmotriche lunigera 杉小毛虫
Creatonotus transiens 八点灰灯蛾
Criniticoccus tectus 可可桉粉蚧
Cryptorrhynchus lapath 杨干隐喙象
Cryptothelea minuscula 茶袋蛾
Cryptothelea variegate 大蓑蛾（大袋蛾）
Curculionidae 象甲科
Cyclophragma xichangensis 西昌杂毛虫
Cystidia stratonice 蜓豹尺蠖（蜻蜓尺蛾）

D

Dasychira axutha 松茸毒蛾
Dasychira melli 雀茸毒蛾
Dasychira mendosa 沁茸毒蛾
Dasychira olga 白齿茸毒蛾
Dasychira pudibunda 茶茸毒蛾
Delphacidae 飞虱科
Dendroctonus armandi 华山松大小蠹
Dendrolimus houi 云南松毛虫
Dendrolimus kikuchii 思茅松毛虫
Dendrolimus pini 欧洲松毛虫
Dendrolimus punctatus 马尾松毛虫
Dendrolimus punctatus tehchangensis 德昌松毛虫
Dendrolimus punctatus wenshanensis 文山松毛虫
Dendrolimus spectabilis 赤松毛虫
Dendrolimus spp. 松毛虫
Dendrolimus superans 落叶松毛虫
Dendrolimus tabulaeformis 油松毛虫
Depressaria nervosa 水芹织蛾
Depressaria pastinacella 防风草织蛾

Pandenis sp. 褐卷蛾
Panonychus citri 柑橘全爪螨(柑橘红蜘蛛)
Pantana sinica 华竹毒蛾
Papilio demoleus 达摩凤蝶
Papilio machaon 金凤蝶（茴香凤蝶）
Papilio memnon 橘黄绿凤蝶
Papilio xuthus 柑橘凤蝶
Papilionidae 凤蝶科
Parasa bicolor 竹刺蛾
Parasa consocia 褐边绿刺蛾
Parasa lepida 丽绿刺蛾
Parasemia plantaginis 车前灯蛾
Parastichtis basilinea 麦穗夜蛾
Parathrene tabaniformis 白杨透翅蛾
Parnara guttata 稻苞虫
Parnassius apollo 阿波罗绢蝶
Parnassius glacialis 薄翅绢蝶
Parocneria furva 刺柏毒蛾(侧柏毒蛾)
Parthenolecanium persicae 桃球坚蚧
Parthenolecanium corni 扁平球坚蚧
Pechinophora gossypiella 棉红铃虫
Petrova cristata 松小卷蛾（松突小卷蛾）
Petrova perangustatna 落叶松球果蛀蛾
Phalera assimilis 栎黄掌舟蛾
Phalera fuscescens 榆掌舟蛾
Phanerotoma flava 黄愈腹茧蜂
Philosamia cynthia ricina 蓖麻蚕
Phloeosinus armatus 柏木肤小蠹
Phragmatobia fuliginisa 亚麻篱灯蛾
Phylloxeridae 根瘤蚜科
Phytometra gamma 丫纹夜蛾
Piazomias validus 大球胸象
Pieridae 粉蝶科
Pieris brassicae 大菜粉蝶
Pieris canidia 东方粉蝶(多点粉蝶)
Pieris rapae 菜粉蝶（菜青虫）
Pissodes validirostris 樟子松木蠹象
Plusia agnata 银纹孤翅蛾
Plusia chryson 紫尘翅夜蛾
Plutellidae 菜蛾科
Polia oleraceae 菜园夜蛾
Polychrosis botrana 葡萄小卷蛾
Polychrosis cunninghamicola 杉梢小卷蛾
Porthesia (Euproctis) similis 桑毒蛾（桑毛虫）
Prays alpha 水曲柳巢蛾
Proceras venosatus 高粱条螟
Pseudaulacaspis pentagona 桑白盾蚧
Pseudococcidae 粉蚧科
Pseudococcus longispinus 长尾粉蚧
Psychidae 袋蛾科
Psyllidae 木虱科
Ptycholomoides aeriferanus 落叶松卷蛾
Pyralidae 螟蛾科
Pyrausta aurata 薄荷野螟

Q

Quadraspidiotus perniciosus 梨圆盾蚧→梨笠圆盾蚧
Quadraspidiotus gigas 杨圆笠盾蚧

R

Rhopalosiphum sp. 乌桕蚜
Rhopobota naevana 苹黑痣小卷蛾
Rhyacionia buoliana 欧洲松梢小卷蛾
Rhyacionia pinicolana 松梢小卷蛾
Rondotia menciana 桑螨

S

Samia cynthia cynthia 樗蚕
Saperda populnea 青杨天牛
Saturnia pavonia 小天蚕蛾
Saturnia pyrioschiss 大天蚕蛾
Saturniidae 天蚕蛾科
Scarabaeoidea 金龟总科
Schizaphis piricola 梨二叉蚜
Scirpophaga novella 蔗茎白螟
Scoliopteryx libatrix 棘翅夜蛾
Scolytidae 小蠹科
Scolytus butovitschi 角胸小蠹
Scolytus japonicus 果树小蠹
Scolytus schevyrewi 脐腹小蠹
Selepa celtis 细皮夜蛾（枇杷黄毛虫）
Semanotus bifasciatus 双条杉天牛
Semanotus sinoauster 粗鞘双条杉天牛
Sesamia inferens 大螟
Shivaphis celti 朴绵叶蚜
Sinitinea pyrigalla 梨瘤华蛾
Sirex japonica 日本树蜂
Sirex juvencus imperialis 黑足树蜂
Sirex rufabdominis 红腹树蜂
Siricidae 树蜂科
Sparganothis pilleriana 葡萄长须卷蛾
Sphingidae 天蛾科
Sphinx liffustri 丁香天蛾（女贞天蛾）
Spilarctia subcarnea 人纹污灯蛾
Spodoptera exigua 甜菜夜蛾
Spodoptera litura 斜纹夜蛾
Spodoptera mauritia 禾灰翅夜蛾
Stilpnotia salicis 柳毒蛾
Sucra juba 枣尺蠖蛾（枣步曲）
Susumia exigua 稻显纹纵卷水螟
Sylepta derogate 棉卷叶野螟（棉大卷叶螟）
Sylepta ruralis 豆卷叶野螟
Sympiezomias velatus 大灰象
Syrphidae 食蚜蝇科

T

Tetranychoidea 叶螨（叶螨总科）
Tetranychus urticae 二斑叶螨
Tetranychus viennensis 山楂叶螨
Tettigoniidae 螽斯科
Tetyanychus urticae 红蜘蛛
Theophila mandarina 野蚕
Thosea postornata 桑褐刺蛾
Thosea sinensis 扁刺蛾
Thysanoptera 缨翅目
Tinocallis kahawaluokalani 紫薇长斑蚜
Tomicus minor 横坑切梢小蠹
Tomicus piniperda 纵坑切梢小蠹
Tortricidae 卷蛾科（卷叶螟）
Tortrix viridana 栎绿卷蛾
Toxoptera aurantii 橘二叉蚜
Trachea piniperda 枭首陌夜蛾
Tremex 扁角树蜂
Tremex longicollis 朴树树蜂
Tremex simulacrum 窄胸扁角树蜂
Trichoferus campestris 家茸天牛
Trirachys orientalis 刺角天牛

U

Unaspis yanonensis 矢尖蚧
Urocerus gigas 大树蜂
Urocerus gigas taiganus 泰加大树蜂

V

Vanessa antiopa 长吻蛱蝶
Vanessa atalanta 大西洋赤蛱蝶
Vanessa io 孔雀红蛱蝶
Vanessa polychloros 杂色蛱蝶
Vanessa urticae 荨麻蛱蝶

X

Xylocopa appendiculata 黄胸木蜂
Xylotrechus pyryhoderus 葡萄脊虎天牛
Xystrocera globosa 合欢双条天牛

Y

Yponomeuta evonymella 稠李巢蛾
Yponomeuta minuellus 丝棉木巢蛾
Yponomeuta padella 苹果巢蛾

Z

Zeiraphera diniana 松线小卷蛾

中文名称索引

拉丁学名索引

寄主（猎物）－天敌索引

E

F

G

H

J

N

O

P

Q

R

S

Z